水电站水库
特性解析与优化调度

贾本军 曹辉 鲍正风 张海荣 吴碧琼 朱韶楠 著

长江出版社
CHANGJIANG PRESS

图书在版编目（CIP）数据

水电站水库特性解析与优化调度 / 贾本军等著 .
—武汉 ： 长江出版社，2023.10
ISBN 978-7-5492-9157-1

Ⅰ . ①水… Ⅱ . ①贾… Ⅲ . ①水力发电站－水库调度－
研究 Ⅳ . ① TV697.1

中国国家版本馆 CIP 数据核字 (2023) 第 203283 号

水电站水库特性解析与优化调度
SHUIDIANZHANSHUIKUTEXINGJIEXIYUYOUHUADIAODU
贾本军等　著

责任编辑：	李春雷	
装帧设计：	刘斯佳	
出版发行：	长江出版社	
地　　址：	武汉市江岸区解放大道 1863 号	
邮　　编：	430010	
网　　址：	https://www.cjpress.cn	
电　　话：	027-82926557（总编室）	
	027-82926806（市场营销部）	
经　　销：	各地新华书店	
印　　刷：	武汉新鸿业印务有限公司	
规　　格：	787mm×1092mm	
开　　本：	16	
印　　张：	12.5	
字　　数：	300 千字	
版　　次：	2023 年 10 月第 1 版	
印　　次：	2024 年 1 月第 1 次	
书　　号：	ISBN 978-7-5492-9157-1	
定　　价：	108.00 元	

前　言

在新时期"双碳"战略目标要求下,建设清洁低碳、安全高效的现代能源体系已是大势所趋。水电能源作为一种绿色、环保、可再生的非化石能源,具有调节能力强、调节速度快和易于存储等优点,是现代能源体系建设不可或缺的关键基础支柱。随着水电站的持续规划、建设和投运,我国水能资源统一调度格局已初步形成,开发利用工作的重心逐步从工程规划建设向调度运行管理转移。新形势下,科学实施水电站水库精细化调度,深层次挖掘已投运水电的潜力,对实现水能资源高效开发利用、减少电力系统化石能源消耗、促进能源结构改善具有重大意义。

水电站水库精细化调度对模型准确性,尤其是对水能计算的精确性,提出了新的更高要求。如何准确描述水库容积特性、水电站动力特性(效率特性、耗水率特性和功率特性)以及水电站尾水位特性,是实现水电站水能精确计算的一个关键问题。此外,受来水不确定性影响,水电站水库精细化调度本质上是一个非确定性序贯决策问题。随着水文预报水平的不断提高,基于径流预报进行水库调度已成为可能,如何充分利用径流预报信息进行水库调度并减小预报不确定性对调度决策的影响是另一个关键问题。围绕上述问题,在水电站水库特性解析与建模、单站和多站径流随机模拟、中长期入库径流预报、水电站水库隐随机优化调度等方面开展了研究工作,本书将对取得的研究成果进行详细介绍。

本书共分7章。第1章绪论,阐明研究背景与意义,介绍国内外水电站水库特性解析、径流随机模拟、水库随机优化调度等相关领域的研究过程、当前现状和发展趋势,指出仍然存在的问题;第2章解析水库容积特性的数学性质,构建描述水库一般性形态特征的不规则锥体模型,导出参数物理意义明确的幂函数型容积特性曲线;第3章阐述水电站动力特性的概念与内涵,解析水电站动力特性及其时间尺度效应,构建水电站动力特性的数学模型;第4章分析水电站尾水位变化过程的后效性特征,构建水电站尾水位特性的多项式拟合模型和支持向量回归模型,探究水电站尾水位特性的时间尺度效应;第5章引入能够以任意精度逼近任何连续分布的高斯混合模型,提出基于高斯混合模型的单站和多站径流随机模拟新方法;第6章建立遥相关因子和区域气象水文要素联合驱动的中长期径流预报模型,提出考虑多步径流预报信息的水库发电优化调度函数及其推求方法;第7章总结已完成的研究工作,凝练获得的主要创新成果,指出研究工作存在的不足,展望未来研究方向和工作内容。

全书由贾本军负责统稿,曹辉、鲍正风、张海荣、吴碧琼、朱韶楠、任家朋参与了部分章节的撰写工作,其中曹辉对全书框架和逻辑结构的优化做了大量工作。华中科技大学张勇传院士、周建中教授、王金文教授、覃晖教授、陈璐教授、刘颉教授,武汉大学谈广鸣教授、梅亚东教授,河海大学冯仲恺教授对本书相关工作的进一步完善给予了指导和帮助。谨向这些专家学者表示感谢!本书封面照片由中国长江电力股份有限公司三峡水利枢纽梯级调度通信中心狄成云提供,万分感谢!另外,长江出版社科技编辑部主任郭利娜、编辑李春雷为本书的出版付出了大量的心血。在此一并表示感谢!

感谢中国长江电力股份有限公司智慧长江与水电科学湖北省重点实验室以及武汉大学水资源与水电工程科学国家重点实验室开放研究基金项目"水电站动力特性解析与隐随机优化调度方法研究"(2022SDG01)、湖北省自然科学基金联合基金重点项目"流域梯级水电数据—模型—业务耦合机制及其系统集成方法研究"(2022CFD027)的资助。

本书是在作者与团队研究成果的基础上,反复修改、仔细斟酌而成。但由于作者水平有限,加之编写时间仓促,书中必然存在缺陷和不妥之处;在引用文献时,也可能存在挂一漏万的问题,恳请同行专家和读者朋友不吝赐教,以便改正。

贾本军

2023 年 11 月于武汉

目 录

CONTENTS

第 1 章 绪 论

1.1 研究背景和意义

全球气候变化日渐成为国际社会无法回避的非传统安全威胁[1]。为积极应对气候变化、持续改善环境质量,我国"十四五"规划锚定"碳达峰"和"碳中和"战略目标,指出要加快发展风电、光电、水电等非化石能源,建设清洁低碳、安全高效的现代能源体系[2]。水电能源作为一种非化石能源,除具有绿色、环保、可再生等典型特征外,更具有调节能力强、调节速度快和易于存储等其他清洁能源所不具备的诸多优点[3],是现代能源体系建设不可或缺的关键基础支柱[1]。

我国水能资源极其丰富,据 2000—2005 年进行的第 5 次水能资源普查估计,全国江河水能资源理论蕴藏量、技术可开发容量、经济可开发容量分别为 69440 万 kW、54164 万 kW、40180 万 kW,均居世界首位[4]。新中国成立以来,我国水电能源开发事业取得了举世瞩目的成就。尤其是"流域、梯级、滚动、综合"水电开发模式[5]兴起以来,我国水电开发事业迅速发展,组建了一大批以中国长江三峡集团有限公司为代表的流域水电开发公司[6],形成了金沙江、雅砻江、大渡河、长江上游、乌江、湘西诸河、闽浙赣诸河、黄河上游、黄河北干流、东北三省诸河、怒江、澜沧江干流和南盘江红水河十三大水电基地[7],打通了"西电东送"南、中、北三大输电通道[8]。截至 2021 年底,全国水电装机容量达 3.9092 亿 kW(含抽水蓄能 3639 万 kW),约占电力系统总装机容量的 16.4%[9]。

随着流域内大型梯级水电站的持续规划、设计、建设和投运,我国各流域水库群已初具规模,尤其是以三峡水利枢纽工程为核心的,以三峡—葛洲坝梯级、乌东德—白鹤滩—溪洛渡—向家坝梯级等为重要组成的长江上游大规模水库群为典型代表[10]。至此,我国水能资源统一调度格局已初步形成[11-13],水能资源开发利用工作的重心也逐步从工程规划建设向调度运行管理转移[14]。新形势下,科学合理地实施水库发电精细化调度,深层次挖掘正在运行的水电潜力,对实现水能资源高效开发利用、减少电力系统化石能源消耗、推动能源结构转型升级、促进"双碳"目标最终实现具有重要作用。

当前,实施水电站水库精细化调度主要面临两个方面的挑战[15-17]。一方面,水电站水库精细化调度对模型的准确性,尤其是水电站水能计算的精确性提出了新的更高要求。如何准确描述水库容积特性、水电站动力特性(效率特性、耗水率特性和功率特性)以及水电站尾水位特性,是实现水电站水能精确计算的关键。另一方面,受来水不确定性影响,水电站水库精细化调度的本质是一个非确定性序贯决策问题。尽管随着水文预报水平的不断提高,基于径流预报进行水库调度已成为可能,但如何充分利用径流预报信息进行水库调度并减小预报不确定性对调度决策的影响仍然是亟待解决的难题。

为此,研究工作围绕来水不确定性条件下水库发电精细化调度面临的关键科学问题,以"供水—发电—环境互馈的水资源耦合系统风险评估及径流适应性利用研究""雅砻江流域流量传播规律和来水预报及梯级电站优化调控与风险决策研究""水库群运行优化随机动力系统全特性建模的效益—风险均衡调度研究"和"金沙江下游—三峡梯级电站水资源管理决策支持模型研究及系统开发"等科研项目为支撑,从水电站水库特性解析与建模、单站和多站径流随机模拟、中长期入库径流预报、水电站水库隐随机优化调度等方面入手,开展水电站水库特性解析与建模及隐随机优化调度方法研究。这不仅能够为来水不确定性条件下水库发电精细化调度提供模型与方法支撑,而且对发展和完善水电能源优化运行理论与方法体系,提升我国水电能源系统优化、控制和决策水平,促进我国清洁低碳安全高效的能源体系建设也具有一定的理论价值和现实意义。

1.2 国内外研究现状

结合水电站水库特性解析与建模及隐随机优化调度方法研究的主要目标和内容,重点论述水电站水库特性解析与建模、径流随机模拟、水库随机优化调度等方面的国内外研究现状与进展。

1.2.1 水电站水库特性解析与建模研究

1.2.1.1 水电站水库特性

本书所指的水电站及其水库的基本特性包括水库容积特性、水电站动力特性和水电站尾水位特性[18]。

(1)水库容积特性

水库容积特性是水库的基本特性之一[19],另一个基本特性是面积特性。狭义上,水库容积特性指水库水位与容积之间的关系,广义上指水库特征变量(水位、水面面积等)与水库容积之间的关系。本书所指的水库容积特性是水库的静水容积特性,即假定水库水面是水平的。实际上,当水库有入流时,库面不是水平的,此时库尾的水位要高于坝前水位,静库容之上会产生一个楔形库容,楔形库容与静库容之和称为动库容[18]。水库坝前水位与动库容之间的关系称为水库的动水容积特性。一般情况下,使用水库的静水容积特性可以满足水库中长期发电优化调度的需求。

（2）水电站动力特性

水电站动力特性是水电站的基本特性之一，是计算水电站出力、实施水电站经济运行的基本依据[20]。一般意义上，水电站动力特性指水电站动力指标之间的关系[21]。水电站动力指标包括水头、功率、能量、流量等绝对动力指标，效率、单位耗功率、单位耗水率等单位动力指标，以及功率微增率、流量微增率等微分动力指标[18,21]。根据因变量的不同，可以将水电站动力特性细分为水电站功率特性、水电站效率特性以及水电站耗水率特性等。水电站功率特性指水电站出力与相关动力指标之间的关系，水电站效率特性指出力系数 $K = 9.81\eta$ 与相关动力指标之间的关系，水电站耗水率特性指耗水率与相关动力指标之间的关系。

（3）水电站尾水位特性

水电站尾水位特性是水电站的另一基本特性，是计算水电站尾水位的基本依据[10]。在狭义上，尾水位特性指水电站尾水位与水电站下泄流量之间的映射关系；在广义上指水电站尾水位对各种影响因子的响应[10]。根据水电站尾水位是否对下泄流量具有多值性，水电站尾水位特性可分为稳定和非稳定两类。稳定的尾水位特性指尾水位与下泄流量之间存在单值映射关系，而非稳定尾水位特性指尾水位与下泄流量之间存在一对多的映射关系。一般而言，水电站尾水位特性只对恒定流动保持单值性，而对非恒定出库水流具有多值性[18]。

水能计算（出力计算）是水库发电调度计算的关键环节，其计算精度决定了调度模型的准确度。水能计算的一般性表达式为：

$$N = 9.81\eta QH \tag{1.1}$$

式中：N——水电站出力；

η——发电效率；

Q——发电引用流量；

H——水头[22,23]。

可以看出，水能计算建立在水头计算和效率计算的基础上。水头计算的关键在于水库容积特性与水电站尾水位特性的准确描述，效率计算的关键在于水电站动力特性的准确刻画。由此可知，精确描述水库容积特性、水电站动力特性和水电站尾水位特性是实现水电站水能精细化计算的根本要求。因此，以下主要围绕水库容积特性、水电站动力特性、水电站尾水位特性解析与建模 3 个方面的研究展开论述。

1.2.1.2 解析与建模

（1）水库容积特性解析与建模

在水库发电优化调度模型构建与求解过程中，水库容积特性的描述方式对模型求解、出力计算和算法开发均有较大的影响。对于水库容积特性，既可以直接采用实测库容—水位离散数据点对其进行描述，也可以采用容积特性曲线对其进行描述，前者是水库容积特性的离散化描述，而后者是水库容积特性的函数化描述。水库容积特性函数化表征的本质是曲线拟合,其关键在于构建符合水库容积特性数学性质的通用性曲线,次之为曲线参数优化。

一般情况下,直接采用实测库容—水位离散数据点表征水库容积特性可以满足水库运行调度计算的需求,目前大多研究工作[24—27]都采用这种方法。但离散化表征方法存在两方面的问题[19]:一方面,水库容积特性的离散化表征会导致模型求解效率偏低,而与离散化表征相比,水库容积特性的函数化描述可以加快各类算法求解调度模型的速度,尤其是迭代类算法,因为函数计算显著快于插值计算;另一方面,水库容积特性的离散化表征使调度模型难以被数学解析,不利于基于发电调度模型凹凸特性的解析优化算法的提出,解析优化算法通常具有性能更稳定、效率更高的优点。

为避免水库容积特性离散化表征导致调度模型求解效率低、无法数学解析的问题,在模型构建、算法开发等相关研究工作中,研究者通常针对具体的实例研究对象,采用经验与试错相结合的方法确定用于描述水库容积特性的曲线类型。例如,陈森林等[28]采用三次多项式函数曲线描述水库容积特性,构建了水库中长期发电优化调度的解析函数模型,提出了基于逐步优化算法(Progressive Optimality Algorithm,POA)的解析优化方法——APOA 算法;Zhao 等[29]采用三参数幂函数曲线表征水库容积特性,在分析水库发电调度模型凹凸特性的基础上,提出了求解模型的逐次改进动态规划算法;赵铜铁钢等[30]在采用三参数幂函数曲线描述水库容积特性的基础上解析了水库发电调度中水库水头、下泄水量对总发电量的耦合影响,探讨了搜索域缩减算法和邻域搜索算法两种改进动态规划算法在发电调度模型求解中的适用性;Zhang 等[31]采用两参数幂函数曲线刻画水库容积特性,提出了描述发电目标的能量函数,并基于能量函数导出了用于推求调度规则的 alpha 判别式。可以看出,由于种种原因,各研究者采用了不同类型的水库容积特性曲线,即水库容积特性的函数化表征缺乏统一性。这种"各自为政"的局面使各类基于调度模型凹凸特性解析优化求解方法的可靠性、统一性和普适性难以得到保证,不利于相关研究成果的迭代改进和推广应用。因此,有必要开展水库容积特性曲线定线研究,探寻一种适用性好、通用性强的水库容积特性曲线线型。

目前,国内鲜有关于水库容积特性曲线定线方面的成果报道,已有研究大多聚焦于软件工具在水位—库容曲线拟合中的应用,如王小旭[32]、席元珍等[33]、杨德详[34]和邹响林[35]利用 Excel 软件分析计算水位—库容曲线;尚宪锋等[36]应用 Origin 软件分析计算水位—库容曲线。在国外,关于这方面的研究也较少,主要的研究成果有 Liebe 等[37]在假设水库为倒三棱锥的基础上,根据三棱锥的体积公式推求出水库水深与库容之间为两参数幂函数关系,即水库库容 V 正比于水深 d 的 3 次方($V \propto d^3$),并据此导出了水库库容面积曲线的两参数幂函数表达式;Mohammadzadeh-Habili 等[38]利用自然对数函数与库容水位关系之间的相似性,推求了水库水深与库容之间的函数关系,即

$$V = V_m \left[e^{(\ln 2)d/d_m} - 1 \right]^N \qquad (1.2)$$

式中:V_m ——最大库容;

$\quad d_m$ ——最大水深;

N——正实数。

Kaveh 等[39]基于二次多项式,推求出水库库容与水深之间的函数关系为:

$$V = V_m \left(\frac{d}{d_m} \right)^{\frac{2}{N}} \tag{1.3}$$

在这些研究中,Liebe 等[37]的研究最具启发性,其通过假设水库为某一类型几何体来简化水库特征量之间函数关系的研究方法被本书第 2 章借鉴。

综上所述,已有关于水库容积特性的研究仍然缺乏系统性、完整性,水库容积特性的数学性质尚未被全面解析,具有广泛适用性、良好可靠性、明显物理意义的水库容积特性曲线也尚未明确,亟须进一步开展水库容积特性解析与建模研究。

(2)水电站动力特性解析与建模

水电站动力特性解析与建模指在分析水电站动力指标之间各种变化关系的基础上构建水电站动力特性的数学模型。水电站动力特性是水能计算的最根本依据,对水电站动力特性的准确描述是实现水电站水能精确计算的关键。目前,在水库发电调度模型中,尤其在水库中长期发电调度模型中,主要有两大类出力计算方法。

第一类为基于水电站效率特性(出力系数 K)的出力计算方法[22],即

$$N = KQH \tag{1.4}$$

第二类为基于水电站耗水率特性(耗水率 C)的出力计算方法[40],即

$$N = \frac{Q}{C} \tag{1.5}$$

在传统出力计算中,为了简化发电调度模型的复杂度,出力系数 K 通常被设置为一个校核后的固定值,即采用常数模型描述水电站效率特性。如杨春花等[41]将溪洛渡、向家坝、三峡和葛洲坝水电站的 K 值分别设置为 8.70、8.70、8.54 和 8.50;Yang 等[26]将埃塞俄比亚复兴水电站的出力系数 K 设置为 8.33;Yang 等[42]将水布垭、隔河岩和高坝洲水电站的 K 值分别设置为 8.50、8.50 和 8.40;夏燕等[43]将洪家渡、东风、索风营、乌江渡和构皮滩水电站的出力系数分别设置为 8.00、8.35、8.30、8.00 和 8.50;Tan 等[44]将锦屏一级、锦屏二级、官地、二滩和桐子林水电站的出力系数分别设置为 8.50、8.60、8.50、8.50 和 8.50;Li 等[45]将天生桥一级、龙滩、岩滩、飞来峡和新丰江水电站的出力系数分别设置为 8.30、8.50、8.50、8.50 和 8.30;Gong 等[46]将龙羊峡水电站的出力系数设置为 8.30。针对基于固定 K 值的出力计算方法,薛金淮[22]指出该方法会导致较大的水能计算误差甚至错误,不宜在水电站优化调度及节能考核中继续使用,并建议在水能计算中尽可能减小计算时段步长、考虑水头及电站运行方式影响。此后,围绕如何准确估计出力系数 K 而不是简单地取为常数,进而实现水电站水能精确计算的问题,相关学者开展了较多研究,提出了多种新的出力系数估计方法以及出力计算方法,如基于历史运行数据挖掘的出力系数估计方法(数据驱动方法)[47−50]、基于电站最优流量分配表的出力系数估计方法(最优性方法)[15,23,51−53]、精细化出力计算方法(精细化方法)[54,55]。数据驱动方法直接从历史运行数据中提取水电站出力系数

与其他动力指标之间的关系，是构建水电站效率特性数学模型的有效方法之一，适用于已全面投产且稳定运行多年的水电站，目前在中长期发电调度中应用较多。最优性方法的"最优性"体现在，构建水电站效率特性的数学模型时所依赖的最优流量分配表通过求解厂内经济运行空间最优化模型得到，该方法提出之初就被用于中长期发电优化调度，由于其不依赖实际运行数据，对已建多年或刚建成投产的水电站都比较适用。精细化方法的"精细化"体现在计算水电站的出力时需要综合考虑机组运行状态、电站运行工况等因素对电站出力的影响，该方法多应用于水电站短期发电调度中，而在中长期发电调度中的适用性有待进一步研究。综合上述分析可知，以上几种方法各有优劣，但从实用性和易用性来看，数据驱动方法更好[47]。

针对依据固定 K 值进行水能计算误差较大的问题，除了以上相关研究外，还有学者开展了基于水电站耗水率特性的出力计算方法研究，这些研究的主要内容为水电站耗水率特性数学模型构建和基于此模型的水电站水能计算。例如，赵娟[40]、陈尧等[56]构建了水电站耗水率特性的曲线模型，模型输入为水头 H，输出为耗水率 C，模型参数可根据水电站的历史运行数据进行率定，在水库中长期发电优化调度中的应用结果表明，基于该模型的出力计算精度比基于固定 K 值的模型高；李力[57]开展了更新颖的研究，通过考虑耗水率变化的后效性（即考虑前期若干时刻耗水率对当前时刻耗水率的影响），建立了基于随机森林—高斯过程回归的耗水率计算模型。三峡—葛洲坝梯级水电站应用结果表明，基于该模型的出力计算误差明显小于以水头为输入的耗水率曲线模型的出力计算误差。

综上所述，关于水电站动力特性建模已有较多研究成果，采用常数模型描述水电站效率特性的不合理性以及由此带来的水能计算误差较大的问题已被揭露[22]，可以较准确地描述水电站效率特性和耗水率特性的数学模型已被提出[47,57]，水电站水能计算精度已逐步得到改善。但现有水电站动力特性解析与建模研究仍然缺乏系统性，一方面，目前鲜有关于水电站功率特性解析与建模的研究，此研究的意义在于，基于水电站功率特性数学模型，可以直接根据水头和发电流量计算出力，而无须另外计算出力系数和耗水率；另一方面，未对基于水电站效率特性的出力计算、基于水电站耗水率特性的出力计算、基于功率特性的出力计算进行较全面的对比研究。因此，有必要进一步开展相关研究，探明水电站动力特性的基本性质，构建准确描述水电站动力特性的数学模型，实现水电站水能高精度计算。

(3)水电站尾水位特性解析与建模

由出力计算公式 $N = 9.81 \eta Q H$ 可知，出力计算精度取决于水头计算的准确性，而水头计算的准确性又取决于尾水位计算的准确性。水电站尾水位特性是水电站的基本特性，更是水电站尾水位计算的基本依据，对其进行准确解析并建模是实现尾水位精确计算的关键。

生产实践中水电站出库水流通常是非恒定流，尤其在水电站承担调峰调频任务时，水电站出力和出库流量变化剧烈，下游断面极易形成非恒定水流，导致水电站的尾水位特性极不稳定[58-63]。另外，梯级水电站上下游之间存在密切的水头联系，下游水电站水位或下游支流来水会对上游电站尾水位施加回水顶托作用[58,64-68],与上游电站非恒定出库水流共同影响上游电站尾水位的变化过程,加剧了水电站尾水位特性的不稳定性。已有研究指出[18,59-61],水电站的非稳定尾水位特性通常表现为水电站尾水位不仅与同时段下泄流量有关,还与前期若干时段的水电站工作状态有关,即水电站尾水位具有一定的后效性特征。纪昌明等[58]、华小军[67]等进一步提出,由于下游水电站或下游支流的顶托作用,水电站的非稳定尾水位特性还表现为水电站尾水位与当期或前期若干时段的下游水电站水位或下游支流来水有关。在非恒定流和回水顶托的双重作用下,水电站的尾水位特性非常复杂,不稳定性特征明显,难以准确解析与建模。

目前,用于描述水电站尾水位特性的模型或方法主要有水力学法[69]、尾水位曲线法[70,71]、经验公式法[60-62]和数据挖掘类方法[59,63,67,68,72]。水力学方法的理论基础是圣维南方程组[60],理论上是描述水电站尾水位特性最准确的一种方法。然而,由于水电站下游断面非恒定流现象复杂、河道地形资料获取难度大及模型求解难度高等问题,水力学方法在实际应用中受到很大限制[60]。尾水位曲线法是使用得最普遍的方法,一般以电站日均出库流量和日均尾水位的观测数据为基础[59],通过拟合方法获取单值性水位流量关系曲线,进而以此为依据计算给定出库流量的水电站尾水位。这种方法原理简单、使用方便、应用广泛,但其建立的水位流量曲线模型是静态的[72],未考虑非恒定流与回水顶托对尾水位的影响,对水电站尾水位的后效性特征刻画不足[59-61],仅适用于描述恒定流条件下稳定的水电站尾水位特性,无法准确描述非稳定的水电站尾水位特性,尤其在短期优化调度的实际应用中,水位计算误差较大。非恒定流经验公式法指通过分析总结明渠非恒定流特性的一般规律,进而建立经验公式来刻画水电站尾水位特性的方法[59,63]。如刘俊伟等[60]、徐鼎甲等[61]和冯雁敏等[62]基于上游放水时尾水位涨幅与出库流量线性相关、闸门关闭时尾水位按指数规律消落的一般规律提出了不同的尾水位计算经验公式。经验公式法在一定程度上考虑了非恒定流因素的影响,理论基础更可靠,对水电站尾水位特性的描述更准确,复杂条件下预测尾水位的精度较尾水位曲线法更高。但有学者[59]指出,经验公式是复杂条件下水电站的非稳定尾水位特性的简单近似,仍然具有一定的局限性,在日常调度应用中也发现该方法存在适用性不强、计算精度不足等问题。针对尾水位曲线法、经验公式法等难以准确描述复杂条件下水电站尾水位特性的问题,徐杨等[59,63]、华小军等[67]、李力[57]、Zhang 等[72]尝试突破传统的研究思路,从基于明渠非恒定流物理机制的尾水位特性建模研究中脱离出来,直接采用机器学习或数据挖掘技术从大数据中提取电站运行状态与电站尾水位之间的关系,从新的角度实现了水电站尾水位特性的较准确描述,实际应用也表明数据挖掘类方法的尾水位计算精度较传统方法更高。

尽管基于数据挖掘类模型的尾水位计算方法[57,59,63,67,73]已被提出并应用于生产调度实践,但为了保证模型的计算精度,已有数据驱动的尾水位预测模型的输入通常包括前期若干时段的尾水位、电站出力等变量,这严重制约了模型的实用性,使模型无法满足水库发电优化调度或模拟调度的连续多步的尾水位计算需求,同时也使模型无法适用于以水定电模式的水库优化调度。因此,亟须进一步开展相关研究,构建一种实用性、准确性、通用性更强且具有实际工程应用价值的尾水位预测模型。

1.2.2 径流随机模拟研究

水利工程规划、设计、运行与管理均需考虑未来各种可能的来水情况[74],预估各种方案可能产生的效果及影响[75],这正是水文水利计算的任务所在。传统水文水利计算依赖于实测径流序列和典型径流过程[76],然而受观测技术、条件、时间的限制,实测径流序列长度有限,难以全面反映径流未来的变化规律[77],据此得到的水文水利计算成果可能无法为水资源规划与管理提供可靠的数据支撑。在此背景下,水文随机模拟法应运而生,用于随机生成大量的模拟径流序列。大量的模拟径流序列表征着未来水文现象可能出现的各种情况,可用于水利工程规划设计[78]、水库调度规则制定[79,80]、防洪调度风险评估与决策[74,81−83]、水资源系统风险评估与管理[84]等方面。

水文随机模拟方法最早由 Sudler 于 20 世纪 20 年代末提出,此后,1961 年 Britta 应用自回归模型生成年径流序列[75,76],1962 年 Thomas 和 Fiering 应用季节性自回归模型生成月径流序列[85],1972 年 Yevjevich[86] 系统地把随机过程理论与方法引入水文序列建模研究中,至此,以随机过程理论为基础的随机水文学正式形成。国内的径流随机模拟研究相对较晚,始于 20 世纪 70 年代末[75],最具代表性的文献为 1988 年成都科技大学出版社出版的《随机水文学》[87],系统介绍了相关理论、模型与方法。

径流随机模拟的关键在于构建能够准确描述径流序列统计特性的随机水文模型[75],基本要求是模拟径流序列应能最大限度地保留实测径流序列的主要统计特性[88],如均值、标准差、偏度系数、峰度系数和自互相关特性[89]等。截至目前,各种各样的随机水文模型已被提出,包括线性回归类模型、解集类模型、非参数随机模型、Copula 模型等。

几种常用的线性回归类模型包括自回归模型(Autoregressive,AR)[90]、自回归滑动平均模型(Autoregressive Moving Average,ARMA)[91]、差分整合移动平均自回归模型(Autoregressive Integrated Moving Average,ARIMA)[92] 以及 ARMA 模型的其他变体。这些经典的线性回归类模型基于正态和线性假设,即要求径流序列的边际分布为正态分布、相依形式为线性相依[76],而这些要求通常难以满足[93],尤其是边际分布为正态分布的要求。为使模型能够反映径流序列的偏态特征(如边际分布为皮尔逊Ⅲ型分布,一般称为 P-Ⅲ型分布),可在构建模型之前对径流序列进行正态化处理,或采用非高斯白噪声刻画模型的独立随机项[89]。另外,这些经典模型只适用于单站平稳径流序列模拟,而不适用于单站非平稳、多站平稳、多站非平稳径流序列,为此,研究者们在自回归模型的基础上,提出了单站季节性自回归(Seasonal Autoregressive,SAR)模型、多站平稳自回归(Multivariate Stationary Autoregressive,MAR)模型、多站季节性自回归(Multivariate Seasonal Autoregressive,MSAR)模型、多站径流序列随机模拟的主站模型等[76]。

解集类模型是另一类应用比较广泛的随机水文模型[74]，主要包括时间典型解集模型（单站典型解集模型）、时间相关解集模型（单站相关解集模型）、空间典型解集模型和空间相关解集模型。时间解集模型将较大时间尺度的径流量分解为较小时间尺度的径流量，如将年径流分解为月径流过程[94]；空间解集模型将空间总量分解为空间分量，如将干流流量分解为支流水量[76]。典型解集模型能够较好地保持实测径流序列的主要统计特性，加之概念清晰，计算简单，在实际应用中很受欢迎，但该模型模拟的径流序列的分配情势完全受实测径流样本控制，无法生成样本以外的新的分配情势，此外还存在参数（即分配系数）太多、分配系数选择的主观性太大等缺点。与典型解集模型比较，相关解集模型除具有与之相似的优点外，还可以生成异于实测径流序列分配情势的新的分配情势，但也存在参数过多、不能保持径流序列年际自相关结构的缺陷。为解决相关解集模型参数过多的问题，Stedinger等[95]和 Oliveira 等[96]提出了压缩式解集模型，Koutsoyiannis 等[97]提出了动态解集模型，Santos 等[98]提出了逐步式（或分步式）解集模型。

上述回归类、解集类参数随机模型只考虑了径流序列的线性相依结构，且都需要对径流序列的边际分布进行假定，通常假定为正态分布或 P-Ⅲ型分布，难以准确描述真实水文系统的非线性、多峰特性和偏态特性[99]。为克服参数模型的不足，基于数据驱动的随机模型逐渐发展起来。Tarboton 等[100]构建了基于核密度估计的非参数解集模型（Nonparametric Disaggregation Model，NPDM），该模型继承了参数解集模型的优点，克服了需要假定相依结构和边际分布的缺点；王文圣等[99]应用此模型模拟金沙江屏山站的月径流序列；袁鹏等[101]应用此模型模拟屏山站的汛期日径流序列；上述结果表明，此模型在描述径流序列的主要统计特性上较参数解集模型更好，同时还能克服参数解集模型参数太多的缺点，适用于日径流和月径流序列随机模拟，但仍然存在无法保持径流序列首尾自相关结构（如年际自相关结构）的问题。赵太想等[102]和王文圣等[103]对 NPDM 模型进行改进，分别提出了基于小波消噪的改进非参数解集模型和基于条件概率密度函数的改进非参数解集模型，实例验证表明，改进模型能够有效克服 NPDM 模型的自（互）相关结构不一致的问题。吴昊昊等[104]也对 NPDM 模型进行了改进研究，提出了基于可变核的月径流改进非参数解集模型，并将其应用于黄河流域兰州站月径流模拟，验证了该模型在保持原径流序列概率分布和统计参数、克服首尾自相关结构不一致性问题、避免大量负径流值产生方面是有效的。此外，Sharma 等[105]应用核密度估计理论构造了单变量一阶非参数模型，在此基础上，王文圣等[106]构造了单变量多阶非参数模型，进一步，王文圣等[107]还提出了基于核估计的多变量非参数随机模型，并通过实例研究验证了此类模型的可行性和有效性。另外，Lall 等[108]提出了非参数最近邻抽样模型（Nearest Neighbor Bootstrap，NNB）并将其用于月径流序列随机模拟。结果表明，该模型较一阶自回归模型更优，但模拟的径流序列仅是实测样本的重复抽样，不能实现合理的内插和外延。针对 NNB 模型存在的问题，袁鹏等[109]提出了非参数扰动最近邻抽样模型，通过在随机模拟过程中施加扰动作用来实现合理的内插和外延。

近年来，一些新型的水文随机模拟模型涌现出来，尤其是基于 Copula 函数的径流随机模拟方法或模型获得了广泛关注。肖义等[110]提出了一种新的洪水过程随机模拟方法,利用 Gumbel-Hougaard Copula 函数构建边缘分布为 P-Ⅲ型分布的洪峰和洪量的联合概率分布,对联合分布进行随机抽样生成模拟洪峰与洪量系列,根据模拟峰量比选择典型洪水过程并对其进行变倍比放大来获得模拟洪水过程线。与自回归模型和典型解集模型进行比较,该方法可以很好地保持实测洪峰和洪量的统计特征,但不能有效地描述洪水过程的历时统计特性。针对此问题,张涛等[111]利用 Gumbe-Hougaard Copula 函数构建洪峰与历时的联合分布以及相邻截口之间的联合分布,通过对联合分布进行随机抽样来生成大量的模拟洪水过程,较好地解决了上述方法对历时描述较差的缺点。抓住随机模型本质是联合概率分布或条件概率分布这一关键,闫宝伟等[112]采用 Copula 函数构建相邻截口间的联合分布,建立了基于 Copula 函数的单变量一阶季节性随机模型,该模型比单变量一阶季节性自回归模型更具一般性,因为一阶季节性自回归模型本质基于高斯 Copula 函数的一阶季节性随机模型。Lee 等[113]将 Copula 函数引入年径流随机模拟研究中,模拟了尼罗河的年径流量。Hao 等[114]利用熵理论建立边际分布,采用 Copula 函数建立相邻月流量间的联合分布,提出了一种用于单站月径流随机模拟的 Copula—熵方法。针对多站日径流随机模拟问题,陈璐等[115]和 Chen 等[116]应用季节性自回归模型模拟主站径流序列,采用多维 Copula 函数刻画主站与从站径流之间的互相关特性以及从站径流的自相关特性,提出了基于 Copula 函数的多站日流量随机模拟新方法。考虑日径流序列的二阶自相关性,Chen 等[117]利用三维 Copula 函数构建 t 时刻流量、$t-1$ 时刻流量和 $t-2$ 时刻流量之间的联合分布,提出了考虑二阶自相关特性的日径流随机模拟的 Copula 方法。Porto 等[118]采用广义线性模型(Generalized Linear Model,GLM)模拟单站年径流序列的时间相关性,利用 Copula 模型模拟多站径流序列间的空间相关性,提出了结合 GLM 和 Copula 模型的多站年径流随机模拟方法。

Copula 函数能够在随机水文模型构建中获得广泛应用的原因在于 Copula 函数可以将边缘分布和相关性结构分开研究,且对边缘分布类型没有任何限制,既可以描述变量间线性、对称相关关系,也可以描述非线性、非对称相关关系[119]。但是,Copula 函数也存在几点不足:仍然需要假定边际概率分布[89];高维 Copula 函数的构建及其参数估计仍是难题[119]。高斯混合模型由若干个简单的多维高斯分布组成[120],与 Copula 函数比较,它不需要任何关于径流序列边际分布的假设,能够以任意精度逼近任何连续分布[120,121],且具有成熟的参数确定方法[122]。然而,目前较少发现有关高斯混合模型在径流随机模拟中的应用研究。因此,针对现有径流随机模拟方法的不足,有必要开展高斯混合模型在径流随机模拟中的适用性研究,提出基于高斯混合模型的单站、多站径流随机模拟新方法,进而促进随机水文学模型与方法体系的进一步发展和完善。

1.2.3 水库随机优化调度研究

从是否采用优化技术的角度,水库运行调度方法可分为常规调度和优化调度[21]。水库常规调度是按常规调度图进行调度的方法,常规调度图简单直观、易于使用,且可以很好地与调度和决策人员的经验相结合,在水库实际运行调度管理中获得较广泛应用。然而,常规调度方法存在较大的局限性,一方面,对调度信息利用不足,仅能利用面临时刻(表示当前时段,后同)水库蓄水状态这一种信息;另一方面,未采用优化技术所确定的水库运行策略只是相对合理,难以达到最优或近似最优。因此,能够更好地利用各种调度信息、直接或间接运用优化技术的水库优化调度方法得到了广泛关注和迅猛发展。

水库优化调度方法有多种分类依据,从径流过程描述方法的角度可分为确定性优化调度和随机性优化调度[21]。确定性水库优化调度将来水视为确定已知,未考虑来水的不确定性,所确定的调度方案是相应于已知来水过程的理论最优方案。然而,在现有预报技术尚无法准确提供长预见期径流预报信息的条件下,确定性优化调度结果往往过于理想而偏离实际,无法或难以用于指导水库实际运行调度。与确定性水库优化调度比较,考虑来水不确定性、能够合理有效利用径流预报信息的随机性优化调度方法更具有现实意义,越来越受到研究者的关注。

接下来,从显随机优化(Explicit Stochastic Optimization,ESO)调度方法、隐随机优化(Implicit Stochastic Optimization,ISO)调度方法和参数模拟优化(Parameterization Simulation Optimization,PSO)调度方法 3 个方面论述水库随机优化调度研究的现状和发展趋势。

1.2.3.1　显随机优化调度方法

显随机优化调度方法显式地描述入库径流过程的随机性,即径流过程的随机性由明确的概率分布表达[123,124]。显随机优化调度模型以水库长期运行的期望效益最大为目标,模型求解结果为期望最优运行过程,或为水库优化调度规则。目前比较常见的显随机优化调度方法有随机线性规划模型法、线性机会约束规划模型法和随机动态规划模型法[21]。其中,应用最广泛、与水库调度序贯决策过程最匹配的方法是随机动态规划法(Stochastic Dynamic Programming,SDP)[125]。

水库优化调度的随机动态规划方法最早由 Little[126] 于 1955 年提出,Little 将入库径流过程描述为简单的马尔科夫过程(一阶马尔科夫过程),并基于自回归模型随机生成的模拟径流序列推算状态(状态变量由当前时段水库水位及上一时段来水构成)转移概率矩阵,在此基础上,采用动态规划算法推求得到不同水位区间和来水区间下的期望最优决策,最终形成水库优化调度规则。之后,随着国内外学者的研究跟进,关于随机动态规划方法的研究与应用成果不断涌现。张勇传等[127] 推导了判断径流过程是否为简单马尔科夫链的径流判别式,提出了基于一阶马尔科夫过程的径流条件概率分布构建方法,依据条件概率分布构建径流转移概率矩阵,采用动态规划算法推求考虑预报来水的水库优化调度图。同年,张勇传等[128] 针对梯级水库群开展了类似研究,相关研究成果在湖南柘溪梯级水库群获得成功应用。谭维炎等[129]、王金文等[130] 分别将随机动态规划方法应用于四川省龙溪河梯级水电站和三峡梯级水电站,结果表明,在提高水电站保证出力和增加发电量上,采用随机动态规划方法构建的优化调度规则比常规调度图更优。周惠成等[131]提出了有、无时段径流预报相结合的马氏性径流描述方法,并结合此方法建立了兼顾保证出力、以发电量最大为目标的随机优化调度模型,二滩水库应用结果表明,提出的径流描述模型较传统有、无时段径流预报的模型更优,能够有效促进水电站发电效益的提升。Huang 等[132]对比分析了 4 种 SDP 模型(相邻时段径流独立无预报、相邻时段径流独立有预报、相邻时段径流相关无预报和相邻时段径流相关有预报)在台湾翡翠水库调度中的应用效果,结果表明,以前一时段水库入流为水文状态变量、考虑相邻时段径流相关性的 SDP 模型最优。Lei 等[125]采用 Copula 函数计算径流转移概率矩阵,提出了结合 Copula 函数的随机动态规划方法,并将其应用于二滩水电站发电调度中,验证了所提方法的有效性。Li 等[133]将显随机优化方法推广应用于水电光伏混合发电厂,以混合发电厂总发电量和发电保证率最大为目标,构建了水电光伏混合发电厂的随机动态规划模型,推求了青海省龙羊峡水电光伏混合发电厂的互补调度规则。上述关于水库优化调度随机动态规划方法的研究仍在经典随机动态规划范畴,主要涉及 3 个研究点:①如何选取恰当的状态变量,特别是水文状态变量的选取,前一时段流量还是当前时段流量? ②如何更准确地计算状态转移概率矩阵,基于经验概率、一阶马氏链或 Copula 联合分布? ③如何描述水库径流过程,简单马氏链、独立随机过程还是两种方法混合?

在经典 SDP 模型的构建与求解过程中,径流预报信息被认为是准确的或预报误差不变的,没有考虑径流预报的不确定性[134]。针对该问题,Karamouz 等[135]采用贝叶斯理论处理径流自身不确定性(先验概率)和径流预报不确定性(似然概率),提出了基于贝叶斯理论和经典 SDP 的贝叶斯随机动态规划(Bayesian Stochastic Dynamic Programming,BSDP)模型,该模型能够综合考虑入库径流的先验和后验信息,可以较好地克服径流预报不确定性的影响。随后,Kim 等[136]基于 BSDP 模型研究了季节性径流预报信息在水库调度中的应用价值;Mujumdar 等[137]采用 BSDP 模型推求优化调度规则,用于指导水库发电优化调度。为更进一步充分利用径流预报信息和降低径流预报不确定性对调度决策的影响,徐炜等[138]和 Xu 等[139]建立了一种短、中期径流预报信息相套接的分段聚合分解贝叶斯随机动态规划(Two-Step-BSDP,TS-BSDP)模型,并采用此模型为浑江梯级水库群制定调度规则,浑江梯级水库模拟调度结果表明,该模型对径流预报信息及其不确定性的处理是合理的,能够有效提高发电效益。随后,Zhang 等[140]进一步提出了考虑长期、中期和短期径流预报信息及其不确定性的贝叶斯随机动态规划模型(LMS-BSDP)。

尽管随机动态规划模型在理论上较为成熟,且在结合贝叶斯理论后,已能够有效考虑径流预报不确定性影响,但仍然存在的问题是,随着水库数量和状态变量的增加,模型求解的时间和空间复杂度呈指数增长,维数灾问题严重。针对此问题,王金文等[141]采用逐次迭代逼近的思想对随机动态规划方法进行改进,提出了逐次逼近随机动态规划方法,并将其应用于福建省闽江流域水电系统优化调度中,验证了该方法在缓解维数灾上的有效性。聚合分解方法是解决动态规划维数灾难题的另一有效方法,应用比较广泛。Saad 等[142]、李爱玲[143]、Archibald 等[144]和 Ponnambalam 等[145]在分析水库群蓄水状态间相关性的基础上建立了聚合分解随机动态规划模型。徐炜等[134]采用聚合分解方法将梯级水库群聚合为一个虚拟水库,建立了聚合分解贝叶斯随机动态规划模型。

综上所述,以随机动态规划和贝叶斯随机动态规划为代表的显随机优化调度方法已趋于完善,聚合分解方法的应用也在一定程度上缓解了随机动态规划的维数灾问题。但是,随着水库数量的增加、可利用信息的丰富,随机动态规划方法的维数灾问题将呈指数爆发,如何克服此问题仍然需要进一步开展相关研究。

1.2.3.2 隐随机优化调度方法

隐随机优化调度方法隐式地描述入库径流过程的随机性,即径流过程的随机性隐含在长期实测径流序列或长期模拟径流序列中。隐随机优化调度是一种以水库确定性优化调度结果为样本,采用数据挖掘、回归分析、曲线拟合、机器学习等方法提取水库优化调度规则(或称调度函数)的方法[146,147]。1967 年,Young[148]率先提出水库运行调度的隐随机优化方法,通过"优化—拟合"框架提取单个水库的调度规则。令人疑惑的是,相比于更复杂的随机动态规划方法,更简单的隐随机优化调度方法约 10 年后才被提出。据文献[6]可知,Young也是率先将确定性优化方法应用于水库调度的学者,即确定性优化方法在水库调度中的应用也比随机性优化方法晚 10 年左右。

自 Young 提出水库调度隐随机优化方法以来,学者们围绕相关问题开展了大量研究。由于线性回归具有可靠的理论基础以及简单的模型结构,其最早被应用到水库调度规则提取中。陈洋波[149]采用线性回归方法辨识陆水水库的隐随机优化调度函数。陈洋波等[150]以水库群聚合分解法为基础,采用多元线性回归(Multivarate Linear Regression,MLR)方法制作水库群的隐随机优化调度函数。Revelle 等[151]以水库下泄为决策变量,采用线性回归推求水库调度函数,并指出线性决策函数的性能不一定比复杂调度规则差。Karamouz等[152]以水库来水和水库需水为决策输入,以水库下泄流量为决策输出,采用二元线性回归方法构建调度函数。在线性调度规则的基础上,相关学者在变化环境下调度规则变化模式、调度规则适应性等方面进行了拓展研究。如 Feng 等[153]采用简单调整方法(Simple Adjustment Method,SAM)和随机重构方法(Stochastic Reconstruction Method,SRM)生成水库入流变化情景,并将其作为确定性优化调度模型的输入,采用离散微分动态规划算法求解获得相应的最优调度过程,在此基础上,使用线性回归方法推求不同情景下的水库调度规则,分析水库调度规则的变化模式。Feng 等[154]针对固定的水库调度规则缺乏适应性,在变化环境下难以有效指导水库运行调度的问题,采用集合卡尔曼滤波方法推导了参数时变的自适应水库调度规则,并以三峡水库为实例研究,验证了自适应调度规则的有效性。张玮等[155]为规避气候变化对水库调度带来的不利影响,提出了一种基于 Dempster-Shafer(DS)理论的水库适应性调度规则。

近年来,人工神经网络(Artificial Neural Network,ANN)、支持向量回归(Support Vactor Regression,SVR)、极限学习机(Extreme Learning Machine,ELM)、高斯过程回归

(Gaussian Process Regression,GPR)等机器学习方法在水库(群)隐随机优化调度研究中得到广泛应用[156]。胡铁松等[157]提出了供水水库群调度函数推求的人工神经网络方法,并探讨了神经网络的训练参数、训练方法和训练样本对网络训练和应用效果的影响,某地区3个并联供水水库实例研究表明,其所提方法是可行且有效的。缪益平等[158]建立了水库调度函数的神经网络模型,湖南省凤滩水电站实例研究表明,与线性调度函数相比,基于神经网络的水库调度函数具有更高的模拟计算精度,实用性和可行性更好。刘攀等[159]针对三峡水库运行初期汛末蓄水实时调度问题提出了训练神经网络调度函数的"优化—拟合—再优化"方案,并与传统的"优化—拟合"方案进行了对比,结果表明,所提改进方案在提高水库发电效益和水库蓄满率上效果较好。Ji 等[160]采用支持向量回归方法提取金沙江水库系统的最优调度规则,获得了拟合能力和泛化能力比较均衡的调度规则。Niu 等[161]使用多元线性回归、人工神经网络、极限学习机和支持向量机推求水库发电调度规则,并以洪家渡水库为例对4种方法的性能进行了比较,结果表明,ANN、ELM 和 SVM 方法比常规 MLR 方法具有更好的性能表现。Jia 等[79]应用高斯过程回归推求水库的发电调度规则,三峡水库实例研究表明,与 ANN、SVR 方法比较,GPR 推求得到的调度规则在提高发电保证率和增加年发电量上表现更优。Feng 等[162]提出了基于 k-means 聚类和进化极限学习机的水库发电调度规则提取方法,该方法首先通过 k-means 聚类方法将输入因子划分为多个子模式,然后采用粒子群优化算法优化各子模式下的极限学习机参数,进而获得水库发电调度的优化调度规则。杨迎等[163]提出了基于径向基函数(Radical Basis Function,RBF)神经网络的梯级电站优化调度规则提取方法,并用其构建了大渡河下游梯级电站的优化调度规则,基于调度规则的模拟调度结果证明了所提方法的有效性。骆光磊等[164]提出了一种水库群运行自适应矩估计改进深度神经网络模拟方法,用于提取水库群调度规则,实例研究表明,所提方法在模拟水库群运行上较传统神经网络方法具有更高的精度。Zhu 等[165]利用灰色关联分析法辨识调度规则的输入因子,采用支持向量机从确定性优化调度结果中提取水库调度规则,提出了基于灰色关联分析和支持向量机的水库调度规则推求方法。Guariso 等[166]基于"优化—拟合"的隐随机优化框架,采用神经网络模型从确定性优化调度结果中提取了尼罗河水库群的联合调度规则。方豪文[167]采用随机森林辨识调度规则的决策因子,提出了基于贝叶斯优化算法与高斯过程回归的梯级水电站中长期发电调度规则提取方法,构建了溪洛渡—向家坝梯级的发电调度规则。上述研究工作主要围绕如何从确定性优化调度样本中提取决策性能更好的水库调度规则这一关键技术难题展开,引入了很多新理论、新方法,尤其是机器学习、深度学习等方法,取得了很多优秀的成果,然而,如何在构建水库调度规则的过程中考虑输入不确定性和参数不确定性,进而减小不确定性因素对调度决策影响的问题极少被上述研究提及和解决。

  针对水库调度规则的参数不确定性、结构不确定性和输入不确定性问题,部分学者开展了相关研究并取得了一定成果。Liu 等[168]采用广义似然不确定性估计和马尔科夫蒙特卡洛方法分析了水库线性调度规则的参数不确定性。Zhang 等[169]针对水库调度规则的结构不确定性问题(即调度规则的函数形式总是主观确定的),采用贝叶斯模型平均法对分段线性调度函数、曲面调度函数和支持向量机调度函数进行整合,构建水库的集成调度规则,百色水库实例研究表明,考虑结构不确定性的集成调度规则优于单一调度规则。Fang 等[170]开展了类似的研究,应用灰色关联分析法筛选调度规则的决策因子,采用最小二乘支持向量机、自适应神经模糊推理系统和多元线性回归推求调度函数,最后通过贝叶斯模型平均(Bayes Model Averaging,BMA)法加权组合 3 种调度函数,构建集成调度规则。考虑径流预报不确定性和参数不确定性,Liu 等[171]提出了一种基于变分推断贝叶斯深度学习的水库调度规则提取模型,实例研究结果表明,该模型提取的调度规则的决策性能较对比方法更好,获得的发电效益更高。何飞飞[172]采用蒙特卡洛 Dropout 近似变分推断,提出了基于蒙特卡洛 Dropout 的深度门控循环单元神经网络模型,推求了考虑径流预报不确定性及参数不确定性的三峡水库发电调度规则。

综上所述,水库隐随机优化调度研究的总体趋势为,从线性调度函数到非线性调度函数,从单一调度函数到集成调度函数,从忽略不确定性到考虑不确定性,从参数固定的调度函数到参数时变的调度函数。尽管隐随机优化调度模型与方法体系已日趋完善,但仍然存在的矛盾是,具有较高精度、较长预见期预报能力的水文预报模型的不断提出和当前隐随机优化调度函数尚未充分利用多步径流预报信息之间的矛盾,为解决该问题,需要研究一种能够有效并充分地利用多步径流预报信息,更好地协调水电站面临时段与余留期发电效益,可以直接用于指导水库实际运行调度的调度函数。

1.2.3.3 参数模拟优化调度方法

参数模拟优化调度方法和隐随机优化调度方法在描述入库径流过程的随机性上原理是相同的,都是通过大量的长期径流序列隐式地反映入库径流过程的随机性。两种方法的不同之处在于,隐随机优化方法构建调度规则的过程是一个典型的数据挖掘过程,而参数模拟优化方法构建调度规则的过程是一个典型的优化求解过程[123]。参数模拟优化方法推求水库优化调度规则的具体过程为,首先预定义调度规则的结构形式,如调度图、调度表、调度函数等,然后采用基于仿真的模式对调度规则参数进行优化,在优化调度规则参数时,目标函数通常为最大化水库运行效益[173,174]。由于参数模拟优化方法是直接以水库运行效益最大为准则优化调度规则参数,而隐随机优化方法是以拟合优度最佳为目标优化调度规则参数[175],故有研究者[124,168]认为,隐随机优化方法可能不总是有效,参数模拟优化方法或许更优。

2003 年,Koutsoyiannis 等[176]首次提出构建水库调度规则的参数模拟优化方法。随后,应用和发展参数模拟优化方法的相关研究涌现。Liu 等[177]和刘攀等[159]提出了推导水库蓄水调度规则的"优化—拟合—再优化"方法,首先采用动态规划获取确定性水库优化调度过程,然后综合应用遗传算法和神经网络模型拟合最优调度过程获取初始调度规则,最后以发电量最大为目标采用单纯形法进一步优化初始调度规则参数,得到最佳蓄水调度规则。刘攀等[178]综合"优化—拟合—再优化"和"优化—拟合—随机仿真"两种调度规则推求框架,提出了制定并检验水库群联合优化调度规则的"优化—拟合—再优化—随机仿真"框架。Xu等[179]以中国浑河梯级水库群为实例研究对象,对比分析了 ESO、ISO 和 PSO 3 种随机优化调度方法推求得到的调度规则的决策性能,指出 PSO 方法的复杂度和计算成本更低,给出的调度规则的发电效益和发电可靠性更好。Li 等[180]在水库确定性优化调度结果的基础上,应用遗传规划直接辨识调度规则的数学表达式,并采用参数模拟优化方法对调度规则的参数进行优化,实例研究表明,与常规调度图和神经网络隐随机优化调度规则相比,文中提出的调度规则更高效和可靠,提高了年均发电量和发电保证率。纪昌明等[181]采用参数模拟优化方法,以梯级总发电量最大为目标,建立了李仙江流域梯级的总出力调度图,其调度结果与常规方案相比,年发电量和发电保证率均有较大提升。王渤权[182]在对梯级蓄能调度图进行参数化的基础上,构建了以发电量最大为目标的梯级蓄能调度图优化模型,并采用自组织映射遗传算法对模型进行求解,结果表明,优化后的蓄能调度图具有更好的发电效益和发电保证率。Li 等[146]基于"优化—拟合—再优化"框架,以最大化发电效益为目标,采用参数模拟优化方法构建了清江梯级水电站的调度规则。Li 等[183]将参数模拟优化方法推广应用于水—光混合发电厂,推求了中国龙羊峡水—光混合发电厂的长期互补调度规则。

从各方法构建调度规则的基本思路来看,与显随机优化方法和隐随机优化方法相比,参数模拟优化方法在构建多目标调度规则上具有更好的适用性。杨光等[184]考虑供水效益和发电效益两个调度目标,采用 Pareto 存档动态维度搜索算法对丹江口供水调度图的参数进行优化,得到了收敛性和分布性良好的 Pareto 解集,结果表明优化后的供水调度图可以较好地协调供水效益与发电效益,有效促进丹江口水库综合效益发挥。Liu 等[185]针对中小洪水资源化问题,提出了一种分级防洪调度规则,并综合考虑防洪安全、发电效益和航运效益等目标,采用基于分解的文化多目标进化算法对分级防洪调度规则的参数进行优化,三峡水库防洪调度模拟结果表明,分级防洪调度规则能够有效协调防洪安全、发电效益和航运效益目标间的矛盾。Li 等[186]围绕梯级水库群发电、环境、航运多目标联合调度问题,构建了考虑发电、生态和航运目标的多目标调度规则优化模型,并提出了多目标正切算法,用于优化求解多目标调度规则的参数,珠江流域梯级水库实例研究表明,提取的多目标优化调度规则可以作为水库运行管理人员的决策支持工具,能够较好地促进梯级水库综合效益发挥。

综上所述,与显随机优化方法和隐随机优化方法比较,参数模拟优化方法主要在以下几个方面占优:①不存在明显的维数灾问题;②直接以水库调度的关注目标优化调度规则,能够较好地保证调度规则的决策性能;③在提取多目标调度规则上适用性更好。

尽管参数模拟优化调度方法已获得广泛研究和应用,但仍然存在以下问题:①该方法需要预设调度规则的形式,而调度规则的预设非常依赖人工经验,如果调度规则的结构形式设计不合理,可能无法获得可靠有效的水库调度规则;②目前,参数模拟优化方法构建的调度规则尚未充分利用径流预报信息,不足以有效支撑来水不确定性条件下水库发电优化调度。

针对第一个问题,充分利用隐随机优化方法的优点,将其融入参数模拟优化方法中,为参数模拟优化方法提供初始调度规则,不失为一种可行的解决办法,类似的研究已逐渐出现。针对第二个问题,可以尝试将更长预见期的径流预报信息引入调度规则函数的决策输入中,以进一步提升调度函数的实际决策性能。

1.3 存在的问题

针对水电站水库发电优化调度这一课题,近几十年来调度与科研工作者开展了大量研究,在调度模型构建及其优化求解方面取得了丰硕成果。但仍然存在理论研究与工程实际脱节的现象,导致研究成果难以有效应用于水库实际运行调度中。目前仍然存在的问题主要包括以下几个方面:

①现有研究对水电站动力特性、水电站尾水位特性的非精确描述无法保证水电站水能的高精度计算,使水电站水库发电优化调度模型与工程实际存在鸿沟,削弱了通过模型求解获得的优化调度方案对水电站水库实际运行调度的指导作用。因此,亟须开展水电站水库特性解析与建模研究,构建水库容积特性、水电站动力特性、水电站尾水位特性的精确数学模型,为水库发电精细化调度计算提供模型支撑。

②随机水文模型生成的模拟径流序列既保持了实测径流序列的关键统计特征,又包含有区别于实测径流序列的各种可能的来水情景,是推求水库隐随机优化调度函数的基本依据。截至目前,各种各样的随机水文模型已被提出,但已有模型只能刻画径流序列的线性相依结构且需对径流序列的概率分布进行假定(如回归类和解集类参数模型),或无法保持实测径流序列的首尾自相关结构(如非参数解集模型和相关解集模型),或不能实现合理的内插和外延,即生成的模拟径流序列仅是实测径流样本的重复抽样(如非参数最近邻抽样模型),或维度较高时参数难以有效估计且仍需假定水文变量的边际分布(如Copula模型)。因此,有必要探索一种不需要假设水文变量边际分布、水文变量间联合分布、径流序列相依形式,并能以任意精度逼近任何连续分布,同时参数还比较容易优化确定的随机水文模型。

③在水文预报技术已获得长足发展(能够提供较高精度、较长预见期的径流预报信息),同时也存在诸多局限(导致有效预见期往往短于水库调度期)的背景下,现有研究提出的未充分利用径流预报信息或认为调度期内径流过程已知的水库优化调度方法与现实的水库调度过程("预报、决策、实施、再预报、再决策、再实施"的滚动决策过程)不匹配,尚不足以有效支撑来水不确定性条件下水库中长期发电优化调度工作,使得水库实际调度决策仍然面临水量效益和水头效益以及近期效益和远期效益难以有效协调的难题。因此,有必要探索一种能够充分利用多步径流预报信息并能较好地克服预报不确定性影响的隐随机优化调度方法,为水电站水库发电调度非确定性序贯决策提供方法支撑。

1.4 主要研究内容

本书围绕来水不确定性条件下水库发电精细化调度面临的关键科学问题和技术难题,以水电站水库特性解析与建模—单站和多站径流随机模拟—水库隐随机发电优化调度为研究主线,选取长江上游部分水电站水库作为实例研究对象,运用随机水文学、水电能源学、运筹学、概率统计学、机器学习等多学科理论与方法,开展水库容积特性、水电站动力特性、水电站尾水位特性解析与建模、基于高斯混合模型的径流随机模拟方法、考虑多步径流预报信息的水电站水库隐随机发电优化调度方法研究。全书分 7 个章节撰写,图 1.1 展示了各章节研究内容的逻辑联系,第 2、3、4 章研究工作旨在实现水库容积特性的函数化表征、水电站动力特性的精确数学描述、水电站尾水位的高精度计算,进而为第 6 章发电调度计算提供模型支撑;第 5 章研究工作旨在提出基于实用高效的径流随机模拟新方法,进而为第 6 章入库径流随机模拟提供方法支撑。

全书 7 个章节的主要内容如下:

(1)第 1 章——绪论

阐明研究背景与意义,综述水电站水库基本特性解析与建模、径流随机模拟、水库随机优化调度等相关领域的研究过程、当前现状和发展趋势,指出仍然存在的问题,确定本书的总体框架和主要研究内容。

(2)第 2 章——水库容积特性解析与建模研究

解析水库容积特性的数学性质,构建描述水库形态特征的几何抽象模型,并根据该抽象模型导出物理意义明确的水库容积特性曲线。应用导出的水库容积特性曲线拟合水库的实测库容—水位离散数据点,并基于此计算水库容积特性曲线的拟合优度指标,从拟合优度的角度验证水库容积特性曲线的适用性和可靠性。将水库容积特性曲线应用到水电站中长期发电模拟调度和优化调度,从调度应用角度进一步验证水库容积特性曲线的可靠性和优越性。

(3)第 3 章——水电站动力特性解析与建模研究

阐述水电站动力特性的概念与内涵,解析水电站动力特性及其时间尺度效应,构建水电站效率特性的常数模型、曲线模型和曲面模型,水电站耗水率特性的曲线模型和曲面模型,以及水电站功率特性的曲面模型。基于水电站历史运行数据对各模型的拟合优度进行深入分析,明确各模型在描述水电站效率特性、耗水率特性以及功率特性上的性能表现。最后将以上模型应用于水电站水能计算,进一步探明各模型的出力计算精度。

(4)第 4 章——水电站尾水位特性解析与建模研究

分析水电站尾水位变化过程的后效性特征,结合分析结果,采用 Pearson 相关性分析方法探明影响尾水位变化过程的关键因子,在此基础上,构建水电站尾水位特性的多项式拟合模型和支持向量回归模型,并基于水电站历史运行数据对比分析各种模型的实用性、准确性和可靠性,最后探究水电站尾水位特性的时间尺度效应。

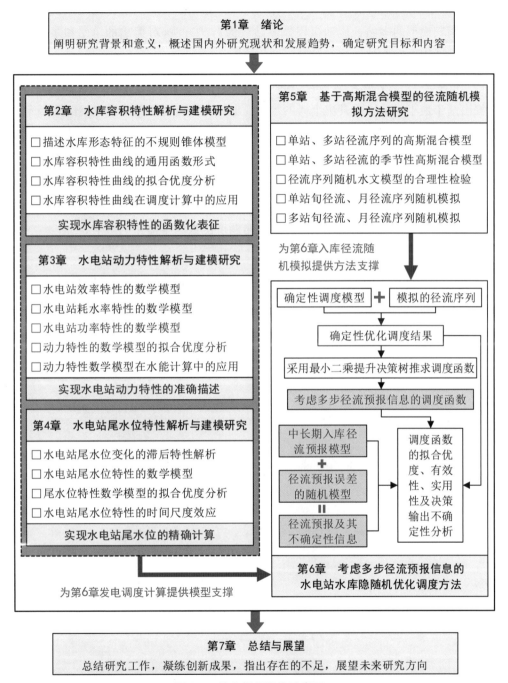

图 1.1 论文框架结构示意图

(5)第 5 章——基于高斯混合模型的径流随机模拟方法研究

构建单站径流序列与多站径流序列的高斯混合模型和季节性高斯混合模型,提出基于高斯混合模型的单站、多站径流随机模拟方法,以及基于季节性高斯混合模型的单站、多站径流随机模拟方法。将提出的单站、多站径流随机模拟方法分别应用于单站、多站径流随机模拟,并以基于季节性自回归模型、季节性 Copula 模型的 2 种单站径流随机模拟方法和基于季节性回归模型的多站径流随机模拟主站法为对比方法,对提出的单站和多站径流随机模拟方法的适用性和有效性进行检验。

(6)第 6 章——考虑多步径流预报信息的水电站水库隐随机优化调度方法研究

提出基于最小二乘法提升决策树的水库发电优化调度函数推求方法,推求以面临时段、面临时段初水位和未来多步径流信息为决策输入,面临时段水库下泄流量为决策输出的调度函数。构建基于最小二乘提升决策树的遥相关因子和区域气象水文要素联合驱动的中长期径流预报模型,并建立多步径流预报误差序列的高斯混合模型,以量化中长期径流预报不确定性。以三峡水库和二滩水库为实例研究对象,检验考虑多步径流预报信息的调度函数的有效性、实用性,并探究径流预报不确定性对调度函数决策输出的影响。

(7)第 7 章——总结与展望

总结本书完成的研究工作,凝练获得的主要创新成果,指出研究工作存在的不足,展望未来研究方向和工作内容。

第 2 章　水库容积特性解析与建模研究

2.1　引言

水库容积特性是水库的基本特性,狭义上指水位与库容之间的关系,有静水容积特性和动水容积特性之分,本章研究水库的静水容积特性。水库容积特性是水库调度运行计算的基本依据,对其进行数学建模是水库调度模型构建的重要内容。目前,通常采用实测库容—水位离散数据点表征水库容积特性,这是水库容积特性的离散化表征方式。水库容积特性的离散化表征方式实用、可靠,但也存在不足,一方面会导致调度模型求解过程中存在大量插值计算,降低模型求解效率;另一方面会使调度模型难以数学解析,制约基于调度模型凹凸特性的解析优化算法的开发(解析优化算法通常比数值优化算法更高效、更稳定)。

相比于离散化表征方式,水库容积特性的函数化表征(指采用函数或曲线描述水库的容积特性)不存在上述问题。在现有解析优化算法开发研究中[28,29,31],多种不同类型的曲线已被用于水库容积特性表征。然而,研究者各自采用不同类型的曲线,对水库容积特性的描述严重缺乏统一性,使各类解析优化算法的可靠性、统一性和普适性难以得到保证,不利于相关算法成果的推广应用和迭代改进。因此,有必要开展水库容积特性解析与建模研究,提出具有广泛适用性、良好可靠性、明显物理意义的水库容积特性曲线。

首先,解析水库容积特性的数学性质,构建描述水库形态特征的抽象模型,并根据该抽象模型导出具有明显物理意义的水库容积特性曲线的函数表达式。然后,应用导出的水库容积特性曲线拟合水库的实测库容—水位离散数据点,并基于此计算水库容积特性曲线的拟合优度指标,从拟合优度的角度验证所提水库容积特性曲线的适用性和可靠性。最后,将水库容积特性曲线应用于水电站水库中长期发电模拟调度和优化调度,从水库调度应用的角度进一步验证所提水库容积特性曲线的可靠性和优越性。

2.2　水库容积特性的数学性质与曲线模型

依据水库形态特征,揭示水库容积特性的数学性质,并对水库形态特征进行抽象,构建描述水库形态特征的几何抽象模型,进而导出能够有效刻画水库容积特性的曲线模型。

2.2.1 水库容积特性的数学性质

根据水库的形态特征,水库容积特性具有如下两点数学性质:①水库蓄水量越大,水库水位越高,②水库蓄水量越大,水库水面面积越大。一般而言,在河道上修建的水库,其容积特性都具有以上两点数学性质,本章所讨论的对象也仅限于具有此类特性的水库。从数学解析的角度,根据水库容积特性的两点数学性质,可以获得以下数学表达式:

$$\begin{cases} \dfrac{dZ}{dV} = f'(V) > 0 \\ \dfrac{dS}{dV} = \dfrac{d\left(\dfrac{dV}{dZ}\right)}{dV} = \dfrac{d\left(\dfrac{1}{f'(V)}\right)}{dV} = \dfrac{-f''(V)}{f'(V)^2} > 0 \end{cases} \tag{2.1}$$

式中:V——水库的库容;

Z——水库的水位;

S——水库的水面面积;

f——水库容积特性的曲线或函数,即 $Z = f(V)$,可以称之为水库容积特性曲线或水库容积特性函数。

由式(2.1)可知,水库容积特性曲线 $f(V)$ 应满足 $0 < V < V_{max}$ 条件下一阶导数为正、二阶导数为负的基本性质,如式(2.2)所示:

$$f'(V) > 0; f''(V) < 0 \tag{2.2}$$

式中:$f'(V)$ ——一阶导数;

$f''(V)$ ——二阶导数。

式(2.1)或式(2.2)是水库容积特性的基本数学性质,可以作为评价水库容积特性曲线优劣的标准之一。比如,当 f_1 和 f_2 两条曲线都能够很好地拟合水库的实测库容—水位离散数据点,且拟合优度指标相等或差距很小时,可以进一步根据 f_1 和 f_2 的数学性质是否满足式(2.2)来判断两种曲线的优劣。

2.2.2 水库容积特性曲线推导

构建了描述水库形态特征的三棱锥模型和不规则锥体模型,在此基础上推导了表征水库容积特性的幂函数型容积特性曲线,并分析了该曲线的数学性质,给出了该曲线的参数取值范围。

2.2.2.1 水库容积特性曲线的函数形式

获得表征水库容积特性的水库容积特性曲线一般有两种方法:①直接采用某种曲线拟合实测的库容—水位离散数据点获得水库容积特性的拟合曲线,如多项式曲线;②根据水库的形态特征,基于一定的假设条件,采用数学微分、积分等方法推求水库容积特性曲线。本节采用第二种方法推导水库容积特性曲线。不失一般性,假设水库的形态为锥体,如图 2.1 所示。

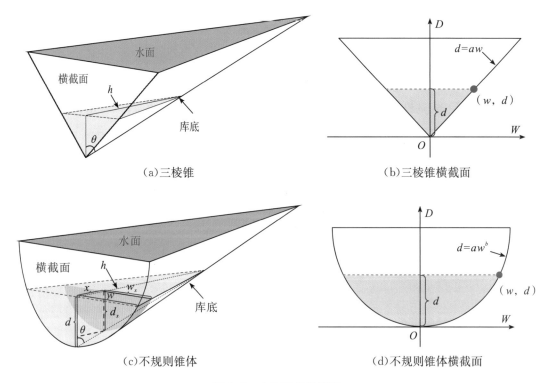

（a）三棱锥　　　　　　　　　　　（b）三棱锥横截面

（c）不规则锥体　　　　　　　　　（d）不规则锥体横截面

图 2.1　水库的锥体模型

图 2.1 展示了水库的两种锥体模型,分别是三棱锥模型和不规则锥体模型,图中阴影部分表示水体。两种锥体的横截面分别如图 2.1(b) 和图 2.1(d) 所示,图中横截面是对水库坝址断面的抽象描述。在横截面坐标系中,纵坐标 D 表示水库坝址断面的水深,横坐标 W 表示库水面与坝址断面交线的宽度。为了便于利用锥体模型推导水库容积特性曲线,两种锥体模型的横截面被假设为是轴对称的。在假设横截面为轴对称的前提下,采用幂函数 $d = aw^b$ 刻画不规则锥体横截面的形状,d 表示水深,w 表示阴影部分的底宽的一半,a 和 b 是参数。由图 2.1(b) 和图 2.1(d) 可知,三棱锥的横截面是不规则锥体横截面的特例,此时幂函数 $d = aw^b$ 的参数 $b=1$。显然,三棱锥模型是不规则锥体模型的特例,与不规则锥体模型相比,三棱锥模型对水库形态的描述更加抽象与简化。

首先,根据三棱锥模型推导水库容积特性曲线。假设水深为 d,此时水体的横截面的面积 $s = dw$,水体的高 $h = d\tan\theta$。据此,由锥体的体积公式可以求得水体的体积 V 为:

$$V = \frac{1}{3}sh = \frac{1}{3} \cdot dw \cdot d\tan\theta = \frac{1}{3}d\frac{d}{a}d\tan\theta = \frac{\tan\theta}{3a}d^3 \tag{2.3}$$

式中：θ——三棱锥横截面的对称轴与棱的夹角，如图 2.1(a)所示，此夹角是对水库坝址断面与水库深泓线的夹角的抽象。

将 $d = Z - Z_0$ 代入式(2.3)，推导出水库的容积特性曲线的数学表达式为：

$$Z = f_{slz}(V) = \left(\frac{3a}{\tan\theta}\right)^{\frac{1}{3}} V^{\frac{1}{3}} + Z_0 \qquad (2.4)$$

式中：Z——水库水位；

Z_0——库底的海拔高度。

其次，根据不规则锥体模型推导水库容积特性曲线。由图 2.1(c)可以看出，水体部分不是规则锥体，难以用已有求积公式计算水体体积。为此，本书采用积分的方式计算水体体积。假设水深为 d，此时水体的相关要素为：

$$h = d\tan\theta \qquad (2.5)$$

$$d_x = d - \frac{x}{\tan\theta} \qquad (2.6)$$

$$w_x = \left(1 - \frac{x}{d\tan\theta}\right)w \qquad (2.7)$$

$$w = \left(\frac{d}{a}\right)^{\frac{1}{b}} \qquad (2.8)$$

根据以上相关要素，采用积分方法计算红色截面的面积 s 为：

$$s = 2w_x d_x - 2\int_0^{w_x} aw^b \mathrm{d}w = 2w_x d_x - 2\frac{aw_x^{b+1}}{b+1}$$

$$= 2w\left(1 - \frac{x}{d\tan\theta}\right)\left(d - \frac{x}{\tan\theta}\right) - 2\frac{a\left(1 - \frac{x}{d\tan\theta}\right)^{b+1}w^{b+1}}{b+1} \qquad (2.9)$$

进一步，将面积 s 沿着水库上游方向进行积分，求得水体的体积为：

$$V = \int_0^h s\mathrm{d}x = \int_0^{d\tan\theta} 2w\left(1 - \frac{x}{d\tan\theta}\right)\left(d - \frac{x}{\tan\theta}\right) - 2\frac{a\left(1 - \frac{x}{d\tan\theta}\right)^{b+1}w^{b+1}}{b+1}\mathrm{d}x$$

$$= \int_0^{d\tan\theta} 2\left(\frac{d}{a}\right)^{\frac{1}{b}}\left(1 - \frac{x}{d\tan\theta}\right)\left(d - \frac{x}{\tan\theta}\right) - 2\frac{a\left(1 - \frac{x}{d\tan\theta}\right)^{b+1}\left(\frac{d}{a}\right)^{\frac{b+1}{b}}}{b+1}\mathrm{d}x \qquad (2.10)$$

$$= \frac{2\tan\theta(b^2 + 3b - 1)}{3a^{1/b}(b^2 + 3b + 2)}d^{\frac{1}{b}+2}$$

将 $d = Z - Z_0$ 代入式(2.10)，推导出水库容积特性曲线的数学表达式为：

$$Z = f_{bgz}(V) = \left[\frac{3a^{1/b}(b^2 + 3b + 2)}{2\tan(\theta)(b^2 + 3b - 1)}\right]^{\frac{1}{\frac{1}{b}+2}} V^{\frac{1}{\frac{1}{b}+2}} + Z_0 \qquad (2.11)$$

式(2.4)和(2.11)分别是三棱锥模型和不规则锥体模型对应的水库容积特性曲线的数学表达式。可以看出,无论是根据更抽象简化的三棱锥模型,还是根据更符合实际且复杂的不规则锥体模型,导出的水库容积特性曲线的通式是一致的,即

$$Z = f_{mi}(V) = \alpha_1 V^{\alpha_2} + \alpha_3 \qquad (2.12)$$

式中:α_1、α_2 和 α_3——参数,从物理意义上来看,这 3 个参数反映了水库断面形态、水库库底坡降以及水库库底高程,如式(2.4)和式(2.11)所示;

$f_{mi}(V)$——表征水库容积特性的一类曲线,由于该曲线的函数形式为幂函数,故将其称为幂函数型容积特性曲线。

从幂函数型容积特性曲线的推求过程可以看出,参数 α_1、α_2 和 α_3 可以根据水库的形态参数 a、b 和 θ 直接推求。该方法在一定程度上能够给出参数 α_1、α_2 和 α_3 的合理取值,但该方法并不是最佳的,因为其不能通过对参数进行优化来修正锥体模型与水库实际形态的系统性偏差。锥体模型始终只是水库形态的一种抽象表征,为尽可能消除两者之间的系统性偏差,采用参数优化的方式率定参数 α_1、α_2 和 α_3 更可行,因为其能够通过对参数进行优化使幂函数型容积特性曲线尽可能逼近水库实测的库容—水位离散数据点,进而获得最佳的参数取值。

2.2.2.2　幂函数型容积特性曲线的数学性质

根据式(2.12),推求幂函数型容积特性曲线的一阶、二阶导数,分别为:

$$f'_{mi}(V) = \alpha_1 \alpha_2 V^{\alpha_2 - 1} \qquad (2.13)$$

$$f''_{mi}(V) = \alpha_1 \alpha_2 (\alpha_2 - 1) V^{\alpha_2 - 2} \qquad (2.14)$$

由式(2.2)可知,为准确反映水库容积特性的基本数学性质,幂函数型水库容积特性曲线应满足一阶导数为正、二阶导数为负的基本要求,如下所示:

$$\begin{cases} f'_{mi}(V) > 0 \\ f''_{mi}(V) < 0 \end{cases} \Rightarrow \begin{cases} \alpha_1 \alpha_2 > 0 \\ \alpha_1 \alpha_2 (\alpha_2 - 1) < 0 \end{cases} \Rightarrow \begin{cases} \alpha_1 > 0 \\ 0 < \alpha_2 < 1 \end{cases} \qquad (2.15)$$

从式(2.15)可以看出,在率定幂函数型容积特性曲线的参数时,应保证其参数的取值范围为 $\alpha_1 > 0$ 和 $0 < \alpha_2 < 1$。

除水库容积特性外,水库面积特性是水库的另一基本特性。根据幂函数型容积特性曲线,采用微分方法可以非常简便地获得水库面积特性曲线。由于本章的研究重点是水库的容积特性,以下仅给出水库面积特性曲线的函数形式供读者参考,如式(2.16)所示,而不对其进行深入阐述。

$$\begin{cases} S = \dfrac{dV}{dZ} = \dfrac{1}{f'_{mi}(V)} = \dfrac{1}{\alpha_1 \alpha_2} V^{1-\alpha_2} \Rightarrow Z = g_{mi}(S) = \alpha_1^{\frac{1}{1-\alpha_2}} \alpha_2^{\frac{\alpha_2}{1-\alpha_2}} S^{\frac{\alpha_2}{1-\alpha_2}} + \alpha_3 \\ Z = f_{mi}(V) = \alpha_1 V^{\alpha_2} + \alpha_3 \end{cases} \qquad (2.16)$$

2.3　水库容积特性曲线的拟合优度分析与调度应用评价

在 2.2.2 节,通过严密推导,获得了水库容积特性的一种通用性曲线表征,即幂函数型

容积特性曲线,该曲线的参数具有明确的物理意义。为了更加全面地认识幂函数型容积特性曲线的优劣,还需从拟合优度分析和调度应用评价两个方面开展研究。

2.3.1 水库容积特性的多种曲线表征

除采用幂函数型容积特性曲线表征水库的容积特性外,研究还结合已有文献针对水库容积特性的初步探讨,以幂函数、指数函数、常数函数、对数函数等为基本构造单元,通过有限次有理运算和函数复合运算,构建了另外 3 种曲线用以拟合水库的实测库容—水位离散数据点,并与幂函数型容积特性曲线的拟合性能进行对比,以充分论证幂函数型容积特性曲线的优越性。以下是表征水库容积特性的另外 3 种曲线:

$$Z = f_{\text{duo}}(V) = \beta_1 V^3 + \beta_2 V^2 + \beta_3 V + \beta_4 \tag{2.17}$$

$$Z = f_{\text{zhi}}(V) = \gamma_1 e^{\gamma_2 V} + \gamma_3 e^{\gamma_4 V} \tag{2.18}$$

$$Z = f_{\text{dui}}(V) = \lambda_1 \ln(V^{\lambda_2} + \lambda_3) + \lambda_4 \tag{2.19}$$

式中:Z——水库水位;

V——对应的水库库容;

$f_{\text{duo}}(V)$——多项式型容积特性曲线;

$f_{\text{zhi}}(V)$——指数函数型容积特性曲线;

$f_{\text{dui}}(V)$——对数函数型容积特性曲线;

β_i、γ_i 和 λ_i——待优化的模型参数。

根据实测库容—水位离散数据点,采用信赖域反射算法(Trust Region Reflective Algorithm)[187]优化非线性最小二乘问题,率定幂函数型容积特性曲线 $f_{\text{mi}}(V)$、指数函数型容积特性曲线 $f_{\text{zhi}}(V)$ 和对数函数型容积特性曲线 $f_{\text{dui}}(V)$ 的参数 α_i、γ_i 和 λ_i;而对于多项式型容积特性曲线,可通过直接求解线性最小二乘问题的正规方程获得其最佳参数 β_i。以上所提算法均已集成于 MATLAB 2021b 的曲线拟合工具箱,可直接应用工具箱求解上述模型参数,具体细节参考 MathWorks 官网。

2.3.2 水库容积特性曲线的拟合优度评价指标

研究采用平均绝对误差 MAE、平均相对误差 MRE、均方根误差 RMSE 和确定系数 R^2 4 个拟合优度指标评价不同线型容积特性曲线对实测库容—水位离散数据点的拟合优度。4 个拟合优度指标的计算公式如下:

$$\text{MAE} = \frac{1}{N} \sum_{i=1}^{N} |Z_i - \hat{Z}_i| \tag{2.20}$$

$$\text{MRE} = \frac{1}{N} \sum_{i=1}^{N} \left| \frac{Z_i - \hat{Z}_i}{Z_i} \right| \tag{2.21}$$

$$\text{RMSE} = \sqrt{\frac{1}{N} \sum_{i=1}^{N} (Z_i - \hat{Z}_i)^2} \tag{2.22}$$

$$R^2 = 1 - \frac{\sum\limits_{i=1}^{N}(Z_i - \hat{Z}_i)^2}{\sum\limits_{i=1}^{N}(Z_i - \bar{Z}_i)^2} \tag{2.23}$$

式中：Z_i——实际水库水位，指对应于实测库容 V_i 的实测水位；

$\hat{Z}_i$——拟合水库水位，指通过水库容积特性曲线计算得到的拟合水位，即 $\hat{Z}_i = f(V_i)$；

f——任意一种容积特性曲线；

$\bar{Z}_i$——实测水位的均值；

N——实测库容—水位离散数据点的数量；

R^2——确定系数指标，不是相关系数的平方。

MAE、MRE 和 RMSE 越小，以及 R^2 越大，表明此类型的容积特性曲线的拟合效果越好，对水库容积特性的描述越准确；反之拟合性能越差，准确度越低。

2.3.3 水库容积特性曲线在发电调度中的应用

在水电站模拟调度或优化调度计算中，既可以采用实测库容—水位离散数据点描述水库容积特性，也可以采用水库容积特性曲线描述水库的容积特性。当采用离散数据点刻画水库容积特性时，已知水位推求库容或已知库容推求水位由基于库容—水位离散数据点的线性插值方法实现，而当采用容积特性曲线描述水库容积特性时，这一过程可直接通过函数计算来实现。

通过拟合优度指标辨识最佳的水库容积特性曲线后，为进一步验证最佳容积特性曲线的可靠性和优越性，研究将其应用于水电站中长期发电模拟调度和优化调度中，并与直接采用实测库容—水位离散数据点表征水库容积特性的方式进行比较。比较的指标包括水位模拟精度、出力计算精度和模型求解效率。水电站水库中长期发电调度模型如下所示：

$$\begin{cases} \max \sum\limits_{t=1}^{T} N_t \Delta t \\ \text{s. t.} \begin{cases} g_i(\boldsymbol{X}) \leqslant 0, i = 1, 2, \cdots, m \\ \boldsymbol{X} \subset \boldsymbol{R}^n \end{cases} \end{cases} \tag{2.24}$$

$$N_t = K_t Q_t H_t \tag{2.25}$$

$$H_t = \frac{f_{z-v}(V_t) + f_{z-v}(V_{t+1})}{2} - Z_t^{\text{down}} \tag{2.26}$$

式中：N_t——水电站第 t 时段的平均出力；

Δt——模型计算时段步长；

T——调度期总时段数；

X——n 维决策矢量；

$g_i(X)$——模型的 m 个约束，包括水量平衡、水位、流量、出力约束和非负约束，$g_i(X) \leqslant 0 (i=1,2,\cdots,m)$；

K_t——水电站第 t 时段的综合出力系数，反映水电站将水能转换为水电的综合效率；

Q_t——水库第 t 时段的平均发电流量；

H_t——水库第 t 时段的平均发电水头；

V_t 和 V_{t+1}——水库第 t 时段初末的蓄水量；

Z_t^{down}——水库第 t 时段的平均下游水位；

$f_{v-z}(V_t)$ 和 $f_{v-z}(V_{t+1})$——水库第 t 时段初末的上游水位；

f_{v-z}——水库的容积特性，可用实测库容—水位离散数据点表示，此时通过插值计算水位，也可用本书提出的水库容积特性曲线表征，此时通过函数直接计算水位。

上述水电站中长期发电调度模型具有模拟和优化两个功能：

①以水电站水库历史入库流量、出库流量和发电流量过程为输入，以实测库容—水位离散数据点和水库容积特性曲线两种方式刻画水库的容积特性，通过上述模型模拟水电站水库调度运行，获得两种水库容积特性表征方式下的模拟水位过程和出力过程（此时不考虑最优化），在此基础上，对比分析两种模拟水位过程、出力过程对实际水位过程和出力过程的模拟精度，以验证容积特性曲线的可靠性和适用性。

②以历史入库流量为输入，以水电站发电量最大为目标，采用动态规划算法优化求解上述水电站中长期发电优化调度模型，获取两种水库容积特性表征方式下的模型求解耗时、优化水位过程和优化出力过程，在此基础上，对比分析两种表征方式下的模型输出结果，进一步验证容积特性曲线的性能。

2.4 实例研究对象与数据

随着长江上游水利水电工程的陆续规划、建设和投运，以三峡水利枢纽工程为核心的混联水库群已形成规模，举世瞩目，为流域水资源综合开发、利用和管理奠定了工程基础。毫无疑问，长江上游巨型水库群在中国甚至世界范围内具有广泛的代表性。因此，本章以长江上游 34 座水库及清江 3 座水库为实例研究对象开展水库容积特性解析与建模研究，其地理位置信息如图 2.2 所示。长江上游 34 座水库包括金沙江中下游 10 座、雅砻江 7 座、岷江 1座、大渡河 1 座、嘉陵江 4 座、乌江 9 座水库及长江干流三峡、葛洲坝水库。清江 3 座水库包括水布垭、隔河岩和高坝洲水库。本章采用的实测库容—水位离散数据点来源于数字流域科学与技术湖北省重点实验室。

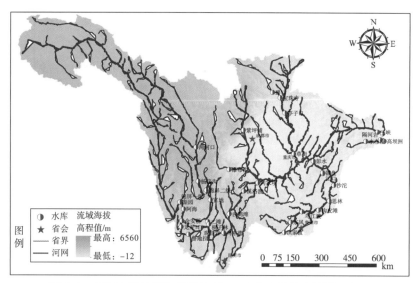

图 2.2　长江上游流域及清江流域 37 座水库的地理位置示意图

2.5　研究结果与讨论

2.5.1　水库容积特性曲线的参数率定结果及合理性分析

　　采用式(2.12)、式(2.17)至式(2.19)4 种容积特性曲线对 37 座水库的实测库容—水位离散数据点进行拟合。各容积特性曲线的参数均采用 2.3.1 节所述方法进行优化。为分析幂函数型容积特性曲线的合理性,图 2.3 给出了 37 座水库的幂函数型容积特性曲线的参数率定值。图中横坐标水库编号 1~37 分别对应瀑布沟、宝珠寺、碧口、草街、亭子口、白鹤滩、乌东德、溪洛渡、向家坝、阿海、观音岩、金安桥、梨园、龙开口、鲁地拉、紫坪铺、高坝洲、隔河岩、水布垭、东风、构皮滩、洪家渡、江口、彭水、沙沱、思林、乌江渡、银盘、二滩、锦屏二级、锦屏一级、桐子林、葛洲坝、三峡、官地、两河口、杨房沟等共 37 座水库。

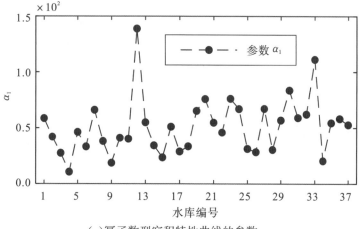

(a)幂函数型容积特性曲线的参数 α_1

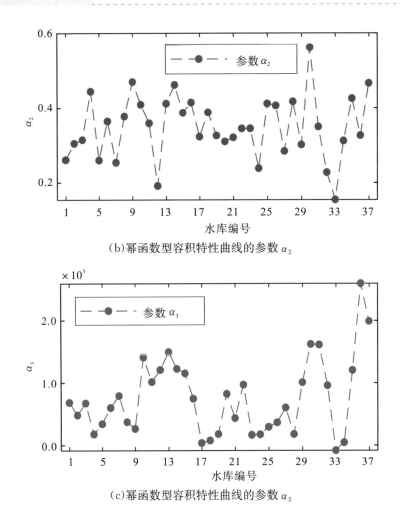

(b)幂函数型容积特性曲线的参数 α_2

(c)幂函数型容积特性曲线的参数 α_3

图 2.3　37 座水库的幂函数型容积特性曲线的参数率定值

从图 2.3 可以看出,37 座水库的幂函数型容积特性曲线的参数 α_1 和 α_2 的率定值均在式(2.15)指定的范围内,表明各水库的幂函数型容积特性曲线均能准确地反映水库容积特性的基本数学性质,见式(2.1)。而对于另外 3 种容积特性曲线,分析其一阶、二阶导数可知,要使这 3 种曲线准确描述水库容积特性的基本数学性质是较困难的。因此,不再对多项式型、指数函数型和对数函数型容积特性曲线的参数取值的合理性进行分析。一般而言,在不要求曲线具有明确物理意义的情况下,只要曲线能够以较高精度拟合实测库容—水位离散数据点,即可认为该曲线是可用、实用的。

2.5.2　水库容积特性曲线的拟合优度分析

采用曲线拟合方法获得 37 座水库的容积特性曲线后,研究以 37 座水库的实测库容—水位离散数据点为基准,根据式(2.20)至式(2.23)计算了各水库 4 种容积特性曲线的拟合优度指标。图 2.4 至图 2.7 分别给出了各水库 4 种容积特性曲线的平均绝对误差、平均相对误差、均方根误差和确定性系数指标。图中浅蓝色虚线表示多项式型容积特性曲线的拟合优度指标,绿色虚线表示指数函数型容积特性曲线的拟合优度指标,红色虚线表示对数函数型容积特性曲线的拟合优度指标,而深蓝色实线表示幂函数型容积特性曲线的拟合优度指标。

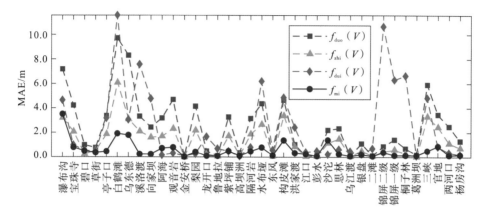

图 2.4　37 座水库的 4 种容积特性曲线的平均绝对误差 MAE

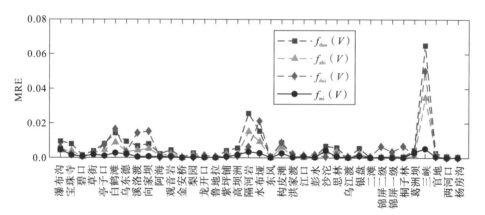

图 2.5　37 座水库的 4 种容积特性曲线的平均相对误差 MRE

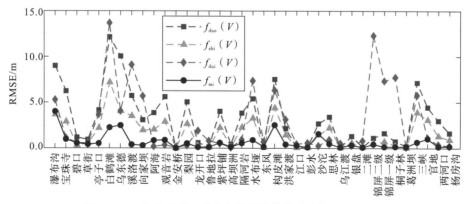

图 2.6　37 座水库的 4 种容积特性曲线的均方根误差 RMSE

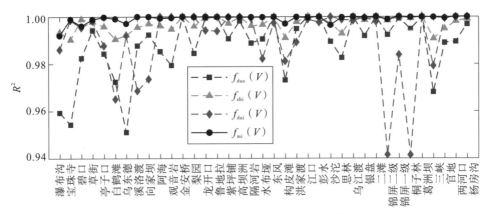

图 2.7 37 座水库的 4 种容积特性曲线的确定性系数 R^2

首先,从图 2.7 可以看出,不同线型容积特性曲线的确定系数 R^2 都在 0.94 以上,表明幂函数型、多项式型、指数函数型和对数函数型容积特性曲线均能较好地拟合 37 座水库的实测库容—水位离散数据点。其次,根据图 2.4 至图 2.7 综合比较 4 个指标可以发现,在拟合 37 座水库的库容—水位离散数据点时,多项式型和对数函数型容积特性曲线的拟合优度明显较差,指数函数型容积特性曲线的拟合优度次之,幂函数型容积特性曲线的拟合优度显著优于前三者。此外,还可以看出,在拟合不同水库的实测库容—水位离散数据点时,多项式型、指数函数型和对数函数型容积特性曲线的拟合优度指标表现出较大的差异,对于一部分水库,拟合性能很好,而对于另一部分水库,拟合性能很差。该现象在一定程度上说明了这 3 种容积特性曲线存在适用范围有限的问题。与之相反,幂函数型容积特性曲线在描述不同水库的容积特性时均具有相近且更优的拟合性能。显然,与另外 3 种容积特性曲线相比,幂函数型容积特性曲线的适用性更好。

由上述分析可知,从拟合优度的角度看,式(2.12)给出的幂函数型容积特性曲线是表征 37 座水库的容积特性的最佳曲线,加之幂函数型容积特性曲线具有物理意义明确且能准确反映水库容积特性的基本数学性质的优点,可以进一步推断幂函数型容积特性曲线在描述水库的容积特性上具有更广泛的适用性和更高的准确性。图 2.8 给出了 37 座水库的幂函数型容积特性曲线,可以看出,曲线与实测离散数据点非常贴合,进一步印证了以上结论。

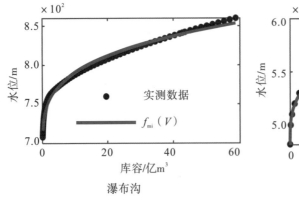

瀑布沟

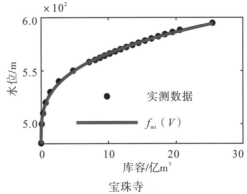

宝珠寺

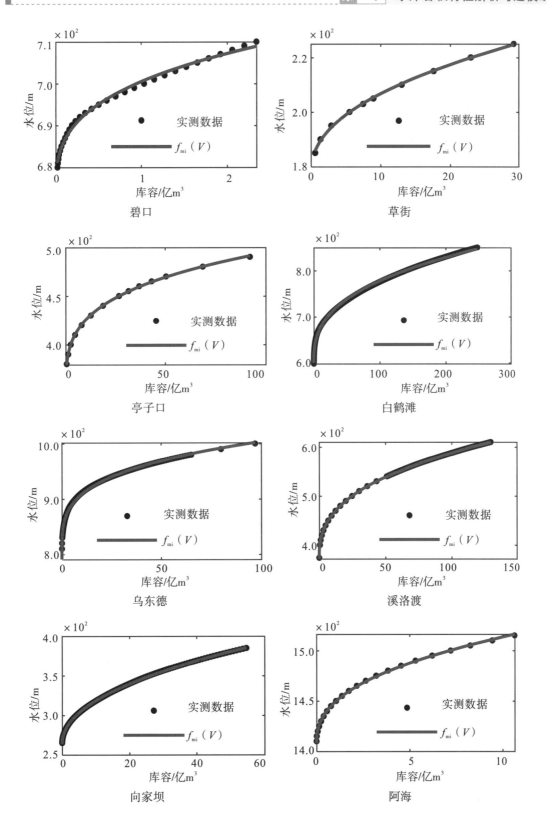

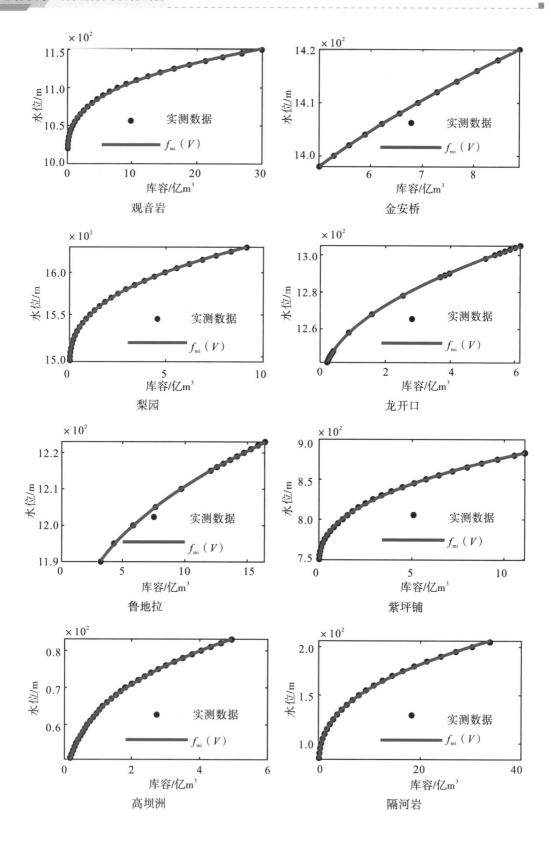

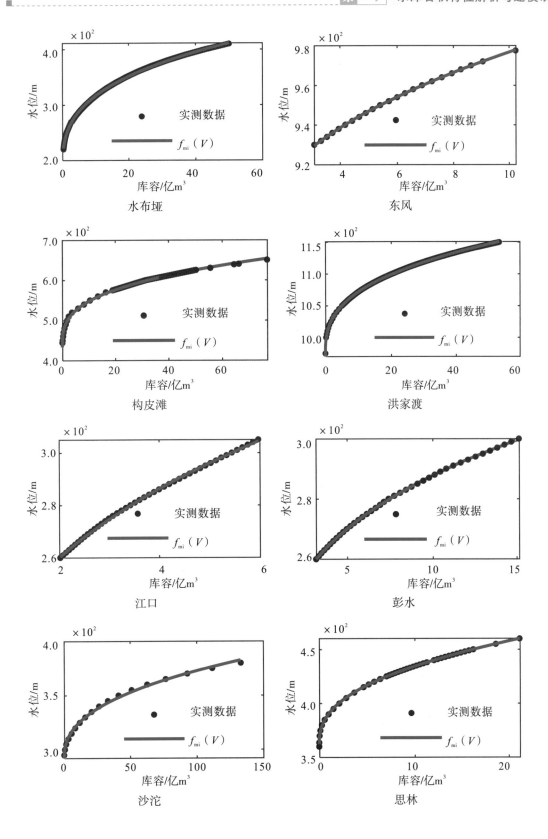

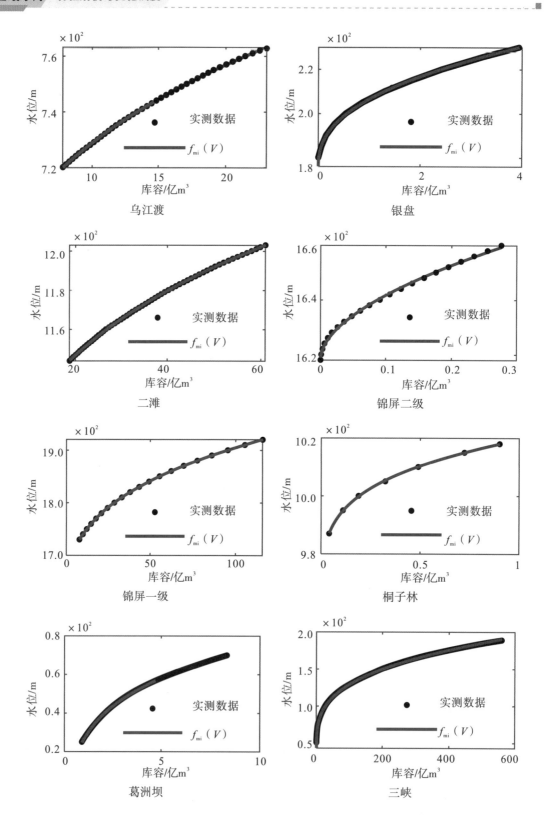

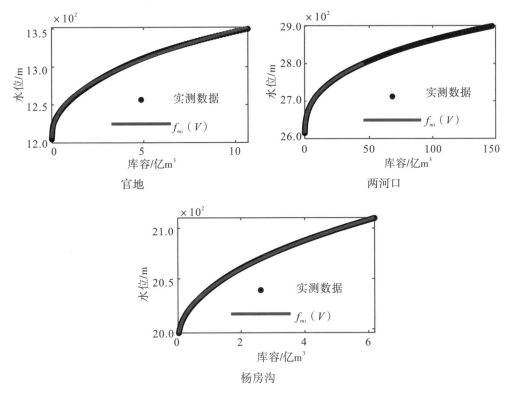

图 2.8　37 座水库的幂函数型容积特性曲线

2.5.3　幂函数型水库容积特性曲线在水电站发电调度中的应用与结果分析

为进一步验证幂函数型容积特性曲线的可靠性和优越性,研究将幂函数型容积特性曲线应用于 A 和 B 的中长期发电模拟调度和优化调度中(这里用 A、B 代替具体电站或水库)。首先,模拟 A 2016 年和 B 2014 年的旬尺度发电调度运行过程;其次,优化 A 2016 年和 B 2014 年的旬尺度发电调度运行过程。水电站发电调度的模拟模型和优化模型的一般结构如式(2.24)至式(2.26)所示。

2.5.3.1　水电站调度运行模拟结果

图 2.9(a)给出了两种容积特性表征方式下 A 的实测水位、出力过程和模拟水位、出力过程;图 2.9(b)显示了 A 的模拟和实测水位过程的误差绝对值;图 2.9(c)展示了 A 的模拟和实测出力过程的误差绝对值。

从图 2.9(a)可以看出,两种容积特性表征方式下,A 模拟水位过程与实测水位过程都非常接近,均具有较高的模拟精度。其中,在汛期,采用幂函数型容积特性曲线表征水库容积特性时,中长期模拟调度模型对水位、出力过程的模拟具有更高精度,而在非汛期,采用实测库容—水位离散数据点描述水库容积特性,模拟模型对水位、出力过程的模拟具有更好的精度,图 2.9(b)和图 2.9(c)更清晰地展示了这一结果。

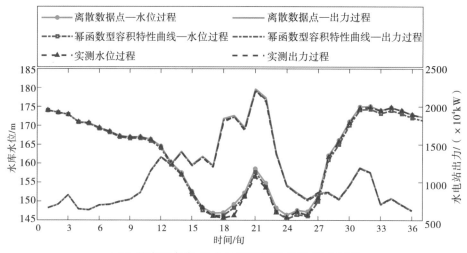

(a)A 的实测水位、出力过程和模拟水位、出力过程

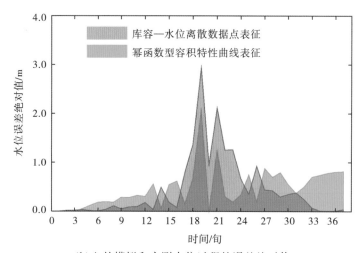

(b)A 的模拟和实测水位过程的误差绝对值

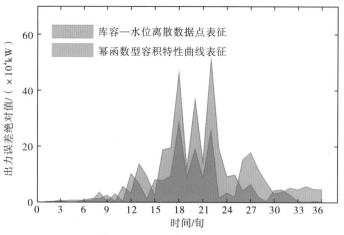

(c)A 的模拟和实测出力过程的误差绝对值

图 2.9 A 的实测水位、出力过程和两种模拟水位、出力过程以及模拟误差

另外,对应于库容—水位离散数据点和幂函数型容积特性曲线两种水库容积特性表征方式,模型模拟的 A 2016 年的年发电量分别为 942.7938 亿 kW·h 和 935.3152 亿 kW·h,而 2016 年 A 的实际发电量为 936.2570 亿 kW·h,表明采用幂函数型容积特性曲线时,模拟调度模型对 A 水电站年发电量的模拟具有更高的精度。

图 2.10(a)给出了 B 的实测水位、出力过程和模拟水位、出力过程;图 2.10(b)显示了 B 的模拟和实测水位过程的误差绝对值;而图 2.10(c)展示了 B 的模拟和实测出力过程的误差绝对值。

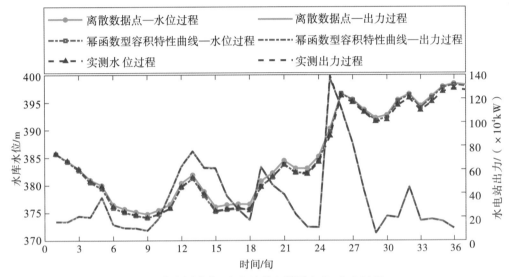

(a)B 的实测水位、出力过程和模拟水位、出力过程

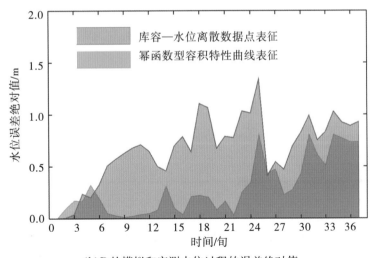

(b)B 的模拟和实测水位过程的误差绝对值

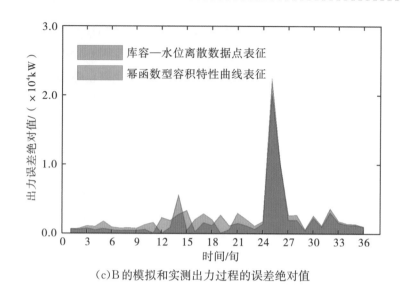

(c)B的模拟和实测出力过程的误差绝对值

图 2.10 B 的实测水位、出力过程和两种模拟水位、出力过程以及模拟误差

通过图 2.10(a)可以看出,两种容积特性表征方式下,B 的模拟水位过程与实测水位过程相差均较小,都具有较高的模拟精度。从 1～36 旬整个调度过程可以看出,采用幂函数型容积特性曲线时,中长期模拟调度模型对水位过程的模拟明显具有更高的精度,图 2.10(b)更清晰地验证了这一结果。

进一步由图 2.10(a)可知,两种容积特性表征方式下,B 的模拟出力过程与实测出力过程十分贴合,较水位过程模拟具有更高的精度。结合图 2.10(c)可以看出,两种容积特性表征方式下中长期模拟调度模型对出力过程的模拟具有相似的精度。此外,对应于库容—水位离散数据点和幂函数型容积特性曲线两种水库容积特性表征方式,模型模拟的 B 水电站2014 年的年发电量分别为 30.8653 亿 kW·h 和 30.7834 亿 kW·h,而 2014 年 B 的实际发电量为 30.7606 亿 kW·h,表明采用幂函数型容积特性曲线时,模拟调度模型对 B 水电站年发电量的模拟具有更高的精度。

综上分析可知,以直接采用实测库容—水位离散数据点表征水库容积特性的性能表现为参照基准,幂函数型容积特性曲线在表征水库容积特性上是可靠的、适用的,某种程度上是占优的。

2.5.3.2 水电站调度运行优化结果

以 A 2016 年和 B 2014 年来水为输入,以年发电量最大为目标,分别构建 A 和 B 的中长期发电优化调度模型,并采用动态规划算法求解模型,获取两座水电站的最优调度运行过程。通过 MATLAB 2021b 编程实现模型及其求解算法,程序在神舟 Intel 六核笔记本(CPU 主频 2.59GHz,内存 15.8GB)上运行。求解模型时,A 和 B 的水位离散精度都为 0.05m。

图 2.11 给出了两种容积特性表征方式下 A 的最优化水位过程及两种最优化水位过程

之差。从图 2.11 可以看出,不同容积特性表征方式下 A 的最优化水位过程几乎完全一样,表明幂函数型容积特性曲线在表征 A 的容积特性时是可靠且适用的。图 2.12 展示了两种容积特性表征方式下 A 的最优化出力过程及两种最优化水位过程之差。分析图 2.12 可知,A 的两种最优化出力过程的变化趋势几乎完全一致,仅在量级上存在微小差距。

另外,采用库容—水位离散数据点表征水库容积特性时,A 的最优化年发电量为 938.5 亿 kW·h,模型求解耗时 777.8s,而采用幂函数型容积特性曲线表征水库容积特性时,最优化年发电量为 938.3 亿 kW·h,模型求解耗时 560.7s。两种容积特性表征方式下 A 的最优化年发电量相差仅为 0.2 亿 kW·h,表明幂函数型容积特性曲线和库容—水位离散数据点在表征 A 容积特性上具有几乎相同的功效,再次论证了幂函数型容积特性曲线的可靠性。

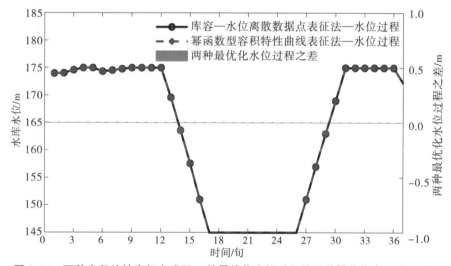

图 2.11　两种容积特性表征方式下 A 的最优化水位过程及两种最优化水位过程之差

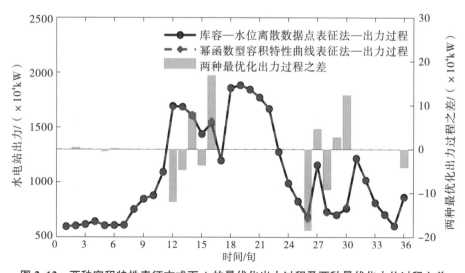

图 2.12　两种容积特性表征方式下 A 的最优化出力过程及两种最优化水位过程之差

比较优化调度模型的求解耗时可知,采用幂函数型容积特性曲线表征水库容积特性时,模型求解耗时减小 217.1s,求解效率显著提高。此结果表明,采用幂函数型容积特性曲线刻画水库容积特性不仅具有较高的可靠性和适用性,而且在促进模型求解效率提高方面具有较大的潜力。

图 2.13 显示了两种容积特性表征方式下 B 的最优化水位过程及两种最优化水位过程之差。图 2.14 给出了两种容积特性表征方式下 B 的最优化出力过程及两种最优化出力过程之差。采用与前述相同的分析方法,根据图 2.13 和图 2.14 展示的实验结果,可以证明幂函数型容积特性曲线在表征 B 的容积特性上也是可靠且适用的。

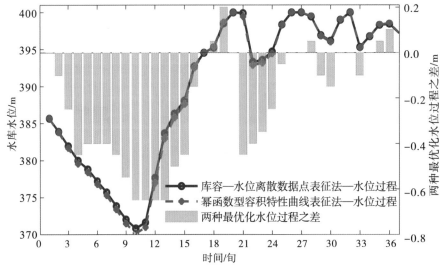

图 2.13 两种容积特性表征方式下 B 的最优化水位过程及两种最优化水位过程之差

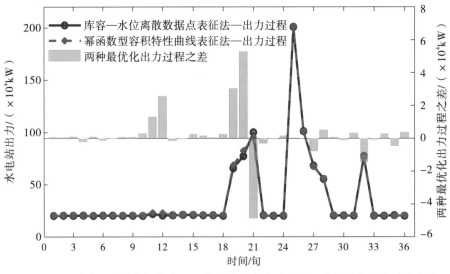

图 2.14 两种容积特性表征方式下 B 的最优化出力过程及两种最优化出力过程之差

此外,在幂函数型容积特性曲线和库容—水位离散数据点两种容积特性表征方式下,B 的最优化年发电量分别为 32.1624 亿 kW·h 和 32.0114 亿 kW·h,模型求解耗时分别为 586.5s 和 1075.6s。两种表征方式下,B 的最优化年发电量相差仅为 0.151 亿 kW·h,进一步说明了幂函数型容积特性曲线的可靠性。

另外,采用幂函数型容积特性曲线表征 B 的容积特性时,模型求解耗时更短,耗时减少约 489.1s,求解效率明显提高。此结果再次验证了幂函数型容积特性曲线在促进模型求解效率提高方面确实具有较大的潜力。

综合 2.5.1 节、2.5.2 节和 2.5.3 节的讨论与分析可知,无论是从合理性分析、拟合优度评价,还是从实际应用效果验证角度看,幂函数型容积特性曲线在描述水库的容积特性上具有非常好的适用性和可靠性,且与水库容积特性的离散化表征方法比较,其在促进模型求解效率方面也具有较大的潜力。前文已指出,水库容积特性的函数化表征是调度模型可数学解析的基本前提,更是解析优化求解算法可行且可信的基本依据。因此,在后续水电站水库发电调度模型解析优化算法研究中,本书推荐优先采用幂函数型容积特性曲线作为水库容积特性的函数化表征,以期解决因水库容积特性函数化表征缺乏统一性导致解析优化算法可靠性、统一性和普适性难以保证的问题。

2.6　本章小结

为了获得适用性广、可靠性高、物理意义明确的水库容积特性曲线,以长江上游流域 34 座水库以及清江流域 3 座水库为实例研究对象,开展了水库容积特性解析与建模研究。分析了水库容积特性的数学性质,构建了描述水库形态特征的三棱锥模型和不规则锥体模型,导出了物理意义明确的幂函数型容积特性曲线,并通过拟合优度分析、调度应用评价对幂函数型容积特性曲线的适用性、可靠性和优越性进行了检验。研究工作获得了以下几点结论:

①在采用三棱锥模型和不规则锥体模型描述水库形态特征的条件下,水库容积特性的数学表达是幂函数型容积特性曲线。与多项式型、指数函数型、对数函数型容积特性曲线比较,幂函数型容积特性曲线的物理意义非常明确,其参数反映了水库断面形态、水库库底坡降以及水库库底高程等水库形态特征。

②直接依据水库形态特征推算幂函数型容积特性曲线的参数理论上是可行的,但由于锥体模型始终只是水库实际形态特征的一种抽象表征,两者之间不可避免地存在系统性偏差,以此方法估计幂函数型容积特性曲线的参数可能导致较低的拟合优度。实例研究结果表明,根据水库的实测库容—水位离散数据点,采用非线性最小二乘法优化幂函数型容积特性曲线的参数是另一种可行的参数率定方法。该方法在合理的参数取值范围内,通过优化的技术手段使幂函数型容积特性曲线尽可能逼近水库的实测库容—水位离散数据点,在一定程度上能够有效克服锥体模型存在系统性偏差带来的影响。

③与其他 3 种容积特性曲线比较,幂函数型容积特性曲线的拟合优度性能更优,加之幂函数型容积特性曲线具有物理意义明确且能准确反映水库容积特性的基本数学性质的优点,幂函数型容积特性曲线被认为具有更广泛的适用性和更高的准确性。

④以实测库容—水位离散数据点表征方法在三峡和水布垭水电站发电调度中的应用结果为参照基准,幂函数型容积特性曲线在表征水库容积特性上是可靠的、适用的,某种程度上是占优的,可以作为水库优化调度的基础曲线。另外,与离散化表征方法比较,作为水库容积特性的一种函数化表征模型,幂函数型容积特性曲线的应用能够减少调度模型求解过程中的插值计算次数,显著提高模型求解效率。

综上,通过合理性分析、拟合优度评价和调度应用验证,幂函数型容积特性曲线被证明是一种物理意义明确、适用性强、可靠性高的水库容积特性的表征线型。

第 3 章 水电站动力特性解析与建模研究

3.1 引言

水电站动力特性是水能计算或出力计算的最基本依据,实现水电站动力特性的准确描述是水电站水能精确计算的基本要求。近年来,针对水电站动力特性的数学模型构建问题,已有学者开展了较深入的研究,取得了不错的成果。例如,采用常数模型描述水电站效率特性的不合理性以及由此带来的水能计算误差较大的问题已被揭露[22],可以较准确地描述水电站效率特性和耗水率特性的数学模型已被提出[23,48−53],水电站水能计算精度逐步得到提升。然而,现有研究仍然缺乏系统性,一方面,通过历史运行数据挖掘来构建水电站功率特性数学模型的研究尚不多见,此研究的意义在于,运用水电站功率特性数学模型,可以直接根据水头和发电流量计算出力,而无须另外计算出力系数或耗水率;另一方面,关于基于水电站效率特性、耗水率特性、功率特性的 3 种出力计算方法的对比研究也鲜有报道,目前普遍认为基于耗水率特性的出力计算精度会高于基于效率特性的出力计算精度,但可能并非如此,亟须开展较全面的对比研究对其进行验证。因此,有必要深入开展水电站动力特性解析与建模研究,实现水电站动力特性的准确描述,为水电站精细化水能计算提供模型支撑。

首先,阐述水电站动力特性的概念与内涵,并基于水电站历史运行数据解析水电站动力特性的基本性质。然后,采用多项式、神经网络构建水电站效率特性的曲线模型和曲面模型,水电站耗水率特性的曲线模型和曲面模型,以及水电站功率特性的曲面模型。在此基础上,基于水电站历史运行数据对各模型的拟合优度进行深入分析,明确各模型在描述水电站效率特性、耗水率特性以及功率特性上的性能表现。最后,将所提模型应用于水电站水能计算,进一步探明各模型的出力计算精度,从中辨识出水能计算精度较高的模型。

3.2 水电站动力特性的内涵

在 1.3.1 节给出水电站动力特性概念的基础上,进一步阐述水电站动力特性的内涵。式(3.1)是水电站功率特性的理论方程,式(3.2)是水电站效率特性的理论方程,式(3.3)是水电站耗水率特性的理论方程。水电站功率特性、效率特性和耗水率特性统称为水电站动力特性。

$$N = g\eta QH \tag{3.1}$$

$$K = \frac{N}{QH} = g\eta \tag{3.2}$$

$$C = \frac{Q}{10^4 N} = \frac{1}{10^4 g\eta H} \tag{3.3}$$

式中：g ——重力常数，一般等于 9.81；

η ——水电站效率，是发电流量与毛水头的函数，即 $\eta = f_\eta(Q, H)$；

Q ——发电流量，等于水电站所有机组的引用流量之和；

H ——水电站毛水头，等于水电站坝前水位减去水电站尾水位；

N ——水电站发电功率，也称为出力；

K ——水电站出力系数，其值等于重力常数乘以电厂效率；

C ——耗水率，其物理意义为单位出力所消耗的流量，由于耗水率一般很小，故此处的单位出力设置为 $10^4 \mathrm{kW}$。

由于 η 是发电流量和毛水头的函数，而 g 是常数，根据式（3.1）至式（3.3）可以看出，N、K 和 C 均是发电流量和毛水头的函数。在实际工程问题中，动力指标通常是时段平均值而不是瞬时值，追求瞬时值既不必要也不切实际，一般根据工程需要确定时段长度，如小时尺度、日尺度、旬尺度和月尺度等。因此，在没有特殊说明的情况下，本书的动力指标均是时段平均值，如 N 表示时段平均出力，Q 表示时段平均发电流量，H 表示时段平均坝前水位与时段平均尾水位之差等。

水电站动力特性是水能计算或出力计算的最基本依据。由式（3.1）至式（3.3）可知，已知水电站功率特性的数学模型 $f_N(\bullet)$ 时，可根据其直接计算出力 $N = f_N(\bullet)$；或已知水电站效率特性的数学模型 $f_K(\bullet)$ 时，可根据 $N = f_K(\bullet)QH$ 计算出力；或已知水电站耗水率特性的数学模型 $f_C(\bullet)$ 时，可根据 $N = \dfrac{Q}{f_C(\bullet)}$ 计算水电站出力。尽管 $f_N(\bullet)$、$f_K(\bullet)$ 和 $f_C(\bullet)$ 的具有严格物理意义的数学表达式是已知的，即式（3.1）、式（3.2）和式（3.3），但存在的问题是，3 个方程中水电站效率 η 并非常数，而是发电流量和水头的函数，且函数的具体表达式未知，导致直接利用这 3 个方程计算水电站出力、出力系数和耗水率不可行。为克服这个问题，有两种解决办法：一是辨识出能够准确计算水电站效率 η 的数学模型，将其代入式（3.1）、式（3.2）和式（3.3）即可获得 $f_N(\bullet)$、$f_K(\bullet)$ 和 $f_C(\bullet)$ 的具体表达式；二是避开计算水电站效率 η 这一中间环节，通过数据挖掘，直接辨识 $f_N(\bullet)$、$f_K(\bullet)$ 和 $f_C(\bullet)$ 的结构和参数。本章采用第二种方法开展水电站动力特性解析与建模研究。

由于水电站出力 N、出力系数 K 和耗水率 C 都是发电流量 Q 和毛水头 H 的函数，因此可以采用以发电流量和毛水头为输入的曲面模型描述水电站功率特性、效率特性以及耗水率特性，即 $N = f_N(Q, H)$、$K = f_K(Q, H)$ 和 $C = f_C(Q, H)$。曲面模型的结构和参数可根据水电站的实际运行数据进行构建和率定。当毛水头 H 起主要作用时，可以简化曲面模型,转而采用曲线模型描述水电站的效率特性和耗水率特性,即 $K = f_K(H)$ 和 $C = f_C(H)$,这也是目前被广泛使用的一种方法。另外,还存在采用常数函数表征水电站效率特性的情况,即水电站的出力系数 K 被假定为一个常数。在水电站调度运行管理阶段,采用常数模型描述水电站效率特性通常会导致较大的水能计算误差。

3.3　水电站动力特性的数学模型

针对水电站效率特性,本章采用常数模型、曲线模型和曲面模型对其进行描述;对于水电站耗水率特性,采用曲线模型和曲面模型对其进行描述;而对于水电站功率特性,采用曲面模型对其进行描述。曲线模型和曲面模型采用两种模型结构,即多项式结构和神经网络结构。

3.3.1　水电站效率特性的常数模型

在已有关于水电站发电调度的研究中,常常采用常数模型描述水电站效率特性,即认为出力系数 K 是固定值,不随水电站的运行状态而变化。在对出力计算精度要求不高的情况下,采用常数模型表征水电站动力特性之效率特性是可行的。在本章,常数模型被作为水电站效率特性的数学模型之一。

水电站效率特性的常数模型包括但不限于以下 3 种:

①水电站效率特性的常数模型 1(K-CM1 模型),采用传统方法确定出力系数值。该方法在假设水电站发电效率近似为常数的条件下对出力系数进行估计,且不考虑时间尺度影响,即不同时间尺度的出力系数 K_{Δ} 相同。对于大中型水电站,出力系数 K_{Δ} 可取为 $8.0 \sim 8.8$,对于小型水电站,K_{Δ} 值可取为 $6.5 \sim 7.5$。

②水电站效率特性的常数模型 2(K-CM2 模型),基于水电站日尺度实际运行数据计算出力系数,且不考虑时间尺度影响。根据水电站日尺度的实际运行数据,采用式(3.2)计算第 i 日的日尺度出力系数 K_{day}^i,进而取水电站的出力系数 K_{Δ} 为日尺度出力系数的均值 $\frac{1}{M} \sum_{i=1}^{M} K_{\text{day}}^i$,其中 M 为时段数。

③水电站效率特性的常数模型 3(K-CM3 模型),基于水电站实际运行数据计算不同时间尺度的出力系数。考虑时间尺度影响,不同时间尺度的出力系数 $K_{\Delta t}$ 取不同的固定值,即 $K_{\Delta t} = \frac{1}{M} \sum_{i=1}^{M} K_{\Delta t}^i$,其中 $K_{\Delta t}^i$ 表示第 i 个时段的 $K_{\Delta t}$ 值,Δt 可以是 1d、10d、20d 或 30d 等。

3.3.2　基于多项式结构的水电站动力特性曲线和曲面模型

多项式模型具有结构清晰、拟合能力强、外延精度可靠等优点,在众多研究领域获得广泛应用。因此,本章以多项式结构作为水电站动力特性曲线模型和曲面模型的基本结构,构建水电站动力特性的一元多项式曲线模型和二元多项式曲面模型。为避免多项式模型过度复杂,进而导致模型参数难以有效确定,拟合与泛化能力不均衡的问题,研究将一元多项式曲线模型和二元多项式曲面模型的最高次数限制在三次以内,如式(3.4)和式(3.5)所示。

$$y = f_y(H) = p_0 + p_1 H + p_2 H + p_3 H^2 + p_4 H^3 \tag{3.4}$$

$$\begin{aligned}
y = f_y(H,Q) = &\; p_{00} + p_{10}H + p_{01}Q + p_{20}H^2 + \\
& p_{11}HQ + p_{02}Q^2 + p_{30}H^3 + p_{21}H^2Q + \\
& p_{12}HQ^2 + p_{03}Q^3
\end{aligned} \tag{3.5}$$

式中:y——动力指标,是因变量,在式(3.4)中,y 可为出力系数 K 和耗水率 C,而在式(3.5)中,y 可为水电站出力 N、出力系数 K 和耗水率 C;

$f_y(H)$ 和 $f_y(H,Q)$ ——描述水电站动力特性的曲线模型和曲面模型;

$p_0 \sim p_4$ ——曲线模型的待优化参数;

$p_{00} \sim p_{03}$ ——曲面模型的待优化参数。

考虑时间尺度影响,在不同时间尺度下,多项式曲线模型和多项式曲面模型的参数应基于相应时间尺度的实际运行数据进行率定。

根据某一时间尺度 Δ 的水电站坝前水位、水电站尾水位、水电站发电流量、水电站发电功率等实际运行数据,采用式(3.2)和式(3.3)推求水电站的 Δ 时间尺度的出力系数 K_Δ 和耗水率 C_Δ,并构建 $\{(H_\Delta^i, K_\Delta^i)\}_{i=1}^M$、$\{(Q_\Delta^i, H_\Delta^i, K_\Delta^i)\}_{i=1}^M$、$\{(H_\Delta^i, C_\Delta^i)\}_{i=1}^M$、$\{(Q_\Delta^i, H_\Delta^i, C_\Delta^i)\}_{i=1}^M$ 和 $\{(Q_\Delta^i, H_\Delta^i, N_\Delta^i)\}_{i=1}^M$ 等共 5 个样本数据集。在此基础上,分别构建基于多项式结构的效率特性曲线模型(K-PLM)和效率特性曲面模型(K-PSM)、耗水率特性曲线模型(C-PLM)和耗水率特性曲面模型(C-PSM)以及功率特性曲面模型(N-PSM)。通过求解线性最小二乘问题的正规方程可获得以上 5 种模型的最优参数取值。

3.3.3　基于神经网络结构的水电站动力特性曲线和曲面模型

人工神经网络是一种非常灵活的数学结构,能够有效描述输入和输出之间的复杂非线性关系。截至目前,已出现多种类型的神经网络变体,包括多层前馈神经网络、递归神经网络、循环神经网络、卷积神经网络等。通用近似定理已证明[188],在神经元结点足够多的情况下,一个多层前馈神经网络能够以任意精度刻画任意给定的一个连续函数。鉴于神经网络强大的非线性逼近能力,本章将神经网络结构作为水电站动力特性曲线和曲面模型的另一基本结构,构建水电站动力特性的神经网络曲线和曲面模型。根据通用近似定理给出的结论可以推断,基于神经网络结构的水电站动力特性曲线和曲面模型能够以任意精度刻画发电功率 N、出力系数 K 和耗水率 C 与相关动力指标之间的非线性映射关系,精度高低取决于神经网络的结构与参数。图 3.1 为 4 层前馈神经网络的示意图。

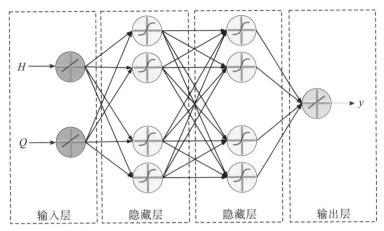

图 3.1　4 层前馈神经网络的示意图

当神经网络的输入层只有一个输入且输入为 H 时,图 3.1 表示的是水电站动力特性的神经网络曲线模型,此时 y 可为出力系数 K 和耗水率 C。而当输入层有两个输入且输入为 H 和 Q 时,图 3.1 表示的是水电站动力特性的神经网络曲面模型,此时 y 可为水电站的发电出力 N、出力系数 K 和耗水率 C。考虑时间尺度影响,在不同时间尺度下,神经网络曲线模型和神经网络曲面模型的参数和超参数应基于相应时间尺度的实际运行数据进行优化率定。

根据某一时间尺度 Δt 的 $\{(H_{\Delta t}^i, K_{\Delta t}^i)\}_{i=1}^M$、$\{(Q_{\Delta t}^i, H_{\Delta t}^i, K_{\Delta t}^i)\}_{i=1}^M$、$\{(H_{\Delta t}^i, C_{\Delta t}^i)\}_{i=1}^M$、$\{(Q_{\Delta t}^i, H_{\Delta t}^i, C_{\Delta t}^i)\}_{i=1}^M$ 和 $\{(Q_{\Delta t}^i, H_{\Delta t}^i, N_{\Delta t}^i)\}_{i=1}^M$ 等共 5 个样本数据集,分别构建水电站的基于神经网络结构的效率特性曲线模型(K-NLM)和效率特性曲面模型(K-NSM)、耗水率特性曲线模型(C-NLM)和耗水率特性曲面模型(C-NSM)以及功率特性曲面模型(N-NSM)。本章以均方误差为目标函数,采用 LBFGS(limited-memory Broyden-Fletcher-Goldfarb-Shanno quasi-Newton algorithm)算法[189]优化神经网络曲线模型和神经网络曲面模型的权重参数,该算法是机器学习和深度学习领域最常用的优化算法之一。作为 BFGS(Broyden-Fletcher-Goldfarb-Shanno quasi-Newton algorithm)算法的改进算法,LBFGS 算法较 BFGS 算法更节省计算机内存。BFGS 算法是一种拟牛顿法[190],先后被 C. G. Broyden[191]、R. Fletcher[192]、D. Goldfarb[193] 和 D. F. Shanno[194] 4 位学者研究,故得此名。与梯度下降法、随机梯度下降法、批量梯度下降法、Adam(Adaptive Momentum Estimation)算法等一阶优化算法比较,LBFGS 算法的收敛速率更快,逼近二阶收敛速率[189]。

在采用 LBFGS 算法优化神经网络模型的权重之前,神经网络的隐藏层数、隐藏层的神经元个数、神经元的激活函数以及是否对样本进行标准化等超参数需提前确定。为了最大化神经网络模型的拟合性能,同时避免过拟合问题以保证神经网络具有较高的外延精度,本章以 5 折交叉验证的均方误差的平均值为目标函数,采用贝叶斯优化算法对神经网络的超参数进行优化率定。在超参数优化过程中,神经网络的隐藏层数的取值范围为 1~3,隐藏层的神经元个数的取值范围为 1~300,神经元的激活函数的可选类型为线性整流函数

(Rectified Linear Unit,ReLU)、双曲正切函数、sigmoid 函数和线性函数,而是否对样本数据进行标准化的可选值为是或否,标准化的公式为:

$$x'_i = \frac{x_i - \mu}{\sigma} \tag{3.6}$$

式中:x_i——标准化之前的数据;

　　　μ——属性 x 的均值;

　　　σ——属性 x 的标准差;

　　　x'_i——标准化之后的数据。

3.4　实例研究对象与数据

　　金沙江下游—三峡梯级水电站是长江流域建设规模、装机容量最大的水电站群,包含乌东德、白鹤滩、溪洛渡、向家坝、三峡和葛洲坝 6 座梯级水电站,总装机容量超过 7000 万 kW,年均发电量达 3000 亿 kW·h,居世界上水电行业首位。在 6 座梯级水电站中,溪洛渡、向家坝、三峡和葛洲坝水电站已全面投产且稳定运行多年,乌东德水电站在 2021 年也实现了全面投产,白鹤滩水电站 16 台百万千瓦机组也于 2022 年 12 月全部投产发电。

　　作为世界上规模最大的水电站群,金沙江下游—三峡梯级水电站在开展水电站动力特性解析与建模研究方面具有良好的代表性,适合作为实例研究对象。但考虑到乌东德水电站以及白鹤滩水电站全面投入生产的时间较短,导致实测数据较短,本章主要以溪洛渡、向家坝、三峡和葛洲坝水电站为实例研究对象开展相关研究工作。溪洛渡、向家坝、三峡、葛洲坝 4 座梯级水电站的地理位置如图 3.2 所示。

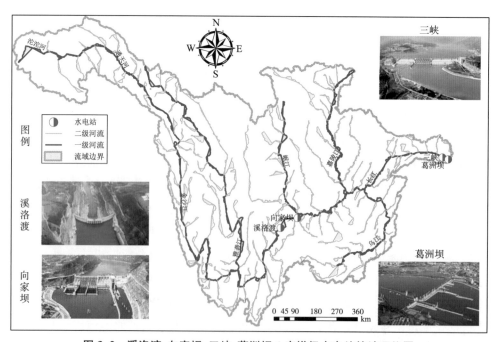

图 3.2　溪洛渡、向家坝、三峡、葛洲坝 4 座梯级水电站的地理位置

研究利用了水电站 1d 尺度、10d 尺度、20d 尺度和 30d 尺度的坝前水位 $Z_{\text{up},\Delta t}$、水电站尾水位 $Z_{\text{down},\Delta t}$、水电站发电流量 $Q_{\Delta t}$、水电站出力 $N_{\Delta t}$ 等数据,所有数据均来源于华中科技大学数字流域科学与技术湖北省重点实验室多年来承担的多项与长江上游水电能源系统优化有关的纵横向项目。除日尺度数据外,其他 3 种时间尺度的数据均由日尺度数据转换而来,转换方法为算术平均法,如 10d 尺度的坝前水位等于日尺度坝前水位的平均值 $Z_{\text{up},10\text{day}} = \dfrac{1}{10}\sum\limits_{i=1}^{10} Z_{\text{up,day}}^{i}$。 4 座水电站的实际运行数据的时间跨度分别为:溪洛渡水电站的时间跨度为 2015 年 1 月 5 日至 2021 年 9 月 29 日,向家坝水电站的时间跨度为 2015 年 1 月 5 日至 2021 年 9 月 29 日,三峡水电站的时间跨度为 2012 年 12 月 26 日至 2021 年 9 月 29 日,葛洲坝水电站的时间跨度为 2012 年 12 月 26 日至 2021 年 9 月 29 日。

3.5　研究结果与讨论

根据 4 座水电站的实际运行数据,构建样本数据集 $\{(Q_{\Delta t}^{i}, H_{\Delta t}^{i}, N_{\Delta t}^{i})\}_{i=1}^{M}$、$\{(Q_{\Delta t}^{i}, H_{\Delta t}^{i}, K_{\Delta t}^{i})\}_{i=1}^{M}$、$\{(Q_{\Delta t}^{i}, H_{\Delta t}^{i}, C_{\Delta t}^{i})\}_{i=1}^{M}$、$\{(H_{\Delta t}^{i}, K_{\Delta t}^{i})\}_{i=1}^{M}$ 和 $\{(H_{\Delta t}^{i}, C_{\Delta t}^{i})\}_{i=1}^{M}$,$\Delta t$ 有 4 种取值,分别是 1d、10d、20d 和 30d。在此基础上,分析水电站动力特性及其时间尺度效应。进一步,针对每一座水电站,考虑 4 种时间尺度,构建水电站动力特性的常数模型(包括 K-CM1 模型、K-CM2 模型和 K-CM3 模型)、水电站动力特性的多项式曲线模型和多项式曲面模型(包括 K-PLM 模型、C-PLM 模型、K-PSM 模型、C-PSM 模型和 N-PSM 模型)以及水电站动力特性的神经网络曲线和神经网络曲面模型(包括 K-NLM 模型、C-NLM 模型、K-NSM 模型、C-NSM 模型和 N-NSM 模型)。最后,通过对比分析各种模型在水电站水能计算中的应用效果,探明各模型的出力计算精度。

3.5.1　水电站动力特性及其时间尺度效应解析

由式(3.1)至式(3.3)可知,水电站毛水头与水电站发电流量是影响水电站出力系数、水电站耗水率和水电站发电出力的关键因素。为探明水电站出力系数 K、水电站耗水率 C 和水电站发电出力 N 对水电站发电流量 Q 和水电站毛水头 H 的响应规律,以溪洛渡水电站和三峡水电站为例(否则图表数量太多),绘制了日尺度的动力指标之间的非线性映射关系图,如图 3.3 和图 3.4 所示。图 3.3 可以反映 2020 年溪洛渡水电站的出力系数、耗水率、发电出力与毛水头和发电流量的非线性映射关系,而图 3.4 可以反映 2020 年三峡水电站的出力系数、耗水率、发电出力与毛水头和发电流量的映射关系。在图 3.3(a)和图 3.4(a)中,颜色条表示时间值,如颜色条的刻度值 100 表示 2020 年的第 100 天,刻度值 300 表示 2020 年的第 300 天。为了保证图表清晰,未在图 3.3 和图 3.4 的其他子图中添加颜色条,即其余图片共用图 3.3(a)和图 3.4(a)的颜色条。

分析图 3.3 和图 3.4 可以发现,随着水电站的毛水头和发电流量的变化,水电站的出力系数和耗水率在较大范围内变化,而不是在某一常数值上下小范围内波动,表明将出力系数和耗水率假设为固定值是不符合实际情况的,以此假设为基础计算时段出力可能会产生较大的误差。对比出力系数和耗水率的变化范围还可以发现,耗水率的变化范围较出力系数的变化范围更大。此结果表明,与出力系数为常数这一假设比较,耗水率为常数值的不合理性更明显,这也是本章没有采用常数模型描述水电站的耗水率特性的主要原因。另外,从图 3.3 和图 3.4 可以看出,出力系数与毛水头的相关关系较出力系数与发电流量的相关关系显著,耗水率与毛水头的相关关系较耗水率与发电流量的相关关系显著,而出力与毛水头的相关关系较出力与发电流量的相关关系弱。此现象表明,以毛水头 H 为自变量的曲线模型能够反映水电站效率特性和耗水率特性的主要方面,是一种描述水电站效率特性和耗水率特性的较合理数学模型。

进一步分析图 3.3 和图 3.4 可知,受毛水头和发电流量的双重作用,在同一发电流量或同一水头下,水电站的出力系数、耗水率以及发电出力存在多值性,表明依赖单一变量无法全面解释水电站的出力系数、耗水率以及发电出力的变化特性,在构建水电站动力特性的数学模型时应尽可能考虑毛水头和发电流量的耦合作用。以下分析毛水头和发电流量耦合作用的具体表现。首先,从图 3.3(a)、图 3.3(b)、图 3.4(a) 和图 3.4(b) 可以看出,水电站出力系数的变化轨迹总体上呈现两种趋势,在 1—6 月阶段,出力系数整体呈下降趋势,而在 7 月至年末阶段,出力系数整体呈上升趋势,其原因在于:在 1—6 月阶段,为了流域防洪需要,溪洛渡水电站和三峡水电站逐渐加大发电流量以腾空库容,受此影响,水电站毛水头逐渐降低,由于此阶段水头降低的程度小于流量增加的程度,导致出力系数逐渐下降,而在 7 月至年末阶段,水电站逐渐拦蓄洪水并从汛末开始逐渐减小发电流量,使得毛水头逐渐回升,由于此阶段毛水头增加的程度小于流量减小的程度,因此出力系数整体上呈上升趋势。其次,观察图 3.3(c)、图 3.3(d)、图 3.4(c) 和图 3.4(d) 可知,在毛水头和发电流量的共同作用下,耗水率呈现出与出力系数相反的变化趋势,这也是式(3.3)所反映的水电站耗水率特性。最后,由图 3.3(e)、图 3.3(f)、图 3.4(e) 和图 3.4(f) 可以看出,在 1—9 月的非汛期和汛期阶段,水电站出力逐渐增加,而在 10 月至年末的非汛期阶段,水电站出力逐渐减低,其原因在于:在前一阶段,流量效益大于毛水头效益,使得出力随发电流量增大而增大,而在后一阶段,水电站保持高水头运行,毛水头变化较小,使得水电站出力依然主要受发电流量影响,随发电流量减小而降低。

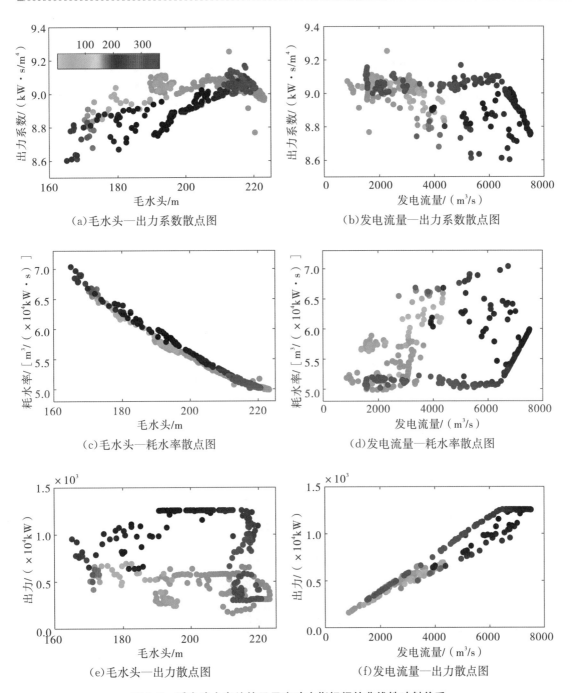

(a)毛水头—出力系数散点图

(b)发电流量—出力系数散点图

(c)毛水头—耗水率散点图

(d)发电流量—耗水率散点图

(e)毛水头—出力散点图

(f)发电流量—出力散点图

图 3.3　溪洛渡水电站的日尺度动力指标间的非线性映射关系

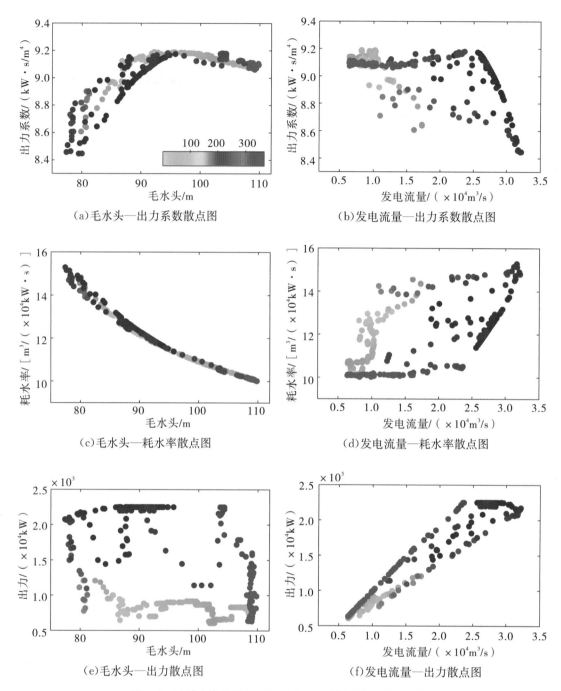

（a）毛水头—出力系数散点图　　　　（b）发电流量—出力系数散点图

（c）毛水头—耗水率散点图　　　　　（d）发电流量—耗水率散点图

（e）毛水头—出力散点图　　　　　　（f）发电流量—出力散点图

图 3.4　三峡水电站的日尺度动力指标间的非线性映射关系

　　上述分析揭示了这样一个事实，受毛水头和发电流量的共同作用，水电站的效率特性、耗水率特性和功率特性对单一自变量具有多值性，且对不同自变量，多值离散程度不同。对水电站的毛水头 H，效率特性和耗水率特性的多值离散程度较小，而对水电站发电流量 Q，效率特性和耗水率特性的多值离散程度明显更大。与之相反，水电站功率特性对毛水头的多值离散程度较大，而对发电流量的多值离散程度明显更小。尽管以上仅讨论分析了日尺度下溪洛渡和三峡水电站的动力特性,但相关结论可以自然地推广到其他时间尺度和其他同类型水电站,此处不再赘述。

最后,根据 4 座水电站于 2020 年 12 月 31 日之前的实际运行数据,针对每一座水电站,考虑 4 种时间尺度(包括 1d 尺度、10d 尺度、20d 尺度和 30d 尺度),构建水电站效率特性的常数模型(包括 K-CM1、K-CM2 和 K-CM3 模型),如表 3.1 所示。由表 3.1 给出的 K-CM3 模型可知,在不同时间尺度下,水电站的出力系数存在差异,随着时间尺度增加,出力系数逐渐减小。本书称这种现象为水电站效率特性的时间尺度效应。尽管此处仅揭示了效率特性的时间尺度效应,但根据式(3.1)至式(3.3)可以推断,水电站的功率特性和耗水率特性也具有时间尺度效应。因此,在构建水电站动力特性数学模型时,应考虑时间尺度的影响。

表 3.1　　　　　　溪洛渡、向家坝、三峡和葛洲坝水电站的效率特性的常数模型

时间尺度/d	溪洛渡水电站效率特性的常数模型			向家坝水电站效率特性的常数模型		
	K-CM1	K-CM2	K-CM3	K-CM1	K-CM2	K-CM3
1	8.8000	8.9871	8.9871	8.8000	9.3388	9.3388
10	8.8000	8.9871	8.9832	8.8000	9.3388	9.3336
20	8.8000	8.9871	8.9770	8.8000	9.3388	9.3330
30	8.8000	8.9871	8.9764	8.8000	9.3388	9.3320
时间尺度/d	三峡水电站效率特性的常数模型			葛洲坝水电站效率特性的常数模型		
	K-CM1	K-CM2	K-CM3	K-CM1	K-CM2	K-CM3
1	8.8000	9.0569	9.0569	8.5000	8.2512	8.2512
10	8.8000	9.0569	9.0479	8.5000	8.2512	8.2303
20	8.8000	9.0569	9.0413	8.5000	8.2512	8.2159
30	8.8000	9.0569	9.0380	8.5000	8.2512	8.2017

3.5.2　水电站效率特性数学模型构建与结果分析

表 3.1 给出了水电站效率特性的 3 种常数模型,即 K-CM1、K-CM2 和 K-CM3,其中 K-CM1 模型和 K-CM2 模型没有考虑水电站效率特性的时间尺度效应,而 K-CM3 模型考虑了时间尺度影响。另外,依据 4 座水电站于 2020 年 12 月 31 日之前的实际运行数据(训练集),针对每一座水电站,考虑 4 种时间尺度(同表 3.1),构建了水电站效率特性的多项式曲线(K-PLM)模型、多项式曲面(K-PSM)模型、神经网络曲线(K-NLM)模型和神经网络曲面(K-NSM)模型。受篇幅限制,以下仅给出溪洛渡和三峡水电站的日尺度的 K-PLM、K-PSM、K-NLM 和 K-NSM 模型,如图 3.5 和图 3.6 所示。

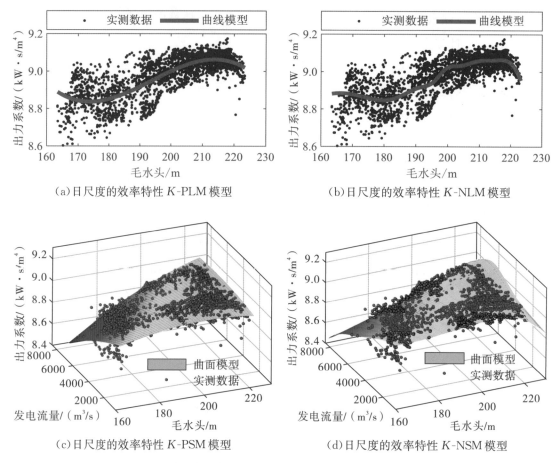

（a）日尺度的效率特性 K-PLM 模型　　　　　　（b）日尺度的效率特性 K-NLM 模型

（c）日尺度的效率特性 K-PSM 模型　　　　　　（d）日尺度的效率特性 K-NSM 模型

图 3.5　溪洛渡水电站的日尺度效率特性曲线模型和曲面模型

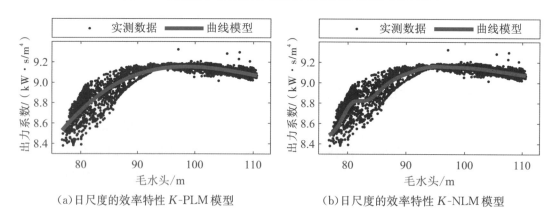

（a）日尺度的效率特性 K-PLM 模型　　　　　　（b）日尺度的效率特性 K-NLM 模型

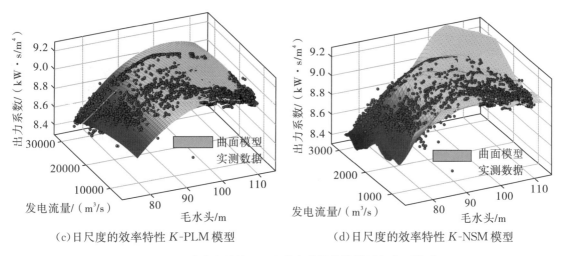

（c）日尺度的效率特性 K-PLM 模型　　　　（d）日尺度的效率特性 K-NSM 模型

图 3.6　三峡水电站的日尺度效率特性曲线模型和曲面模型

由图 3.5 和图 3.6 可以直观地看出，K-PSM 模型和 K-NSM 模型对实测数据点的拟合精度高于 K-PLM 和 K-NLM 模型，表明与水电站效率特性的曲线模型比较，曲面模型能够更准确地描述水电站的效率特性。事实上，由于水电站动力特性对单一变量具有多值性，这一结论是必然的。为了定量地验证以上结果和结论，采用 2.3.2 节给出的式（2.21）和式（2.23）计算 4 座水电站的 4 种时间尺度的效率特性曲线模型和曲面模型在训练集和测试集上的平均相对误差 MRE 和确定系数指标 R^2，如表 3.2 和表 3.3 所示。在本章实例研究中，训练集由 2020 年 12 月 31 日之前的数据组成，测试集由 2020 年 12 月 31 日之后的数据组成。由图 3.5 和图 3.6 及表 3.1 可以看出，与水电站效率特性的曲线模型和曲面模型相比，效率特性的常数模型明显存在更大的拟合误差，无须进一步通过定量指标加以验证，因此表 3.2 和表 3.3 未给出水电站效率特性的常数模型的性能指标。

表 3.2　不同水电站不同时间尺度的效率特性曲线和曲面模型在训练集上的性能指标

水电站	时间尺度/d	K-PLM 模型		K-NLM 模型		K-PSM 模型		K-NSM 模型	
		MRE	R^2	MRE	R^2	MRE	R^2	MRE	R^2
溪洛渡	1	0.0060	0.5482	0.0059	0.5581	0.0042	0.7626	**0.0039**	**0.7859**
	10	0.0054	0.6358	0.0054	0.6387	0.0036	0.8498	**0.0033**	**0.8629**
	20	0.0051	0.6393	0.0051	0.6459	0.0031	0.8701	**0.0030**	**0.8796**
	30	0.0051	0.6377	0.0045	0.6918	0.0032	0.8665	**0.0031**	**0.8720**
向家坝	1	0.0044	0.3012	0.0043	0.3381	0.0035	0.5273	**0.0031**	**0.6229**
	10	0.0036	0.3259	0.0035	0.3886	0.0029	0.5658	**0.0026**	**0.6312**
	20	0.0032	0.3844	0.0028	0.4920	0.0026	0.5863	**0.0024**	**0.6398**
	30	0.0029	0.4016	0.0029	0.4070	0.0023	0.6020	**0.0022**	**0.6311**

水电站	时间尺度/d	K-PLM 模型		K-NLM 模型		K-PSM 模型		K-NSM 模型	
		MRE	R^2	MRE	R^2	MRE	R^2	MRE	R^2
三峡	1	0.0047	0.8586	0.0044	0.8727	0.0041	0.9103	**0.0030**	**0.9413**
	10	0.0040	0.8964	0.0036	0.9136	0.0035	0.9343	**0.0029**	**0.9493**
	20	0.0040	0.8951	0.0039	0.8963	0.0036	0.9269	**0.0033**	**0.9370**
	30	0.0033	0.9241	0.0031	0.9275	0.0028	0.9446	**0.0024**	**0.9520**
葛洲坝	1	0.0089	0.9369	0.0080	0.9490	0.0061	0.9711	**0.0057**	**0.9752**
	10	0.0084	0.9399	0.0075	0.9492	0.0063	0.9639	**0.0061**	**0.9660**
	20	0.0076	0.9487	0.0070	0.9603	0.0064	0.9649	**0.0062**	**0.9670**
	30	0.0081	0.9445	0.0079	0.9464	0.0072	0.9580	**0.0072**	**0.9580**

表 3.3　不同水电站不同时间尺度的效率特性曲线和曲面模型在测试集上的性能指标

水电站	时间尺度/d	K-PLM 模型		K-NLM 模型		K-PSM 模型		K-NSM 模型	
		MRE	R^2	MRE	R^2	MRE	R^2	MRE	R^2
溪洛渡	1	0.0077	0.4554	0.0069	0.5834	**0.0057**	**0.6154**	0.0062	0.5702
	10	0.0077	0.4374	0.0073	0.5146	**0.0056**	**0.6059**	0.0061	0.5593
	20	0.0051	0.5917	0.0046	**0.7392**	0.0049	0.6131	**0.0043**	0.7065
	30	0.0063	0.4299	**0.0049**	**0.7814**	0.0058	0.6055	0.0057	0.5944
向家坝	1	0.0060	0.2708	0.0057	0.3057	0.0044	0.6185	**0.0041**	**0.6333**
	10	0.0052	0.3090	0.0050	0.3209	0.0035	0.6782	**0.0029**	**0.8184**
	20	0.0047	0.2936	0.0048	0.2664	0.0034	0.6161	**0.0021**	**0.8851**
	30	0.0043	0.2460	0.0044	0.1770	0.0031	0.5521	**0.0021**	**0.8275**
三峡	1	0.0051	0.8718	0.0049	0.8794	0.0043	0.9232	**0.0036**	**0.9268**
	10	0.0042	0.9257	0.0038	0.9314	0.0033	0.9552	**0.0029**	**0.9595**
	20	0.0045	0.9086	0.0043	0.9137	0.0032	**0.9547**	**0.0031**	0.9497
	30	0.0034	0.9412	0.0035	0.9380	0.0033	**0.9531**	**0.0031**	0.9342
葛洲坝	1	0.0116	0.9302	0.0110	0.9399	0.0064	0.9782	**0.0063**	**0.9785**
	10	0.0110	0.9375	0.0110	0.9406	**0.0064**	**0.9762**	0.0068	0.9734
	20	0.0101	0.9503	0.0105	0.9470	**0.0053**	**0.9831**	0.0060	0.9794
	30	0.0095	0.9572	0.0106	0.9498	**0.0050**	**0.9866**	0.0053	0.9865

　　在同一座水电站的同一时间尺度下,比较各模型的性能指标,将平均相对误差的最小取值和确定系数指标的最大取值进行加粗且为其添加蓝色背景,而对于平均相对误差和确定系数指标的次优取值,仅为其添加蓝色背景,如表 3.2 和表 3.3 所示。从表中可以看出,在 90% 以上的情况中,水电站效率特性的曲面模型的性能表现较曲线模型

更优,表明在一般情况下,曲面模型较曲线模型能够更准确地描述水电站效率特性的结论是可靠的。

进一步分析表 3.2 和表 3.3 还可以发现:①水电站效率特性的神经网络曲线模型在训练集上的性能表现优于多项式曲线模型;②水电站效率特性的神经网络曲面模型在训练集上的性能表现优于多项式曲面模型;③水电站效率特性的多项式曲面模型在训练集上的性能表现优于神经网络曲线模型;④水电站效率特性的神经网络曲线模型在测试集上的性能表现并不总是比多项式曲线模型好;⑤水电站效率特性的神经网络曲面模型在测试集上的性能表现并不总是比多项式曲面模型好。

第①点和第②点结果表明,在输入变量相同的条件下,通过增加模型结构的复杂度和灵活度可以有效提升水电站效率特性曲线模型和曲面模型的拟合性能。第③点结果表明,利用更多关键且可用的信息,尤其是与水电站出力系数有较强物理联系的输入信息(如发电流量和水头等),可以有效提升水电站效率特性的数学模型的拟合性能;与仅通过改变模型结构来提升模型的拟合性能比较,充分利用关键可用信息能够更好地改善模型的拟合性能。第①、②、④和⑤点结果表明,虽然通过增加模型结构的复杂度和灵活度可以提升效率特性的曲线模型和曲面模型的拟合性能,但随之而来的过拟合问题可能导致模型的泛化能力或外延精度不足。

以上拟合优度分析结果表明,在描述水电站效率特性上,K-NSM 模型的总体表现最优,K-PSM 模型次之,K-NLM 模型较差,K-PLM 模型差,常数模型最差。

3.5.3 水电站耗水率特性数学模型构建与结果分析

基于 4 座水电站的训练样本集,考虑 4 种时间尺度,构建 4 座水电站的耗水率特性的多项式曲线(C-PLM)模型、多项式曲面(C-PSM)模型、神经网络曲线(C-NLM)模型和神经网络曲面(C-NSM)模型。限于篇幅,以下仅给出溪洛渡和三峡水电站的日尺度的 C-PLM、C-PSM、C-NLM 和 C-NSM 模型,如图 3.7 和图 3.8 所示。

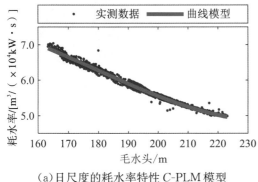
(a)日尺度的耗水率特性 C-PLM 模型

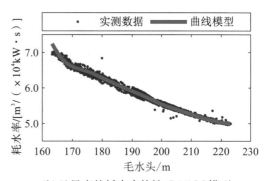
(b)日尺度的耗水率特性 C-NLM 模型

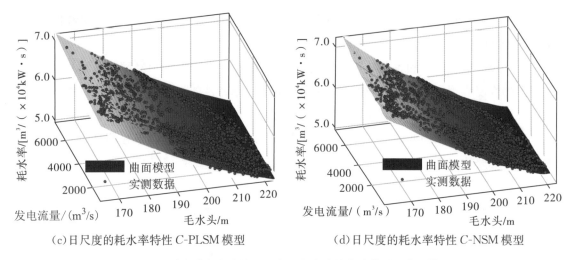

（c）日尺度的耗水率特性 C-PLSM 模型　　　　　（d）日尺度的耗水率特性 C-NSM 模型

图 3.7　溪洛渡水电站的日尺度耗水率特性曲线模型和曲面模型

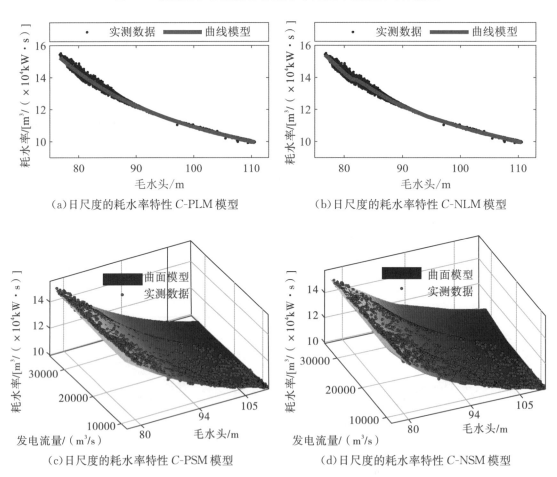

（a）日尺度的耗水率特性 C-PLM 模型　　　　　（b）日尺度的耗水率特性 C-NLM 模型

（c）日尺度的耗水率特性 C-PSM 模型　　　　　（d）日尺度的耗水率特性 C-NSM 模型

图 3.8　三峡水电站的日尺度耗水率特性曲线模型和曲面模型

观察图 3.7 和图 3.8 中的实测数据点可以发现，溪洛渡水电站和三峡水电站的耗水率特性的多值性较弱，耗水率与水头和发电流量之间的映射关系的复杂度较低。分析向家坝水电站和葛洲坝水电站的实际运行数据发现,它们的效率特性也具有类似的规律。由于水电站效率特性具有较强的规律性,C-PLM、C-NLM、C-PSM 和 C-NSM 模型对实测数据点的拟合精度都比较高,仅凭图 3.7 和图 3.8 很难判断孰优孰劣。为了定量地确定 C-PLM、C-NLM、C-PSM 和 C-NSM 模型的优劣,采用 2.3.2 节给出的式(2.21)和式(2.23)计算 4 座水电站的 4 种时间尺度的耗水率特性曲线模型和曲面模型在训练集和测试集上的平均相对误差 MRE 和确定系数指标 R^2,如表 3.4 和表 3.5 所示。

表 3.4　不同水电站不同时间尺度的耗水率特性曲线和曲面模型在训练集上的性能指标

水电站	时间尺度/d	C-PLM 模型		C-NLM 模型		C-PSM 模型		C-NSM 模型	
		MRE	R^2	MRE	R^2	MRE	R^2	MRE	R^2
溪洛渡	1	0.0060	0.9906	0.0059	0.9911	0.0041	0.9954	**0.0034**	**0.9965**
	10	0.0054	0.9932	0.0054	0.9933	0.0035	0.9975	**0.0035**	**0.9975**
	20	0.0051	0.9935	0.0049	0.9942	0.0031	0.9978	**0.0030**	**0.9979**
	30	0.0051	0.9937	0.0046	0.9942	0.0032	0.9979	**0.0030**	**0.9981**
向家坝	1	0.0044	0.9760	0.0043	0.9774	0.0035	0.9834	**0.0029**	**0.9888**
	10	0.0036	0.9812	0.0036	0.9818	0.0029	0.9876	**0.0026**	**0.9896**
	20	0.0032	0.9873	0.0032	0.9873	0.0026	0.9914	**0.0025**	**0.9915**
	30	0.0029	0.9898	0.0029	0.9898	0.0023	0.9931	**0.0021**	**0.9948**
三峡	1	0.0046	0.9961	0.0043	0.9966	0.0051	0.9971	**0.0031**	**0.9983**
	10	0.0039	0.9973	0.0037	0.9977	0.0044	0.9979	**0.0029**	**0.9987**
	20	0.0039	0.9973	0.0039	0.9974	0.0044	0.9977	**0.0031**	**0.9985**
	30	0.0032	0.9980	0.0032	0.9981	0.0037	0.9982	**0.0026**	**0.9987**
葛洲坝	1	0.0089	0.9952	0.0079	0.9965	0.0068	0.9973	**0.0058**	**0.9985**
	10	0.0084	0.9958	0.0074	0.9967	0.0066	0.9974	**0.0060**	**0.9981**
	20	0.0076	0.9965	0.0072	0.9970	0.0067	0.9976	**0.0063**	**0.9980**
	30	0.0080	0.9960	0.0071	0.9973	0.0073	0.9971	**0.0067**	**0.9977**

表 3.5　不同水电站不同时间尺度的耗水率特性曲线和曲面模型在测试集上的性能指标

水电站	时间尺度/d	C-PLM 模型		C-NLM 模型		C-PSM 模型		C-NSM 模型	
		MRE	R^2	MRE	R^2	MRE	R^2	MRE	R^2
溪洛渡	1	0.0075	0.9882	0.0068	0.9899	**0.0058**	0.9903	0.0060	**0.9916**
	10	0.0076	0.9888	0.0069	**0.9912**	**0.0058**	0.9908	0.0059	0.9901
	20	0.0050	0.9937	**0.0045**	**0.9970**	0.0048	0.9931	0.0051	0.9921
	30	0.0062	0.9890	**0.0037**	**0.9975**	0.0058	0.9911	0.0064	0.9875

水电站	时间尺度/d	C-PLM 模型		C-NLM 模型		C-PSM 模型		C-NSM 模型	
		MRE	R^2	MRE	R^2	MRE	R^2	MRE	R^2
向家坝	1	0.0059	0.9505	0.0057	0.9532	**0.0044**	**0.9746**	0.0047	0.9672
	10	0.0052	0.9621	0.0047	0.9654	0.0035	0.9831	**0.0030**	**0.9884**
	20	0.0047	0.9652	0.0048	0.9643	0.0033	0.9819	**0.0029**	**0.9879**
	30	0.0042	0.9649	0.0042	0.9643	**0.0030**	**0.9801**	0.0038	0.9763
三峡	1	0.0050	0.9955	0.0049	0.9958	0.0047	0.9975	**0.0034**	**0.9978**
	10	0.0041	0.9977	0.0037	0.9979	0.0037	0.9987	**0.0029**	**0.9987**
	20	0.0044	0.9973	0.0042	0.9974	0.0036	**0.9987**	**0.0029**	0.9985
	30	0.0033	0.9984	**0.0031**	0.9987	0.0033	**0.9990**	0.0037	0.9976
葛洲坝	1	0.0112	0.9927	0.0107	0.9942	0.0079	0.9974	**0.0063**	**0.9982**
	10	0.0106	0.9934	0.0105	0.9942	0.0081	0.9972	**0.0067**	**0.9980**
	20	0.0101	0.9948	0.0106	0.9944	0.0070	0.9979	**0.0063**	**0.9983**
	30	0.0095	0.9956	0.0108	0.9936	0.0066	**0.9985**	**0.0062**	0.9981

从表 3.4 和表 3.5 可以看出，C-PLM、C-NLM、C-PSM 和 C-NSM 模型在 4 座水电站的 4 种时间尺度的训练集和测试集上均具有良好的性能表现，平均相对误差都在 1.2% 以内，确定系数指标也均在 0.95 以上。此结果表明，无论是多项式曲线模型和曲面模型还是神经网络曲线模型和曲面模型，都能够较准确地描述水电站的耗水率特性。分析曲线模型和曲面模型的性能指标可以发现，水电站耗水率特性的曲面模型在大部分实验中具有比耗水率特性曲线模型更优的性能表现，表中蓝色区域的分布直观地展示了这一点。更全面地利用耗水率的关键影响因子是使曲面模型总体更优的主要原因。

进一步分析表 3.4 和表 3.5 可以发现：①C-NLM 模型在训练集上的性能表现优于 C-PLM 模型；②C-NSM 模型在训练集上的性能表现优于 C-PSM 模型；③C-PSM 模型在训练集上的性能表现总体上优于 C-NLM 模型，但并不总是占优，如在三峡水电站应用时其平均相对误差指标较 C-NLM 模型差；④C-NLM 模型在测试集上的性能表现并不总是优于 C-PLM 模型；⑤C-NSM 模型在测试集上的性能表现并不总是优于 C-PSM 模型。

第①点和第②点结果表明，将水电站耗水率特性的多项式曲线模型和曲面模型的结构替换为神经网络结构可以进一步提升模型的拟合能力。第③点结果表明，当模型输入比较全面地包括耗水率的关键影响因子时，即使是简单的多项式结构也能保证水电站耗水率特性的数学模型具有较好的拟合性能；当部分关键影响因子不可用，无法通过增加模型输入提升模型的拟合能力时，可以通过改善模型结构来提升耗水率特性曲线模型的拟合性能。第①、②、④和⑤点结果表明，采用更加复杂和灵活的模型结构可以有效提升耗水率特性曲线模型和曲面模型的拟合性能，但可能无法保证模型具有全面更优的泛化能力。

以上水电站耗水率特性数学模型的拟合优度分析结果表明,在描述水电站耗水率特性上,C-NSM 模型的总体性能表现最优,C-PSM 模型次之,C-NLM 模型较差,C-PLM 模型最差。

3.5.4 水电站功率特性数学模型构建与结果分析

基于 4 座水电站的训练样本集,考虑 4 种时间尺度,构建 4 座水电站的功率特性的多项式曲面(N-PSM)模型和神经网络曲面(N-NSM)模型。限于篇幅,以下仅给出 4 座水电站的日尺度的 N-PSM 模型和 N-NSM 模型,如图 3.9 至图 3.12 所示。

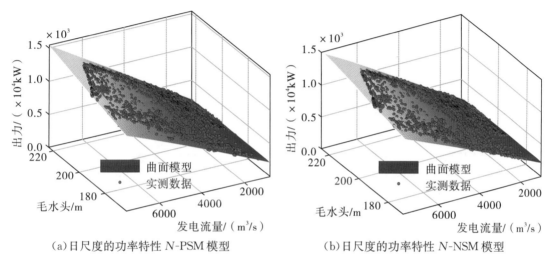

（a）日尺度的功率特性 N-PSM 模型　　　（b）日尺度的功率特性 N-NSM 模型

图 3.9　溪洛渡水电站的日尺度功率特性曲面模型

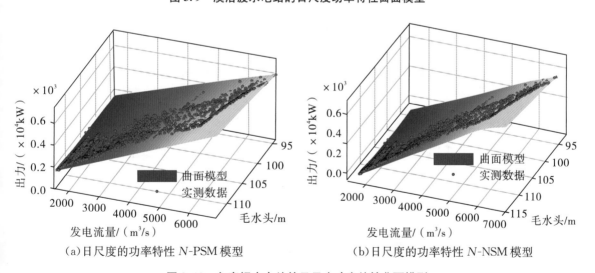

（a）日尺度的功率特性 N-PSM 模型　　　（b）日尺度的功率特性 N-NSM 模型

图 3.10　向家坝水电站的日尺度功率特性曲面模型

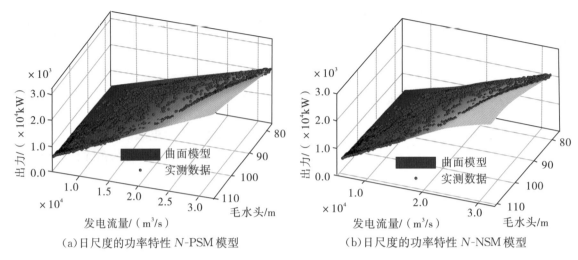

（a）日尺度的功率特性 N-PSM 模型　　　　（b）日尺度的功率特性 N-NSM 模型

图 3.11　三峡水电站的日尺度功率特性曲面模型

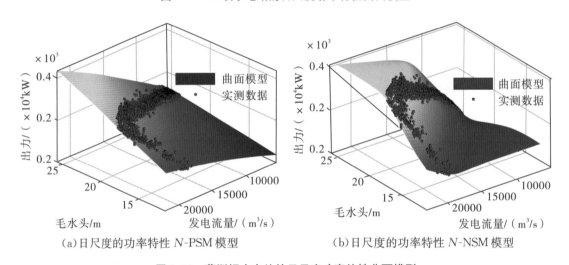

（a）日尺度的功率特性 N-PSM 模型　　　　（b）日尺度的功率特性 N-NSM 模型

图 3.12　葛洲坝水电站的日尺度功率特性曲面模型

从图 3.9 至图 3.12 可以直观地看出，N-PSM 模型和 N-NSM 模型能够很好地拟合溪洛渡、向家坝、三峡和葛洲坝 4 座水电站的实测数据点。为从定量上辨识 N-PSM 和 N-NSM 模型的优劣，采用 2.3.2 节给出的式（2.21）和式（2.23）计算 4 座水电站的 4 种时间尺度的功率特性曲面模型在训练集和测试集上的平均相对误差 MRE 和确定系数指标 R^2，如表 3.6 所示。

由表 3.6 可知，在 4 座水电站的 4 种时间尺度的训练集和测试集上，N-PSM 模型和 N-NSM 模型都具有良好的性能指标，平均相对误差均在 0.8% 以内，确定系数指标也都在 0.998 以上。此结果表明，多项式曲面模型和神经网络曲面模型均能较准确地描述水电站的功率特性。进一步对比分析 N-PSM 模型和 N-NSM 模型的性能指标可以发现，N-NSM 模型在训练集上的拟合性能优于 N-PSM 模型，如表 3.6 左半部分所示，而在大多数测试集上的泛化性能较 N-PSM 模型差，如表 3.6 右半部分所示。出现此结果的原因在于，N-PSM

模型具有多项式结构,其拟合性能和泛化性能比较容易均衡,而 N-NSM 模型具有神经网络结构,其极易出现过拟合问题而不能获得与拟合能力匹配的泛化能力。综上分析可知,从模型是否准确和可靠两个方面考量,在描述水电站的功率特性上,N-PSM 模型的总体性能更优,而 N-NSP 模型次之。

表 3.6　　不同水电站不同时间尺度的功率特性曲面模型在训练集和测试上的性能指标

水电站	时间尺度/d	N-PSM 模型训练集		N-NSM 模型训练集		N-PSM 模型测试集		N-NSM 模型测试集	
		MRE	R^2	MRE	R^2	MRE	R^2	MRE	R^2
溪洛渡	1	0.0047	0.9998	**0.0037**	**0.9999**	0.0068	0.9998	**0.0055**	**0.9998**
	10	0.0038	0.9999	**0.0032**	**0.9999**	0.0064	0.9998	0.0071	0.9997
	20	0.0033	0.9999	**0.0014**	**1.0000**	0.0061	0.9998	0.0070	0.9997
	30	0.0034	0.9999	**0.0018**	**1.0000**	0.0070	0.9998	0.0077	0.9996
向家坝	1	0.0037	0.9999	**0.0031**	**0.9999**	0.0034	0.9999	0.0050	0.9999
	10	0.0030	0.9999	**0.0024**	**0.9999**	0.0027	**1.0000**	0.0028	1.0000
	20	0.0026	0.9999	**0.0024**	**0.9999**	0.0026	**1.0000**	0.0034	0.9999
	30	0.0023	0.9999	**0.0022**	**0.9999**	0.0023	**1.0000**	0.0047	0.9999
三峡	1	0.0068	0.9996	**0.0030**	**0.9998**	0.0057	0.9996	**0.0035**	**0.9998**
	10	0.0059	0.9997	**0.0025**	**0.9999**	0.0046	0.9998	**0.0031**	**0.9998**
	20	0.0056	0.9997	**0.0033**	**0.9999**	0.0044	0.9998	**0.0037**	**0.9998**
	30	0.0046	0.9998	**0.0020**	**0.9999**	0.0044	0.9998	0.0055	0.9996
葛洲坝	1	0.0061	0.9990	**0.0059**	**0.9991**	0.0064	0.9989	0.0068	0.9987
	10	0.0062	0.9987	**0.0062**	**0.9988**	0.0061	0.9990	0.0068	0.9988
	20	0.0064	0.9987	**0.0060**	**0.9989**	0.0049	0.9994	0.0060	0.9992
	30	0.0072	0.9984	**0.0071**	**0.9985**	0.0047	0.9995	0.0057	0.9991

最后,通过横向对比分析效率特性数学模型、耗水率特性数学模型以及功率特性数学模型的拟合优度,给出所有模型在描述水电站动力特性上的性能排序。图 3.13 展示了所有模型在 16 个训练集上的确定系数指标,图 3.14 展示了所有模型在 16 个测试集上的确定系数指标。在图 3.13 中,横坐标标题"训练集序号"表示某一座水电站的某一种时间尺度的训练数据集,此训练集序号与表 3.6 的行号是对应的,如训练集序号 1 表示溪洛渡水电站的日尺度训练集,训练集序号 16 表示葛洲坝水电站的 30d 尺度的训练集,同理可以理解图 3.14 中的横坐标标题"测试集序号"。从图 3.13 和图 3.14 可以看出,基于确定系数性能评价指标的模型排序为 N-PSM 模型和 N-NSM 模型性能相近、总体上最优,C-PSM 模型和 C-NSM 模型性能相近、总体上次之,C-PLM 模型和 C-NLM 模型性能相近、总体上较差,K-PSM 模型和 K-NSM 模型性能相近、总体上差,K-PLM 模型和 K-NLM 模型性能相近、总体上最差。

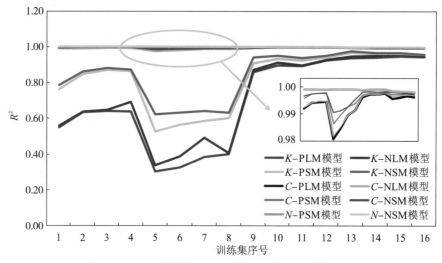

图 3.13　所有模型在 16 个训练集上的确定系数指标

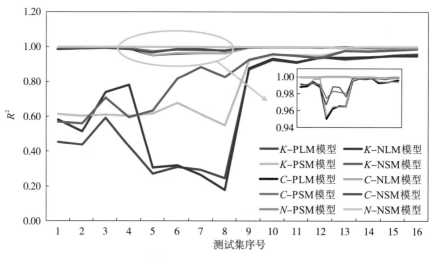

图 3.14　所有模型在 16 个测试集上的确定系数指标

3.5.5　水电站动力特性数学模型在水能计算中的应用与结果分析

在 3.5.2 节、3.5.3 节和 3.5.4 节,本书构建了水电站效率特性的数学模型、耗水率特性的数学模型以及功率特性的数学模型,并通过分析各模型的拟合优度明晰了 K-PLM、K-NLM、K-PSM、K-NSM、K-CM3、K-CM2 和 K-CM1 模型对水电站效率特性的刻画能力,C-PLM、C-NLM、C-PSM 和 C-NSM 模型对水电站耗水率特性的刻画能力,以及 N-PSM 和 N-NSM 模型对水电站功率特性的刻画能力。但仍然存在的问题是,这些模型是否能够支撑水电站精细化水能计算尚未被探明。为此,本节将开展相关研究。

根据 3.5.2 节、3.5.3 节和 3.5.4 节的相关结果与结论,预估所有模型的出力计算精度的可能排序为:(N-PSM～N-NSM)＞(C-PSM～C-NSM)＞(C-PLM～C-NLM)＞

(K-PSM$\sim$$K$-NSM)＞($K$-PLM$\sim$$K$-NLM)＞$K$-CM3＞$K$-CM2＞$K$-CM1，符号"$\sim$"表示左右两边的模型具有相近的出力计算精度，符号"＞"表示左边模型的出力计算精度优于其右边模型的出力计算精度。为验证此排序是否合理，将上述13种模型应用到4座水电站的出力计算中，模拟计算4座水电站的4种时间尺度的历史出力过程，并将模拟计算结果与水电站的相应时间尺度的实际出力过程进行比较，获得各模型的性能指标。图3.15展示了13种模型在4座水电站的4种时间尺度的出力计算中的性能表现。在图3.15(a)中，横坐标 m1 对应的箱形图根据 m1 模型在16个训练数据集(即4座水电站的4种时间尺度的训练数据集)上的性能指标绘制而成，同理可以理解图3.15中的所有箱形图。在图3.15中，横坐标 m1$\sim$m13 分别对应 K-CM1、K-CM2、K-CM3、K-PLM、K-NLM、K-PSM、K-NSM、C-PLM、C-NLM、C-PSM、C-NSM、N-PSM 和 N-NSM 模型。

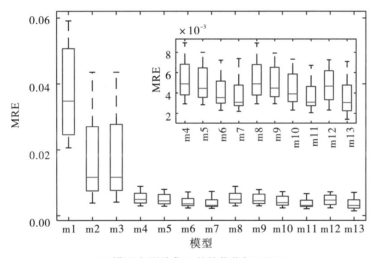

(a)模型在训练集上的性能指标 MRE

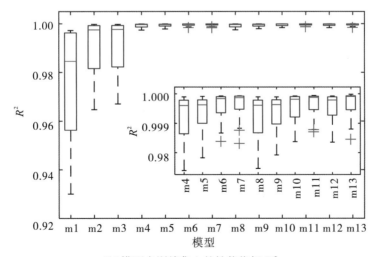

(b)模型在训练集上的性能指标 R^2

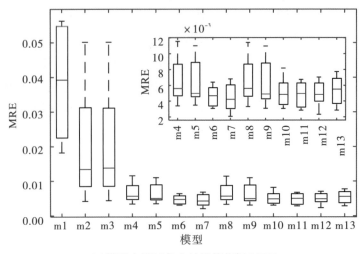

（c）模型在测试集上的性能指标 MRE

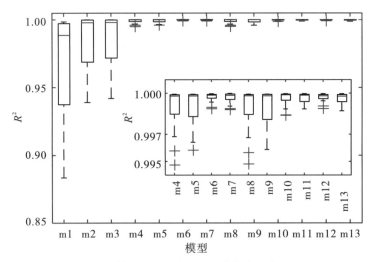

（d）模型在测试集上的性能指标 R^2

图 3.15　13 种模型在 4 座水电站的 4 种时间尺度的出力计算中的性能表现

　　由图 3.15 可以直观地看出，K-CM1 模型在水电站出力计算中的性能指标最差，K-CM2 次之，K-CM3 再次之，3 个模型的性能指标明显劣于其他模型。此结果表明，采用常数模型描述水电站的效率特性一般会导致较大的出力计算误差，在出力计算中应尽可能避免使用效率特性常数模型。如果因为特殊原因必须使用常数模型，应尽可能采用基于水电站实际运行数据且考虑水电站效率特性时间尺度效应的 K-CM3 模型，以保证一定的出力计算精度。另外，由图 3.15 还可以发现，无论是在训练集还是测试集上，m4～m13 模型在水电站出力计算中的平均相对误差基本都在 1.2% 以内，确定系数指标基本都在 0.99 以上。此结果表明，效率特性曲线和曲面模型、耗水率特性曲线和曲面模型以及功率特性曲面模型在水电站出力计算中是比较可靠且适用的，较效率特性常数模型明显更优。

从图 3.15 中的局部放大图可以看出,与 m4、m5、m8 和 m9 4 种模型比较,m6、m7、m10~m13 模型的平均相对误差箱形图具有更小的极大值和四分位距,见图 3.15(a)和图 3.15(c),确定系数指标箱形图具有更大的极小值和更小的四分位距,见图 3.15(b)和图 3.15(d)。由此可知,效率特性曲面模型、耗水率特性曲面模型和功率特性曲面模型的出力计算精度总体上优于效率特性曲线模型和耗水率特性曲线模型。至于 m4、m5、m8 和 m9 4 个模型孰优孰劣以及 m6、m7、m10~m13 6 个模型孰优孰劣,仅凭图 3.15 难以推断。至此,以各模型在出力计算中的性能表现为依据,可以得到一个初步的模型排序为:(K-PSM~K-NSM~C-PSM~C-NSM~N-PSM~N-NSM)>(K-PLM~K-NLM~C-PLM~C-NLM)> K-CM3 > K-CM2 > K-CM1。该排序与前述预估的模型排序存在不同,如在该排序中 C-PLM 和 C-NLM 模型排在 K-PSM 和 K-NSM 模型之后,表明对于两种不同类型模型,拟合优度更优的模型不一定具有更好的出力计算精度,但对于同类型模型而言,拟合优度更优必然具有更高的出力精度。

为进一步明确各模型在出力计算中的性能优劣,比较 13 种模型在训练集和测试集上模拟计算时段发电量的绝对误差累积值,见表 3.7 和表 3.8。首先,由表 3.7 和表 3.8 可知,在除向家坝水电站 30d 尺度测试集以外的其他数据集上,m1、m2 和 m3 模型计算时段发电量的累积误差远大于其他 10 种模型,再次验证了水电站效率特性常数模型不适宜用于水电站发电调度出力计算的结论。其次,分析表中 m4~m13 共 10 个模型的性能指标可以发现,在大部分数据集上,m6、m7 和 m10~m13 模型是占优的,但在小部分数据集上,这 6 个模型或与 m4、m5、m8 和 m9 模型具有相近的性能指标,或与它们相比性能稍逊色。此结果进一步表明,从各模型的总体性能表现来看,效率特性曲面模型、耗水率特性曲面模型和功率特性曲面模型较效率特性曲线模型和耗水率特性曲线模型更优的结论是成立的。最后,对于 m4、m5、m8 和 m9 4 种模型孰优孰劣以及 m6、m7、m10~m13 6 种模型孰优孰劣,仍然难以确定。

表 3.7　不同水电站不同时间尺度下 13 种模型时段发电量计算的绝对误差累积值(训练集)

水电站	时间尺度/d	训练集上各模型时段发电量计算的绝对误差累积值/(亿 kW·h)											
		m1	m2	m3	m4	m5	m6	m7	m8	m9	m10	m11	m12	m13
溪洛渡	1	71.9	39.2	39.2	22.5	22.1	14.7	13.3	22.4	21.9	14.4	11.5	15.8	12.3
	10	69.8	38.5	38.6	20.5	20.5	12.3	11.3	20.4	20.3	12.0	11.9	12.9	10.7
	20	68.6	37.6	37.7	19.3	19.5	10.7	10.1	19.3	18.6	10.6	10.2	11.1	4.3
	30	68.0	35.7	36.1	19.4	17.2	10.8	9.7	19.3	17.4	10.7	10.2	11.2	5.7
向家坝	1	117.5	11.8	11.8	7.7	7.6	6.2	5.0	7.7	7.6	6.3	4.7	6.5	5.1
	10	116.8	10.5	10.9	6.6	6.3	5.3	4.7	6.6	6.5	5.4	4.8	5.4	4.3

水电站	时间尺度/d	训练集上各模型时段发电量计算的绝对误差累积值/(亿 kW·h)												
		m1	m2	m3	m4	m5	m6	m7	m8	m9	m10	m11	m12	m13
向家坝	20	116.1	9.0	9.5	6.0	5.2	4.9	4.4	6.0	6.0	4.9	4.9	4.9	4.4
	30	114.9	8.0	8.5	5.6	5.4	4.5	4.3	5.6	5.6	4.5	4.0	4.5	4.2
三峡	1	213.1	127.2	127.2	44.0	41.3	35.8	24.4	43.8	40.8	43.7	26.0	53.2	24.7
	10	204.2	125.9	127.1	37.4	33.9	30.5	24.3	37.1	34.4	37.4	24.4	45.4	20.3
	20	198.1	124.3	126.3	37.6	36.8	31.0	28.5	37.1	36.8	37.2	27.0	43.7	26.7
	30	189.5	121.7	122.7	29.3	27.6	23.2	19.8	28.8	28.7	30.2	21.2	35.3	14.9
葛洲坝	1	65.8	60.8	60.8	14.0	12.5	9.1	8.4	14.0	12.4	10.1	8.6	9.1	8.7
	10	67.1	58.6	58.5	12.9	11.6	9.3	9.0	12.9	11.4	9.9	8.9	9.3	9.1
	20	68.5	57.7	57.4	11.7	10.5	9.5	9.1	11.6	11.0	9.9	9.3	9.5	8.7
	30	69.9	57.0	56.5	12.1	11.7	10.7	10.9	12.0	10.5	10.8	9.7	10.7	10.5

表 3.8　不同水电站不同时间尺度下 13 种模型时段发电量计算的绝对误差累积值(测试集)

水电站	时间尺度/d	测试集上各模型时段发电量计算的绝对误差累积值/(亿 kW·h)												
		m1	m2	m3	m4	m5	m6	m7	m8	m9	m10	m11	m12	m13
溪洛渡	1	6.44	4.40	4.40	2.76	2.50	1.79	1.90	2.74	2.46	1.81	1.90	2.00	1.76
	10	6.70	4.04	4.06	2.91	2.76	1.99	2.07	2.89	2.65	2.02	2.05	2.19	2.52
	20	6.51	3.56	3.60	1.69	1.57	1.64	1.41	1.69	1.73	1.61	1.69	2.03	2.38
	30	6.90	4.29	4.34	2.31	1.93	2.19	2.08	2.30	1.43	2.14	2.28	2.57	2.77
向家坝	1	12.30	1.30	1.30	0.92	0.88	0.73	0.65	0.92	0.88	0.74	0.74	0.67	0.79
	10	12.45	1.10	1.14	0.86	0.86	0.62	0.53	0.86	0.80	0.63	0.53	0.58	0.54
	20	12.36	0.91	0.99	0.74	0.82	0.51	0.35	0.74	0.75	0.52	0.52	0.51	0.60
	30	12.93	0.73	0.82	0.73	0.76	0.55	0.42	0.73	0.73	0.56	0.74	0.51	0.84
三峡	1	20.76	15.71	15.71	4.70	4.63	3.79	2.86	4.62	4.60	3.87	2.92	4.98	2.85
	10	20.26	15.27	15.37	3.63	3.55	3.07	2.76	3.56	3.44	3.05	2.59	4.12	2.86
	20	18.91	15.18	15.26	3.92	3.74	2.97	3.00	3.79	3.64	2.90	2.61	3.71	3.35
	30	20.58	14.87	15.26	2.83	3.11	3.33	3.33	2.79	2.80	2.84	3.72	4.05	5.63
葛洲坝	1	8.92	7.42	7.42	1.93	1.79	0.95	0.92	1.91	1.77	1.17	0.94	0.95	1.01
	10	9.07	7.13	7.05	1.84	1.78	0.93	1.00	1.83	1.73	1.20	1.01	0.88	1.04
	20	9.17	7.09	6.93	1.65	1.69	0.77	0.89	1.67	1.75	1.04	0.94	0.71	0.87
	30	9.27	7.41	7.15	1.63	1.79	0.75	0.86	1.65	1.85	1.04	1.02	0.72	0.95

综合以上讨论与分析可知,①水电站效率特性常数模型的出力计算精度较低,不足以有效支撑水电站发电调度精细化水能计算;②效率特性曲线和曲面模型、耗水率特性曲线和曲面模型以及功率特性曲面模型具有较高的出力计算精度,一定程度能够有效支撑水电站发电调度精细化水能计算;③就各模型在出力计算和发电量计算中的总体性能表现而言,效率特性曲面模型、耗水率特性曲面模型和功率特性曲面模型较效率特性曲线模型和耗水率特性曲线模型更优;④根据所有模型在出力计算和发电量计算中的总体性能表现,对模型进行排序,排序结果为:(K-PSM ～ K-NSM ～ C-PSM ～ C-NSM ～ N-PSM ～ N-NSM) ＞ (K-PLM～K-NLM～C-PLM～C-NLM) ＞ K-CM3 ＞ K-CM2 ＞ K-CM1,括号内部模型性能相当,难以确定孰优孰劣。

3.6 本章小结

本章以溪洛渡、向家坝、三峡和葛洲坝水电站为实例研究对象,开展了水电站动力特性解析与建模研究,旨在探明水电站动力特性的基本性质,实现水电站动力特性的准确描述,进而为水电站精细化水能计算提供模型支撑。首先,阐述了水电站动力特性的概念与内涵,并依据溪洛渡、向家坝、三峡和葛洲坝 4 座水电站的历史运行数据,解析了水电站动力特性的基本性质;在此基础上,针对每一座水电站,构建了水电站效率特性的常数模型(K-CM1、K-CM2 和 K-CM3)、多项式曲线模型(K-PLM)、神经网络曲线模型(K-NLM)、多项式曲面模型(K-PSM)和神经网络曲面模型(K-NSM),水电站耗水率特性的多项式曲线模型(C-PLM)、神经网络曲线模型(C-NLM)、多项式曲面模型(C-PSM)和神经网络曲面模型(C-NSM),以及水电站功率特性的多项式曲面模型(N-PSM)和神经网络曲面模型(N-NSP),并对各模型的拟合优度进行了深入分析,明确了各模型在描述水电站效率特性、耗水率特性以及功率特性上的性能表现;最后,将以上模型应用于 4 座水电站的出力计算中,探明了各模型的出力计算精度,回答了各模型是否能够有效支撑水电站发电调度精细化水能计算的问题。研究工作获得了以下几点结论:

①水电站效率特性、耗水率特性和功率特性不仅具有一定程度的具有时间尺度效应,而且对单一自变量(水头或发电流量)具有多值性,因此,在构建其数学模型时应尽可能考虑毛水头和发电流量的双重作用以及时间尺度影响。

②拟合优度分析结果表明,在描述水电站效率特性上,K-NSM 模型的总体表现最优,K-PSM 模型次之,K-NLM 模型较差,K-PLM 模型差,常数模型最差;在描述水电站耗水率特性上,C-NSM 模型的总体性能表现最优,C-PSM 模型次之,C-NLM 模型较差,C-PLM 模型最差;在描述水电站功率特性上,N-PSM 模型的总体性能更优,而 N-NSP 模型次之。本

结论与结论①相匹配。

③就各模型在出力计算和发电量计算中的总体性能表现而言,水电站效率特性曲面模型、耗水率特性曲面模型和功率特性曲面模型最优,效率特性曲线模型和耗水率特性曲线模型次之,效率特性常数模型最差,即(K-PSM～K-NSM～C-PSM～C-NSM～N-PSM～N-NSM)>(K-PLM～K-NLM～C-PLM～C-NLM)>K-CM3>K-CM2>K-CM1。本结论与结论①相匹配。

综上,在水电站发电调度出力计算中,推荐优先采用 K-PSM、K-NSM、C-PSM、C-NSM、N-PSM 或 N-NSM 模型计算出力和发电量,然后采用 K-PLM、K-NLM、C-PLM 或 C-NLM 模型,最后采用 K-CM3、K-CM2 或 K-CM1 模型。为保证一定的出力计算精度,应尽可能采用水电站动力特性的曲面模型(输入为水头和发电流量),至少应采用曲线模型(输入仅为毛水头),避免使用常数模型(没有输入)。

第 4 章　水电站尾水位特性解析与建模研究

4.1　引言

水电站尾水位特性是尾水位计算的最基本依据,而尾水位计算的准确性又直接影响水头计算进而间接影响出力计算精度,因此,对水电站尾水位特性进行准确描述是实现水电站发电调度精细化水能计算的基本要求。目前,用于描述水电站尾水位特性的模型或方法主要有水力学法、尾水位曲线法、经验公式法和数据挖掘类方法[10]。其中,数据挖掘类方法指采用数据挖掘模型(如 BP 神经网络、LSTM 神经网络等),从水电站历史运行数据中提取水电站尾水位与水电站其他运行特征量(下泄流量、前期尾水位等)之间的映射关系,进而构建水电站尾水位特性的数学模型。已有研究[59,63,67,73]表明,与尾水位曲线、经验公式等传统模型比较,基于数据挖掘的尾水位特性数学模型的计算精度更高。然而,在现有研究中,为了保证模型的计算精度,基于数据挖掘原理的尾水位预测模型的输入通常包括前期若干时段的尾水位、电站出力等变量,这严重制约了模型的实用性,使模型无法满足水电站水库连续多时段优化调度或模拟调度计算的多步尾水位预测需求,同时也使模型无法适用于以水定电模式的优化调度计算。至此,仍然存在的问题是,已有研究尚未充分解析复杂条件下水电站的尾水位特性,未明确提出影响尾水位变化过程的关键因子,未建立起实用性、准确性、通用性更强的尾水位预测模型,这是亟须解决的主要问题。

为此,本章围绕如何准确描述水电站的尾水位特性,进而提升尾水位、水头、水能计算精确度的问题,开展水电站尾水位特性解析与建模研究。首先,依据水电站历史运行数据,分析水电站尾水位变化过程的后效性特征,并结合分析结果,采用 Pearson 相关性分析方法探明影响尾水位变化过程的关键因子。在此基础上,构建水电站尾水位特性的多项式拟合模型和支持向量回归模型,并基于水电站历史运行数据对比分析各种模型的实用性、准确性和可靠性。最后,探究水电站尾水位特性的时间尺度效应,明确由小时时间尺度数据训练得到的多项式拟合模型和支持向量回归模型是否适用于其他时间尺度下的尾水位计算。

4.2　水电站尾水位特性的内涵

在 1.3.1 节给出水电站尾水位特性概念的基础上,进一步阐述水电站尾水位特性的内涵。图 4.1 和图 4.2 分别展示了稳定的流量—水位关系曲线和非稳定的流量—水位关系曲线。图中 Z_d 表示水电站尾水位，Q_o 表示水电站下泄流量。图 4.1 是一条静态曲线，表达的是恒定出库流量与尾水位之间的静态关系。与图 4.1 不同，图 4.2 中的环形实线是一条动态曲线，表达的是非恒定出库流量与尾水位之间的动态关系。图 4.2 中的弧形虚线是稳定的流量—水位关系曲线。

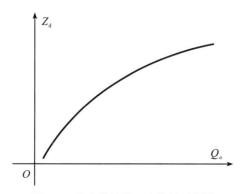

图 4.1　稳定的流量—水位关系曲线　　　　图 4.2　非稳定的流量—水位关系曲线

由图 4.1 可以看出，恒定流量 Q_o 越大，水电站下游水位越高。图 4.2 显示，非稳定的流量—水位关系曲线依时序形成一条逆时针方向的环形曲线，当非恒定流量 Q_o 随时间逐渐增加时，非稳定关系曲线在稳定关系曲线之下，而当非恒定流量 Q_o 随时间逐渐减小时，非稳定关系曲线在稳定关系曲线之上。尾水位变化滞后于水电站下泄流量变化是导致非稳定关系曲线呈逆时针环形的主要原因。对于尾水位变化的滞后性，其具体表现为：①在 t_0 时刻，当水电站下泄流量增加到 $Q_o^{t_0}$ 时，由于系统存在惯性，水电站尾水位不能瞬时增加到 $Q_o^{t_0}$ 对应的稳定尾水位值 $Z_{ds}^{t_0}$，t_0 时刻后，如果下泄流量仍然等于 $Q_o^{t_0}$ 且保持不变，水电站尾水位会逐渐增加到稳定尾水位值 $Z_{ds}^{t_0}$，如图 4.3 和图 4.4 所示；②同理，在 t_0+1 时刻，当下泄流量减小到 $Q_o^{t_0+1}$ 时，尾水位不能瞬时减小到 $Q_o^{t_0+1}$ 对应的稳定尾水位值 $Z_{ds}^{t_0+1}$，t_0+1 时刻后，如果下泄流量仍然等于 $Q_o^{t_0+1}$ 且保持不变，水电站尾水位会逐渐减小到稳定尾水位值 $Z_{ds}^{t_0+1}$，如图 4.3 和图 4.4 所示。

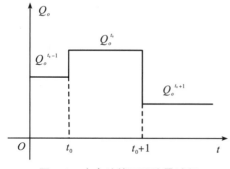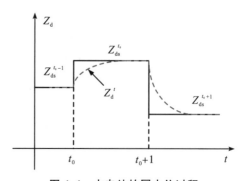

图 4.3　水电站的下泄流量过程　　　　　　图 4.4　水电站的尾水位过程

　　除非恒定流外,下游回水顶托作用是导致水电站尾水位特性不稳定的另一原因。梯级水电站上下游之间存在密切的水头联系,下游水电站水位或下游支流来水会对上游水电站尾水位施加回水顶托作用,与水电站非恒定出库水流共同影响水电站尾水位的变化过程。在非恒定流和回水顶托的双重作用下,水电站的尾水位特性极不稳定,同一下泄流量对应的水电站尾水位通常具有多值性,如图 4.2 所示。

4.3　水电站尾水位特性的数学模型

　　通过相关工程项目的深入实践,尤其是《金沙江下游—三峡梯级电站水资源管理决策支持模型研究及系统开发》项目的实践工作,结合已有文献对水电站尾水位特性建模问题的初步研究,发现数据挖掘类模型在预测水电站尾水位时较水力学法、经验公式法具有更好的准确性、可靠性和实用性。因此,以下重点阐述两种数据挖掘类模型,并将其作为本章的模型基础。

4.3.1　水电站尾水位特性的多项式拟合模型

　　在已有尾水位特性建模研究中,使用最广泛的一种模型是尾水位曲线模型,其输入为水电站下泄流量,输出为尾水位,结构为多项式结构。尾水位曲线模型是一种非常简洁的尾水位预测模型,本质上属于多项式拟合模型,可以认为是最简单的数据挖掘类模型。尾水位曲线模型的广泛应用表明,多项式拟合模型适用于描述水电站尾水位特性,且具有简单、可靠的优点。鉴于此,本章将比尾水位曲线模型更通用的多项式拟合模型作为基础模型之一。为避免多项式拟合模型过度复杂,导致模型参数难以有效确定、拟合与泛化能力难以有效均衡的问题,在总结相关项目经验的基础上,本章将多项式拟合模型的最高次数限制在 3 次以内,具体取值通过优化算法确定。多元多次多项式模型的通式如下所示:

$$Z_d = f_P(x_1, x_2, \cdots, x_n)$$

$$= \sum_{k_1, k_2, \cdots, k_n} p_{k_1, k_2, \cdots, k_n} x_1^{k_1} x_2^{k_2} \cdots x_n^{k_n}, k_1 + k_2 + \cdots + k_n \leqslant 3 \qquad (4.1)$$

式中:Z_d——水电站尾水位或水电站下游水位;

　　　x_n——预测因子,如水电站下泄流量、水电站下游支流来水、下游水电站水位等变量;

　　　$f_P(\bullet)$——描述水电站尾水位特性的多项式模型;

　　　$p_{k_1, k_2, \cdots, k_n}$——待优化的模型参数;

　　　k_n——非负整数。

　　以水电站尾水位和相关预测因子的实际观测数据为依据,研究采用网格搜索算法确定多项式的最高次数(最高次数的取值范围为 1~3),而对于模型参数 $p_{k_1, k_2, \cdots, k_n}$,可直接通过求解线性最小二乘问题的正规方程获得。

4.3.2 水电站尾水位特性的支持向量回归模型

支持向量回归（SVR）模型由 Vapnik[195] 于 1995 年提出。SVR 以结构风险最小化准则优化模型参数[196]，与人工神经网络 ANN、极限学习机 ELM 等以经验风险最小化为优化策略的模型比较，其能够更好地权衡经验风险和模型复杂度，有效克服样本容量不足导致的过拟合问题，尤其是引入核技巧或核方法后，具有非常强的非线性逼近和泛化能力，往往对训练数据以及未知测试数据都有优异的预测精度[197,198]。因此，作为机器学习典型代表的支持向量回归模型是本书选择的另一种用于描述水电站尾水位特性的数据挖掘类模型。

给定训练样本集 $\{x_i, Z_d{}^i\}$（$x_i \in R^D, Z_d{}^i \in R, i = 1, 2, \cdots, N$），其中 N 是样本个数，x_i 是输入向量，$Z_d{}^i$ 是对应的水电站尾水位。支持向量回归模型 $f_{\mathrm{SVR}}(x)$ 试图通过对训练样本集进行充分挖掘来逼近尾水位的真实函数 $Z_d = f_{\mathrm{real}}(x)$。模型 $f_{\mathrm{SVR}}(x)$ 的一般表达式为：

$$f_{\mathrm{SVR}}(x) = w^{\mathrm{T}} \varphi(x) + b \tag{4.2}$$

式中：w——待优化的权重向量；

b——待优化的偏置项；

φ——非线性映射函数。

通过求解式（4.3）可以确定 SVR 模型的参数 w 和 b。

$$\min_{w,b} \frac{1}{2} \| w \|^2 + C \sum_{i=1}^{N} L_\varepsilon \big[f_{\mathrm{SVR}}(x_i) - Z_d{}^i \big] \tag{4.3}$$

$$L_\varepsilon(z) = \begin{cases} 0, & |z| \leqslant \varepsilon \\ |z| - \varepsilon, & |z| > \varepsilon \end{cases} \tag{4.4}$$

式中：C——惩罚因子或箱子约束，属于模型的超参数，用于均衡经验风险和模型复杂度；

ε——不敏感损失值，属于模型超参数；

$L_\varepsilon(z)$——损失函数，用于度量预测值与实测值之间的偏差。

引入松弛因子 ξ_i 和 $\hat{\xi}_i$ 可将目标函数式（4.3）变换为有约束的最优化问题，如下所示：

$$\begin{cases} \min\limits_{w,b,\xi_i,\hat{\xi}_i} \dfrac{1}{2} \| w \|^2 + C \sum\limits_{i=1}^{N} (\xi_i + \hat{\xi}_i) \\ \mathrm{s.\,t.} \begin{cases} Z_d{}^i - f_{\mathrm{SVR}}(x_i) \leqslant \varepsilon + \xi_i \\ f_{\mathrm{SVR}}(x_i) - Z_d{}^i \leqslant \varepsilon + \hat{\xi}_i \\ \xi_i \geqslant 0, \hat{\xi}_i \geqslant 0 \\ i = 1, 2, \cdots, N \end{cases} \end{cases} \tag{4.5}$$

进一步引入拉格朗日乘子 α_i、$\hat{\alpha}_i$、β_i 和 $\hat{\beta}_i$，采用拉格朗日乘子法将式（4.5）变换为无约束最优化问题（式（4.6）），在此基础上，根据拉格朗日对偶性以及无约束问题（式（4.6））取极

值的必要条件,推导出最优化问题(式(4.5))的对偶最优化问题(式(4.7)),如下所示:

$$\min L(w, b, \xi_i, \hat{\xi}_i, \alpha_i, \hat{\alpha}_i, \beta_i, \hat{\beta}_i) = \frac{1}{2} \parallel w \parallel^2 + C \sum_{i=1}^{N} (\xi_i + \hat{\xi}_i)$$

$$- \sum_{i=1}^{N} \beta_i \xi_i - \sum_{i=1}^{N} \hat{\beta}_i \hat{\xi}_i - \sum_{i=1}^{N} \alpha_i [\varepsilon + \xi_i + f_{\text{SVR}}(x_i) - Z_d^i] \qquad (4.6)$$

$$- \sum_{i=1}^{N} \hat{\alpha}_i [\varepsilon + \hat{\xi}_i + Z_d^i - f_{\text{SVR}}(x_i)]$$

$$\begin{cases} \min\limits_{\alpha_i, \hat{\alpha}_i} \varepsilon \sum_{i=1}^{N} (\alpha_i + \hat{\alpha}_i) - \sum_{i=1}^{N} Z_d^i (\hat{\alpha}_i - \alpha_i) + \frac{1}{2} \sum_{i,j=1}^{N} (\hat{\alpha}_i - \alpha_i)(\hat{\alpha}_j - \alpha_j) K(x_i, x_j) \\ \text{s. t.} \begin{cases} 0 \leqslant \alpha_i, \hat{\alpha}_i \leqslant C, i = 1, 2, \cdots, N \\ \sum\limits_{i=1}^{N} (\alpha_i - \hat{\alpha}_i) = 0 \end{cases} \end{cases} \qquad (4.7)$$

式(4.7)中,$K(x_i, x_j)$ 是核函数,其值等于 $\varphi(x_i)^{\text{T}} \varphi(x_j)$。通过直接计算核函数 $K(x_i, x_j)$,可以简便地同时完成高维空间映射和高维空间内积运算。在 SVR 模型中,核函数的类型也是一个超参数。

在本章,序列最小最优化算法[196]被用于求解对偶最优化问题(式(4.7))。获得 α_i 和 $\hat{\alpha}_i$ 的最优取值后,即可得到支持向量回归模型 $f_{\text{SVR}}(x)$,如式(4.8)所示。另外,对于支持向量回归模型的超参数,包括核函数类型、箱子约束 C 以及不敏感损失值 ε,本章采用贝叶斯优化算法结合交叉验证技术进行率定。

$$f_{\text{SVR}}(x) = \sum_{i=1}^{N} [(\hat{\alpha}_i - \alpha_i) K(x_i, x)] + b \qquad (4.8)$$

以上所提算法已集成于 MATLAB 2021b 的回归学习工具箱,可直接基于此工具箱开展模型构建、求解和应用工作,具体细节参考 MathWorks 官网。

4.3.3 水电站尾水位特性数学模型的拟合优度评价

研究采用平均绝对误差 MAE、平均相对误差 MRE、均方根误差 RMSE 和确定系数 R^2 4 个拟合优度指标评价多项式拟合模型和支持向量回归模型刻画水电站尾水位特性的准确程度。为便于理解和增强文章可读性,重新给出这 4 个拟合优度指标的计算公式:

$$\text{MAE} = \frac{1}{N} \sum_{i=1}^{N} |Z_d^i - \hat{Z}_d^i| \qquad (4.9)$$

$$\text{MRE} = \frac{1}{N} \sum_{i=1}^{N} \left| \frac{Z_d^i - \hat{Z}_d^i}{Z_d^i} \right| \qquad (4.10)$$

$$\text{RMSE} = \sqrt{\frac{1}{N} \sum_{i=1}^{N} (Z_d^i - \hat{Z}_d^i)^2} \qquad (4.11)$$

$$R^2 = 1 - \frac{\sum_{i=1}^{N}(Z_d{}^i - \hat{Z}_d{}^i)^2}{\sum_{i=1}^{N}(Z_d{}^i - \bar{Z}_d{}^i)^2} \qquad (4.12)$$

式中：$Z_d{}^i$——实测的水电站尾水位；

$\hat{Z}_d{}^i$——模型计算的水电站尾水位，即 $\hat{Z}_d{}^i = f_{SVR}(x_i)$ 或者 $\hat{Z}_d{}^i = f_P(x_i)$；

$\bar{Z}_d{}^i$——实测水电站尾水位的均值；

N——实测尾水位数据点的个数。

MAE、MRE 和 RMSE 越小，以及 R^2 越大，表明模型的拟合效果越好，对水电站尾水位特性的描述越准确；反之拟合性能越差，准确度越低。

4.4 实例研究对象与数据

金沙江下游—三峡梯级水电站是长江流域最大的水电站群之一，包含乌东德、白鹤滩、溪洛渡、向家坝、三峡和葛洲坝 6 座梯级水电站，其中溪洛渡、向家坝、三峡和葛洲坝水电站被选作为本章的实例研究对象。实例研究对象的选择主要基于以下两点原因：一是溪洛渡—向家坝—三峡—葛洲坝梯级水电站已全面投产且稳定运行多年，具有较为全面的历史运行数据，能够支撑本章研究；二是 4 座梯级水电站间水力联系复杂，作为水电站尾水位特性解析与建模的实例研究对象具有很好的代表性。水力联系的复杂性体现在但不限于以下几个方面：①作为溪洛渡水电站的下游梯级，向家坝水库的回水对溪洛渡水电站的尾水位具有顶托影响；②向家坝水电站下游约 2km 处有横江汇入，其高水位时对向家坝水电站的尾水位有顶托作用；③葛洲坝水利枢纽是三峡水利枢纽的反调节枢纽，其水库回水对三峡水电站的尾水位具有顶托作用。图 4.5 给出了 4 座梯级水电站的地理位置信息，同时展示了 4 座水电站的空间分布关系。

研究利用了 2h 尺度的水电站水位、水电站尾水位、水电站下泄流量、支流来水等原始数据，所有数据均来源于华中科技大学数字流域科学与技术湖北省重点实验室多年来承担的多项与长江上游水电能源系统优化有关的纵横向项目。各水电站的历史运行数据的时间跨度分别为：溪洛渡水电站的时间跨度为 2014 年 1 月 1 日 0 时至 2020 年 10 月 27 日 8 时，向家坝水电站的时间跨度为 2014 年 1 月 1 日 0 时至 2020 年 10 月 27 日 8 时，三峡水电站的时间跨度为 2014 年 1 月 1 日 0 时至 2021 年 1 月 3 日 22 时，葛洲坝水电站的时间跨度为 2014 年 1 月 1 日 0 时至 2021 年 1 月 3 日 22 时。

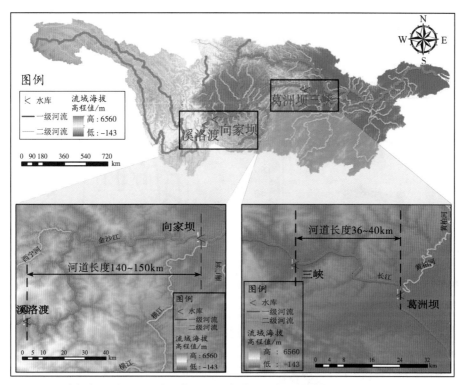

图 4.5　溪洛渡、向家坝、三峡和葛洲坝 4 座梯级水电站的地理位置和空间关系示意图

4.5　研究结果与讨论

考虑梯级水电站间复杂的水头联系和水量联系,研究采用定性和定量分析相结合的方法,从多个角度分析水电站的尾水位特性,在此基础上,对水电站尾水位与预测因子之间的相关性进行定量解析,最后,采用多项式拟合模型和支持向量回归模型对水电站的尾水位特性进行建模。

4.5.1　水电站尾水位特性解析

本节采用相空间和演化方向这一相对抽象的概念来分析水电站的尾水位特性,相空间是表示系统所有可能状态的空间,系统的每个可能状态都有相对应的相空间点,演化方向指随着时间的延伸系统状态在相空间中的移动方向。与常用的水位流量点据和水位流量随时间的变化关系的概念相比,相空间和演化方向概念更偏向于将水电站水库看作一个系统来研究相关问题,即从系统的角度分析水电站的尾水位特性。水电站下泄流量、下游水电站水位及下游支流来水是影响水电站尾水位的重要因素。为充分揭示水电站尾水位对这些因素的响应规律,解析其变化特性,绘制了水电站尾水位与水库下泄流量和下游水电站水位以及下游支流来水的二维相平面图和位相图,如图 4.6 至图 4.9 所示。由于横江支流与向家坝下游距离较近(图 4.5),考虑了横江支流对向家坝尾水位的影响,如图 4.7(c)和图 4.7(d)所示。此外,由于向家坝水电站与三峡水电站距离太远,三峡水电站水位对上游向家坝尾水位的顶托效应微弱,故没有考虑三峡水电站水位对向家坝尾水位的影响。另外,由于葛洲坝下游近距离范围内没有水库或较大支流,因此仅考虑葛洲坝下泄流量对其尾水位的影响,如图4.9所示。

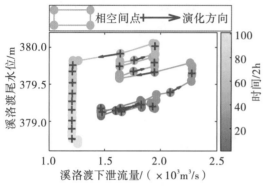

(a)溪洛渡下泄流量—溪洛渡尾水位相平面图

(2014年1月25日22时至2014年2月3日4时)

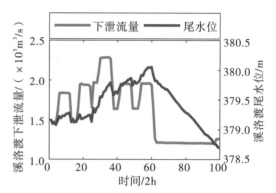

(b)溪洛渡下泄流量和溪洛渡尾水位的位相图

(2014年1月25日22时为时间起点)

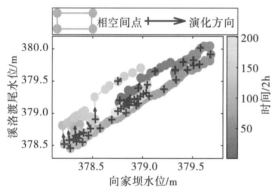

(c)向家坝水位—溪洛渡尾水位相平面图

(2014年1月25日22时至2014年2月11日12时)

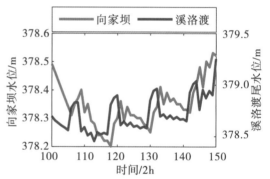

(d)向家坝水位和溪洛渡尾水位的位相图

(2014年1月25日22时为时间起点)

图4.6 溪洛渡水电站尾水位与其下泄流量和向家坝水位的相平面图和位相图

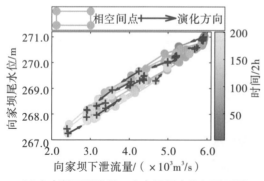

(a)向家坝下泄流量—向家坝尾水位相平面图

(2014年10月14日14时至2014年10月31日4时)

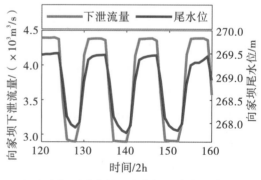

(b)向家坝下泄流量和向家坝尾水位的位相图

(2014年10月14日14时为时间起点)

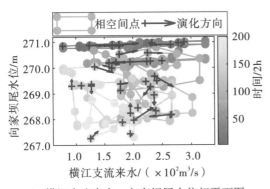

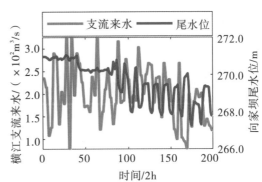

（c)横江支流来水—向家坝尾水位相平面图

（2014 年 10 月 14 日 14 时至 2014 年 10 月 31 日 4 时）

（d)横江支流来水和向家坝尾水位的位相图

（2014 年 10 月 14 日 14 时为时间起点）

图 4.7　向家坝水电站尾水位与其下泄流量和横江支流来水的相平面图和位相图

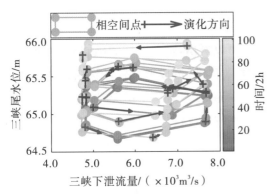

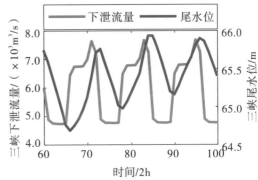

（a)三峡下泄流量—三峡尾水位相平面图

（2014 年 1 月 25 日 22 时至 2014 年 2 月 3 日 4 时）

（b)三峡下泄流量和三峡尾水位的位相图

（2014 年 1 月 25 日 22 时为时间起点）

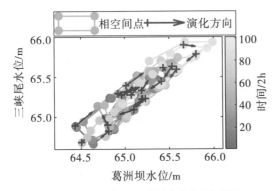

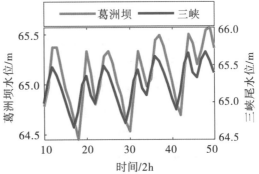

（c)葛洲坝水位—三峡尾水位相平面图

（2014 年 1 月 25 日 22 时至 2014 年 2 月 3 日 4 时）

（d)葛洲坝水位和三峡尾水位的位相图

（2014 年 1 月 25 日 22 时为时间起点）

图 4.8　三峡水电站尾水位与其下泄流量和葛洲坝水位的相平面图和位相图

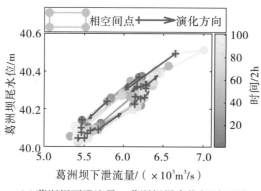

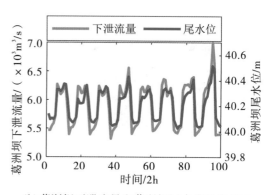

（a）葛洲坝下泄流量—葛洲坝尾水位相平面图

（2014年1月25日22时至2014年2月3日4时）

（b）葛洲坝下泄流量和葛洲坝尾水位的位相图

（2014年1月25日22时为时间起点）

图4.9　葛洲坝水电站尾水位与其下泄流量的相平面图和位相图

　　水电站下泄流量对其尾水位的影响是梯级水电站间水量联系的具体表现之一。从二维相平面图4.6(a)、图4.7(a)、图4.8(a)和图4.9(a)可以看出，随着时间的延伸，各水电站尾水位与其下泄流量构成的状态点总体上沿逆时针方向移动，形成逆时针环状相轨迹。此现象表明，水电站尾水位与其下泄流量并非是一一对应关系，下泄流量增大时，水电站尾水位沿着相轨迹的下边界上升，而下泄流量逐渐减小时，尾水位沿着上边界下降，下泄流量与尾水位之间明显呈现一对多的映射关系。根据图4.6(b)、图4.7(b)、图4.8(b)和图4.9(b)可以看出，随着水电站下泄流量的波动变化，各水电站尾水位也随之升降，且尾水位的变化都滞后于下泄流量变化，即两者之间存在明显位相差(图4.8(b))或尾水位比下泄流量变化更缓慢(图4.7(b))，这正是导致水电站下泄流量—尾水位相轨迹呈逆时针环状结构的重要原因。另外，还可以看出，尾水位变化的滞后程度越明显，即存在明显位相差，水电站下泄流量—尾水位相轨迹越胖，如图4.6(a)和图4.8(a)所示；反之，相轨迹越扁，趋向于单一曲线，如图4.7(a)和图4.9(a)所示。根据水力学理论可知，导致尾水位变化具有滞后性或后效性的主要原因在于水电站下泄流量的非恒定性。生产实践中电站出库水流通常属于非恒定流，图4.6(b)、图4.7(b)、图4.8(b)和图4.9(b)清晰地展示了出库水流的非恒定特性。综上分析，可以基本确定的结论是，实际调度运行中水电站下泄流量的非恒定特性导致尾水位变化具有一定滞后性，使得下泄流量与尾水位之间存在一对多的映射关系，且滞后程度越明显，两者之间的映射关系越混乱、复杂，反之则越简单。此外，由尾水位变化的滞后性可以推断，当前时段尾水位不仅与水电站当前下泄流量有关，还与前期若干时段的尾水位和下泄流量有关。

　　下游水电站水位对上游水电站尾水位的影响是梯级水电站间水头联系的主要方面。分析二维相平面图4.6(c)和图4.8(c)可以发现，上游水电站尾水位与下游水电站水位构成的状态点总体上沿顺时针方向演进，形成顺时针环状相轨迹。此现象表明，水电站尾水位与下游水电站水位之间的映射关系也并非是一一对应的。整体趋势是，下游水电站水位增大时，上游水电站尾水位沿着相轨迹的上边界上升,而下游水电站水位逐渐减小时,尾水位沿着下边界下降,两者之间存在一对多的关系。其原因可通过图 4.6(d)和图 4.8(d)说明,从图中可以看出,与上游水电站尾水位的变化过程比较,下游水电站水位的起涨、回落均有一定滞后。下游水电站水位的这种滞后特性正是导致图 4.6(c)和图 4.8(c)相轨迹呈顺时针环状结构的主要原因。而导致下游水电站水位存在滞后特性的原因是河道对上游水电站出库水流的坦化与位移作用,其中位移作用是关键因素,反映了水流从上游到下游需要一定传播时间的基本规律。综上分析可知,河道对水流的位移与坦化作用导致下游水电站水位的变化滞后于上游电站尾水位,滞后的下游水电站水位通过坝前回水又对上游电站尾水位施加回水顶托的影响,与上游电站非恒定出库水流共同影响上游水电站尾水位的变化过程,使其相对下泄流量具有一定滞后性。而由于回水到达上游电站坝址需要一定时间,影响上游电站尾水位的关键因素不仅包括当前下游水电站水位,还包括过去若干时段的下游水电站水位(此处强调因果关系)。最后,值得指出或比较有趣的是,由于下游水电站水位涨落滞后于上游水电站尾水位变化,与上游水电站尾水位相关性最大的下游水电站水位应是未来某个时段的(此处强调相关性)水位,而不是过去某个时段的水位。

与下游水电站水位对上游水电站尾水位存在顶托效应相似,水电站下游支流来水对水电站尾水位也存在一定的顶托作用。由图 4.7(c)可以看出,横江支流来水与向家坝尾水位的相轨迹呈现不显著顺时针环状结构,其主要原因在于,横江支流来水与向家坝尾水位之间存在位相差,即支流来水的涨落滞后于尾水位涨落,但其滞后特性并不显著,如图 4.7(d)所示。不断流入干流的支流来水对上游水电站出库水流施加阻力,这在一定程度上顶托上游水电站尾水位,成为上游水电站尾水位具有滞后特性的动力源之一。

综合以上 3 个方面的讨论和分析可知,水电站出库水流属于非恒定流(尤其是承担调峰调频任务的水电站,出库水流非恒定性明显),导致水电站尾水位变化滞后于下泄流量变化,使得仅依据当前时段下泄流量通过尾水位曲线模型计算当前时段尾水位的传统方法无法满足精度要求。为提高尾水位预测精度,考虑引入前期若干时段的下泄流量或尾水位作为预测因子是一种备选方案。另外,下游水电站水位或下游支流来水的顶托作用也是导致上游水电站尾水位具有滞后特性的重要原因。因此,考虑引入下游水电站水位或下游支流来水作为预测因子也是一种提高上游水电站尾水位预测精度的可行方法。

4.5.2　水电站尾水位与预测因子间的相关性分析

预测因子选择是构建尾水位预测模型的前提。由图 4.6 至图 4.9 可以看出,水电站尾水位与其重要影响因子之间存在较明显的线性相关关系。因此,在 4.5.1 节水电站尾水位特性解析的基础上,本节主要采用 Pearson 相关性分析方法对水电站尾水位与预测因子间的相关性进行了研究,基本确定了尾水位预测模型的输入因子。

图 4.10 反映了溪洛渡、向家坝、三峡和葛洲坝水电站的尾水位的自相关系数,各水电站尾水位和电站自身出库流量的 Pearson 相关系数,以及各水电站尾水位和下游水电站水位

或下游支流来水之间的 Pearson 相关系数。图中横坐标刻度标签 t 表示当前时段尾水位与当前时段其他变量之间的相关性，$t-1$ 表示当前时段尾水位与前一个时段其他变量之间的相关性，依此类推。

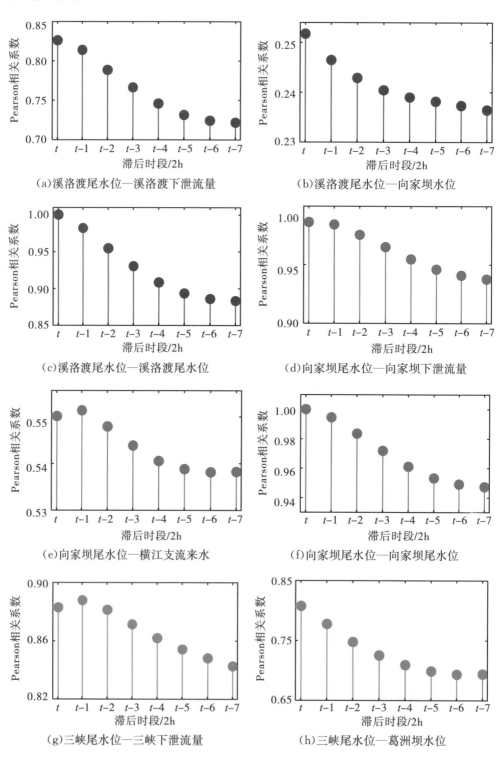

（a）溪洛渡尾水位—溪洛渡下泄流量　　　　（b）溪洛渡尾水位—向家坝水位

（c）溪洛渡尾水位—溪洛渡尾水位　　　　（d）向家坝尾水位—向家坝下泄流量

（e）向家坝尾水位—横江支流来水　　　　（f）向家坝尾水位—向家坝尾水位

（g）三峡尾水位—三峡下泄流量　　　　（h）三峡尾水位—葛洲坝水位

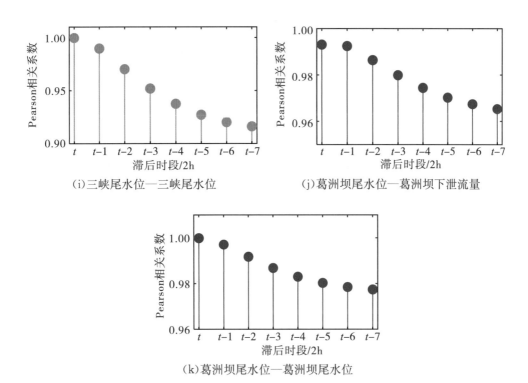

(i)三峡尾水位—三峡尾水位　　　　(j)葛洲坝尾水位—葛洲坝下泄流量

(k)葛洲坝尾水位—葛洲坝尾水位

图 4.10　4 座水电站的尾水位的自相关系数以及和其他变量之间的互相关系数

从图 4.10 可以看出,对于任意一个水电站,尾水位与下泄流量的互相关性以及尾水位的自相关性都强于尾水位与下游水电站水位或下游支流来水之间的相关性。此外,随着滞后时段的增加,尾水位的自相关性及与其他变量的互相关性基本呈现逐渐下降趋势。因此,可以明确的是,水电站的下泄流量及前一时段尾水位应是预测当前时段尾水位的关键预测因子,而下游水电站水位或下游支流来水应是进一步提高预测精度的辅助预测因子。进一步分析图 4.10(g)可以发现,三峡水电站尾水位与前一个时段下泄流量的相关性较尾水位与当前时段下泄流量的相关性更强,究其原因,可能是由三峡水电站尾水位的滞后特性较强导致。此外,由图 4.10(e)可以看出,向家坝尾水位与下游支流来水的相关性也出现了类似的现象,其可能是由下游支流形成的回水到达上游坝址所需时间较长导致。

综合以上分析,为充分利用已知信息,提高尾水位预测精度,同时避免预测因子过于冗余,研究确定下游水电站当前和前一时段水位($Z_u(t)$ 和 $Z_u(t-1)$)、下游支流当前和前一时段来水($Q_z(t)$ 和 $Q_z(t-1)$,一般只有在计算向家坝水电站尾水位时才会用到,与 $Z_u(t)$ 和 $Z_u(t-1)$ 基本同效)、水电站当前和前一时段下泄流量($Q_o(t)$ 和 $Q_o(t-1)$),以及前一时段尾水位 $Z_d(t-1)$ 构成候选预测因子集。

4.5.3　水电站尾水位特性的多项式拟合模型构建与结果分析

以上述候选预测因子集合为基础,针对每一座水电站,构建了多种多项式模型(包括

M1、M2、M3、M4 和 M5 共 5 种模型）。表 4.1 给出了 5 种尾水位预测模型的输入因子集和输出变量。为便于行文，葛洲坝水电站的 M1 模型和 M2 模型是同一个模型。表 4.2 展示了 4 座水电站的 5 种尾水位预测模型的输入与输出，其中训练集占总样本数的 80%，测试集占 20%，随机划分。

表 4.1   **4 座水电站的 5 种尾水位预测模型的输入与输出**

水电站	溪洛渡	向家坝	三峡	葛洲坝
M1 输入	$Q_o(t)$	$Q_o(t)$	$Q_o(t)$	$Q_o(t)$
M2 输入	$Q_o(t), Z_u(t)$	$Q_o(t), Q_z(t)$	$Q_o(t), Z_u(t)$	$Q_o(t)$
M3 输入	$Q_o(t), Z_u(t),$ $Z_d(t-1)$	$Q_o(t), Q_z(t),$ $Z_d(t-1)$	$Q_o(t), Z_u(t),$ $Z_d(t-1)$	$Q_o(t),$ $Z_d(t-1)$
M4 输入	$Q_o(t-1), Q_o(t),$ $Z_u(t-1), Z_u(t)$	$Q_o(t-1), Q_o(t),$ $Q_z(t-1), Q_z(t)$	$Q_o(t-1), Q_o(t),$ $Z_u(t-1), Z_u(t)$	$Q_o(t-1), Q_o(t)$
M5 输入	$Q_o(t-1), Q_o(t),$ $Z_u(t-1), Z_u(t),$ $Z_d(t-1)$	$Q_o(t-1), Q_o(t),$ $Q_z(t-1), Q_z(t),$ $Z_d(t-1)$	$Q_o(t-1), Q_o(t),$ $Z_u(t-1), Z_u(t),$ $Z_d(t-1)$	$Q_o(t-1), Q_o(t),$ $Z_d(t-1)$
输出	$Z_d(t)$	$Z_d(t)$	$Z_d(t)$	$Z_d(t)$

表 4.2   **4 座水电站的 5 种尾水位预测模型的性能指标**

模型	水电站	数据集	RMSE/m	MAE/m	MRE	R^2
M1 模型	溪洛渡	训练集	1.4149	1.1769	0.0031	0.7027
		测试集	1.4176	1.1831	0.0031	0.7079
	向家坝	训练集	0.3934	0.2059	0.0008	0.9791
		测试集	0.4170	0.2078	0.0008	0.9780
	三峡	训练集	0.5810	0.4839	0.0074	0.8247
		测试集	0.5810	0.4873	0.0074	0.8285
	葛洲坝	训练集	0.3068	0.2290	0.0052	0.9899
		测试集	0.3070	0.2281	0.0052	0.9896
M2 模型	溪洛渡	训练集	0.1901	0.1408	0.0004	0.9946
		测试集	0.1925	0.1415	0.0004	0.9946
	向家坝	训练集	0.2852	0.1498	0.0006	0.9890
		测试集	0.3106	0.1524	0.0006	0.9878
	三峡	训练集	0.0772	0.0588	0.0009	0.9969
		测试集	0.0784	0.0596	0.0009	0.9969
	葛洲坝	训练集	0.3068	0.2290	0.0052	0.9899
		测试集	0.3070	0.2281	0.0052	0.9896

续表

模型	水电站	数据集	RMSE/m	MAE/m	MRE	R^2
M3 模型	溪洛渡	训练集	0.1242	0.0902	0.0002	0.9977
		测试集	0.1262	0.0910	0.0002	0.9977
	向家坝	训练集	0.1283	0.0768	0.0003	0.9978
		测试集	0.1285	0.0769	0.0003	0.9979
	三峡	训练集	0.0747	0.0570	0.0009	0.9971
		测试集	0.0754	0.0575	0.0009	0.9971
	葛洲坝	训练集	0.1012	0.0744	0.0017	0.9989
		测试集	0.0990	0.0735	0.0017	0.9989
M4 模型	溪洛渡	训练集	0.1687	0.1258	0.0003	0.9958
		测试集	0.1741	0.1272	0.0003	0.9956
	向家坝	训练集	0.2601	0.1196	0.0004	0.9909
		测试集	0.2835	0.1241	0.0005	0.9898
	三峡	训练集	0.0652	0.0496	0.0008	0.9978
		测试集	0.0658	0.0501	0.0008	0.9978
	葛洲坝	训练集	0.2452	0.1865	0.0043	0.9936
		测试集	0.2494	0.1894	0.0043	0.9932
M5 模型	溪洛渡	训练集	0.0938	0.0653	0.0002	0.9987
		测试集	0.0960	0.0657	0.0002	0.9987
	向家坝	训练集	0.0911	0.0632	0.0002	0.9989
		测试集	0.1013	0.0645	0.0002	0.9987
	三峡	训练集	0.0569	0.0437	0.0007	0.9983
		测试集	0.0571	0.0441	0.0007	0.9983
	葛洲坝	训练集	0.0665	0.0491	0.0011	0.9995
		测试集	0.0668	0.0495	0.0011	0.9995

　　由表 4.2 可知,仅以水电站下泄流量为预测因子的 M1 模型的拟合优度较差,不足以有效描述各水电站的尾水位特性,尤其在描述溪洛渡和三峡水电站的尾水位特性上存在明显不足。增加下游水电站水位或下游支流来水作为预测因子后,无论是训练集还是测试集,M2 模型对水电站尾水位特性的模拟性能均获得有效提升,尤其在预测溪洛渡和三峡水电站尾水位时,精度提升显著。至此,可以得到一个基本但不绝对的结论,即在以水电站下泄流量及下游水电站水位或与之等效的下游支流来水为输入的条件下,多项式模型能够较准确地描述水电站的尾水位特性,提供一个较好的尾水位预测值。进一步分析可知,在 M2 模型的基础上,增加前一时段尾水位值作为预测因子后,M3 模型在 4 个水电站的性能指标都进一步得到改善;与此相似,在 M2 模型基础上增加水电站前一时段下泄流量和下游水电站前

一时段水位或下游支流前一时段来水两个预测因子后,M4 模型在 4 个水电站的性能表现较 M2 模型也都得到了改善。最后,由 M5 模型的性能指标可以看出,与 M1~M4 4 个模型比较,M5 模型的性能最优,原因在于 M5 模型对已知信息利用最充分。通过上述分析可知,随着候选预测因子逐渐加入模型预测因子集,模型的拟合与泛化性能逐渐增强,表明候选预测因子间相互补充,信息含量均衡,几乎不存在信息冗余问题,证明了 4.5.2 节构建的候选预测因子集是合理且有效的。

然而,值得强调的是,尽管 M5 模型有最优的性能表现,但由于预测因子集中包含前一时段尾水位值,其仅能实现尾水位的单步预测,无法满足水电站多时段优化调度或模拟调度计算的多步尾水位预测需求。如果通过滚动预测的方式实现多步预测,可能导致较大的预测误差,准确性、可靠性无法保证。因此,预测因子集中未包含前一时段尾水位且性能表现仍然较优的 M4 模型应是更好的选择,其能够较好地为优化调度或模拟调度提供多步尾水位预测值,不存在时间累积误差问题。

4.5.4　水电站尾水位特性的支持向量回归模型构建与结果分析

尽管 M4 模型具有较好的实用性,且精度良好,同时也不存在时间累积误差问题,但由于其预测因子集中缺少水电站前一时段尾水位值,其单步预测性能与 M5 模型比较稍显不足。为此,本节试图通过改变模型结构以进一步提高 M4 模型的单步预测性能,使其逼近甚至超越 M5 模型。

以 4.5.3 节 M4 模型的预测因子集为输入,构建水电站尾水位特性的支持向量回归模型(svm-M4)与 svm-M4 模型的性能指标,如图 4.11 所示。首先,从图 4.11 可以看出,无论在训练集还是测试集,svm-M4 模型的 4 个性能指标都较 M4 模型更优,表明通过改进模型结构,即将多项式模型改变为支持向量回归模型,能够获得更好的尾水位预测性能。其次,通过观察可以发现,svm-M4 模型在描述溪洛渡水电站尾水位特性时优于 M5 模型,而在描述三峡水电站的尾水位特性时,其性能逼近 M5 模型,进一步论证了 svm-M4 模型的优越性。此外,对比分析溪洛渡和三峡水电站的 svm-M4 模型与向家坝和葛洲坝的 svm-M4 模型的性能表现可以看出,向家坝和葛洲坝 svm-M4 模型的性能明显较差,可能是由预测因子集中缺乏下游水电站水位因子导致(向家坝和葛洲坝下游近距离范围内没有水电站)。

由以上分析可知,svm-M4 模型在一定程度上能够较好地克服因预测因子集信息含量不足导致的预报精度不足问题,在刻画水电站尾水位特性上,较 M4 模型性能更优,在一定条件下甚至优于 M5 模型,是一种具有实际工程应用价值的尾水位预测模型,但同时还应注意到,当预测因子集中缺失关键因子(如下游水电站水位)时,仅通过改变模型结构可能无法明显提升模型的尾水位预测性能,如向家坝 svm-M4 模型的预测性能较向家坝 M5 模型仍然存在较大的差距,因此,如何进一步发掘并充分利用可用信息,以增强模型对尾水位特性的描述能力,从而提高尾水位预测精度是一个需要进一步研究并解决的问题。

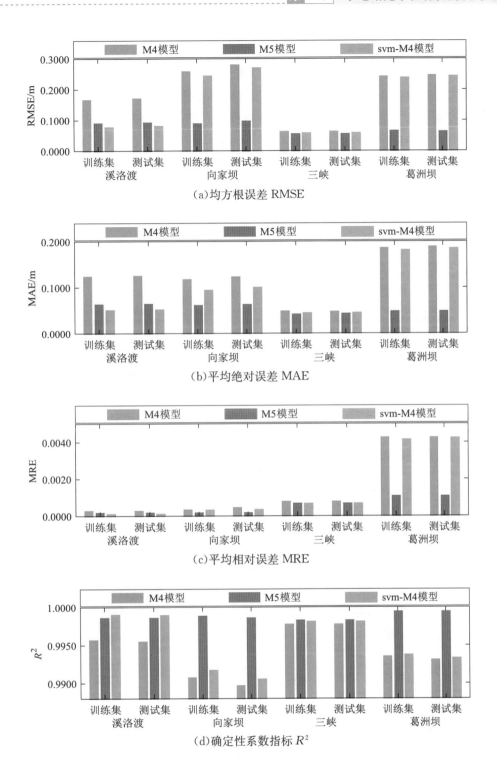

图 4.11　溪洛渡、向家坝、三峡和葛洲坝水电站的 svm-M4 模型的拟合优度指标

4.5.5　水电站尾水位特性的时间尺度效应

4.5.1 节至 4.5.4 节以水电站 2h 尺度的实际运行数据为依据,解析了水电站尾水位特

性,辨识了水电站尾水位的关键影响因子,构建了水电站尾水位特性的多项式拟合模型和支持向量回归模型,并通过分析各模型的拟合优度明晰了 M1、M2、M3、M4、M5 和 svm-M4 模型对水电站尾水位特性的刻画能力。但仍未回答的问题包括:①水电站尾水位特性的时间尺度效应是否显著? ②由 2h 尺度数据训练得到的多项式拟合模型和支持向量回归模型是否适用于其他时间尺度下的尾水位预测? 本节将解决此问题。图 4.12、图 4.13、图 4.14 和图 4.15 分别展示了溪洛渡、向家坝、三峡和葛洲坝水电站 2h 尺度的 M2 模型对 2h、8h、48h 和 240h 尺度数据的拟合情况。在图 4.12、图 4.13、图 4.14 和图 4.15 中,M2 模型的参数均由 2h 尺度的数据训练得到。

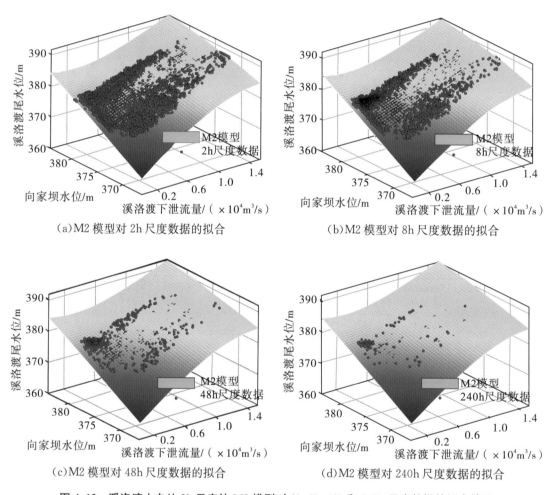

(a)M2 模型对 2h 尺度数据的拟合   (b)M2 模型对 8h 尺度数据的拟合

(c)M2 模型对 48h 尺度数据的拟合   (d)M2 模型对 240h 尺度数据的拟合

图 4.12 溪洛渡水电站 2h 尺度的 M2 模型对 2h、8h、48h 和 240h 尺度数据的拟合情况

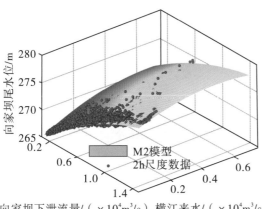

（a）M2 模型对 2h 尺度数据的拟合

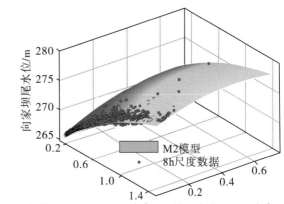

（b）M2 模型对 8h 尺度数据的拟合

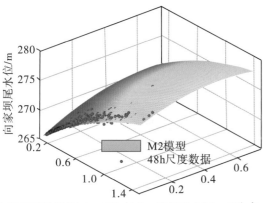

（c）M2 模型对 48h 尺度数据的拟合

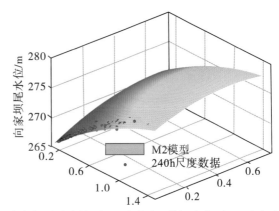

（d）M2 模型对 240h 尺度数据的拟合

图 4.13　向家坝水电站 2h 尺度的 M2 模型对 2h、8h、48h 和 240h 尺度数据的拟合情况

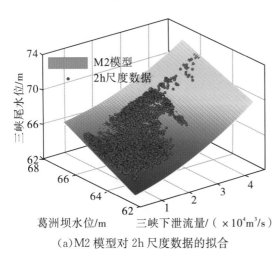

（a）M2 模型对 2h 尺度数据的拟合

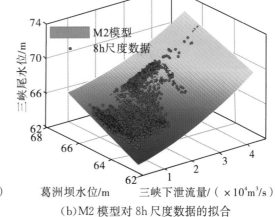

（b）M2 模型对 8h 尺度数据的拟合

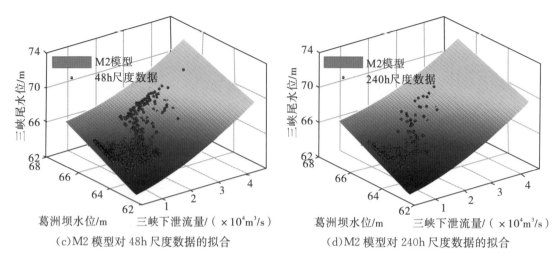

（c）M2 模型对 48h 尺度数据的拟合　　　　　（d）M2 模型对 240h 尺度数据的拟合

图 4.14　三峡水电站 2h 尺度的 M2 模型对 2h、8h、48h 和 240h 尺度数据的拟合情况

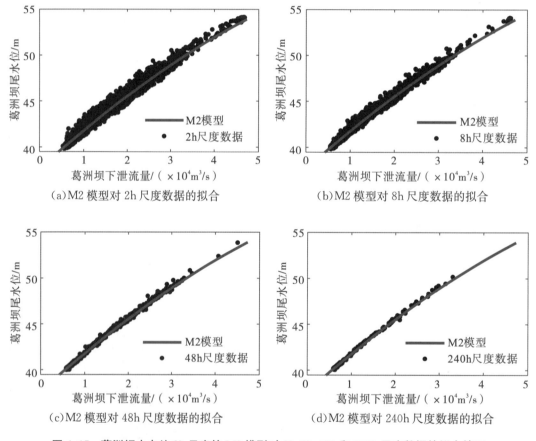

（a）M2 模型对 2h 尺度数据的拟合　　　　　（b）M2 模型对 8h 尺度数据的拟合

（c）M2 模型对 48h 尺度数据的拟合　　　　　（d）M2 模型对 240h 尺度数据的拟合

图 4.15　葛洲坝水电站 2h 尺度的 M2 模型对 2h、8h、48h 和 240h 尺度数据的拟合情况

从图 4.12 至图 4.15 可以看出，4 种时间尺度的数据点都比较紧密地贴合在曲线或曲面上，这一结果表明：①由 2h 尺度数据训练得到的 M2 模型可以很好地拟合不同时间尺度的数据点；②溪洛渡、向家坝、三峡和葛洲坝水电站的尾水位特性的时间尺度效应不显著。由以上两点结论可以进一步推断,依据 2h 尺度数据构建的多项式拟合模型和支持向量回归模型具有一定的通用性,可以较好地描述不同时间尺度下的水电站尾水位特性,适用于多种时间尺度下的水电站尾水位预测。

4.6 本章小结

以溪洛渡、向家坝、三峡、葛洲坝 4 座水电站为实例研究对象,开展了水电站尾水位特性解析与建模研究,深入分析了水电站尾水位变化过程的后效特性,初步探明了影响尾水位变化过程的关键因子,系统构建了水电站尾水位特性的 5 种多项式拟合模型(M1、M2、M3、M4、M5,见表 4.1)和 1 种支持向量回归模型(svm-M4,和 M4 模型的输入相同),并对比分析了各种模型的实用性、准确性和可靠性,此外还探究了水电站尾水位特性的时间尺度效应。研究工作得到了以下几点结论:

①受水电站非恒定出库水流的激励作用及下游水电站水位或下游支流来水的顶托作用影响,水电站尾水位的变化过程具有明显后效性特征,使得传统尾水位曲线难以有效描述水电站尾水位特性,无法给出准确、可靠的尾水位预测值。

②通过分析水电站历史尾水位过程的自相关性,以及水电站尾水位与电站自身下泄流量、下游水电站水位或下游支流来水等变量的互相关性,探明影响尾水位变化过程的关键因子为:下游水电站当前和前一时段水位($Z_u(t)$ 和 $Z_u(t-1)$),下游支流当前和前一时段来水($Q_z(t)$ 和 $Q_z(t-1)$),水电站当前和前一时段下泄流量($Q_o(t)$ 和 $Q_o(t-1)$),以及水电站前一时段尾水位 $Z_d(t-1)$。

③在描述水电站尾水位特性上,M5 模型的拟合优度最优,但其仅能通过滚动预测的方式为水电站水库多阶段优化调度或模拟调度提供多步预测值,无法避免时间累积误差问题,可靠性明显不足,而以当前和前一时段的下泄流量及下游电站水位或下游支流来水为输入的 M4 模型不存在类似的问题,可以认为是多项式结构下实用性、准确性和可靠性均衡的最佳模型。

④通过改善模型结构可以进一步提高模型性能,svm-M4 模型的综合性能较 M4 和 M5 模型更优,是一种实用性、可靠性和准确性均衡的具有实际工程应用价值的尾水位预测模型。在水电站水库优化调度或模拟调度计算中,推荐优先使用 svm-M4 模型计算尾水位,强调算法简洁性时,推荐使用 M4 模型。

⑤一般情况下,水电站尾水位特性的时间尺度效应不显著,在构建其数学模型时不一定非要考虑时间尺度影响。当对尾水位预测精度要求较高时,应考虑时间尺度的影响,依据目标时间尺度的样本数据优化模型参数,当对预测精度要求较低时,可以忽略时间尺度的影响,基于某一时间尺度的样本数据优化模型参数即可。

第 5 章　基于高斯混合模型的径流随机模拟方法研究

5.1　引言

径流随机模拟可为来水不确定性条件下水库运行调度方案制定提供各种可能的来水情景[199]。随机水文模型生成的模拟径流序列既保持了实测径流序列的关键统计特征，又包含有区别于实测径流序列的各种可能的来水情景，能够隐式地反映径流过程的随机特性，是推求水库隐随机优化调度函数的基本依据。水文随机模拟方法最早出现于 20 世纪 20 年代末，成熟于 20 世纪 70 年代，国内最具代表性的著作是 1988 年成都科技大学出版社出版的《随机水文学》[75,76]。截至目前，各种各样的随机水文模型已被提出，主要包括线性回归类模型、解集类模型、非参数随机模型、Copula 模型等[76]。然而，已有模型存在只能刻画径流序列的线性相依结构且需对径流序列的概率分布进行假定（如回归类和解集类参数模型），或无法保持实测径流序列的首尾自相关结构（如非参数解集模型和相关解集模型），或不能实现合理的内插和外延，即生成的模拟径流序列仅是实测径流样本的重复抽样（如非参数最近邻抽样模型），或维度较高时参数难以估计且仍需假定水文变量的边际分布（如 Copula 模型）等问题。

高斯混合模型（Gaussian Mixture Model，GMM）由若干个简单的多维高斯分布组成，它不需要任何关于水文变量边际分布、水文变量间联合分布、径流序列相依形式的假设，能够以任意精度逼近任何连续分布，且具有成熟的参数确定方法[89,120,121,196]。目前，极少发现有关高斯混合模型在径流随机模拟中的应用研究。因此，针对已有径流随机模拟方法的不足，有必要探索高斯混合模型在径流随机模拟中的适用性，提出基于高斯混合模型的单站、多站径流随机模拟新方法，用于生成隐含地反映径流随机特性的大量模拟径流序列，为水库隐随机发电优化调度函数推求提供数据支撑。

首先，构建单站径流序列与多站径流序列的高斯混合分布模型和季节性高斯混合分布模型，提出基于高斯混合分布模型的单站、多站径流随机模拟方法，以及基于季节性高斯混合分布模型的单站、多站径流随机模拟方法。然后，将提出的单站径流随机模拟方法应用于屏山、高场、北碚、武隆和宜昌水文站的旬径流和月径流随机模拟，同时将提出的多站径流随机模拟方法应用于李庄、北碚、武隆和宜昌 4 个水文站的旬径流和月径流随机模拟。最后，以基于季节性自回归模型、季节性 Copula 模型的两种单站径流随机模拟方法和基于季节性回归模型的多站径流随机模拟主站法为对比方法，对提出的单站和多站径流随机模拟方法的适用性和有效性进行检验。

5.2　基于高斯混合模型的径流随机模拟方法

鉴于高斯混合模型能够以任意精度逼近任何连续分布的优点，将高斯混合模型引入径流随机模拟领域，提出基于高斯混合模型的径流随机模拟新方法。本节对高斯混合模型的基本原理及其参数优化算法、基于高斯混合模型和季节性高斯混合模型的单站和多站径流随机模拟方法进行重点阐述。

5.2.1　高斯混合模型

高斯混合模型是由 K 个子模型线性组合而成的概率混合模型。一般来说，混合模型的分量可以是任何概率密度函数，但为了使混合模型易于计算和应用，通常采用数学性质优良的高斯密度函数作为子模型。高斯混合模型的数学表达式[200] 如下所示：

$$
\begin{cases}
p(x \mid \theta) = \sum_{k=1}^{K} \pi_k N(x \mid \mu_k, \sum_k) \\
N(x \mid \mu_k, \sum_k) = \dfrac{1}{(2\pi_k)^{\frac{D}{2}} \left| \sum_k \right|^{\frac{1}{2}}} \exp\left[-\dfrac{(x - \mu_k)^{\mathrm{T}} \sum_k^{-1} (x - \mu_k)}{2} \right] \\
\sum_{k=1}^{K} \pi_k = 1 \\
0 \leqslant \pi_k \leqslant 1
\end{cases}
\tag{5.1}
$$

式中：$p(x \mid \theta)$——多维向量 x 的概率密度函数；

x——由时段平均流量构成的多维向量，维度为 D；

$N(x \mid \mu_k, \sum_k)$——多维高斯概率密度函数，是高斯混合模型的第 k 个分量；

θ——高斯混合模型的待优化参数集，$\theta = \{\pi, \mu, \sum\}$，其中 $\pi = \{\pi_1, \cdots, \pi_k, \pi_{k+1}, \cdots, \pi_K\}$，$\mu = \{\mu_1, \cdots, \mu_k, \mu_{k+1}, \cdots, \mu_K\}$，$\sum = \{\sum_1, \cdots, \sum_k, \sum_{k+1}, \cdots, \sum_K\}$，$\pi_k$ 是高斯混合模型的第 k 个分量的占比，也称混合系数，μ_k 是第 k 个分量的均值向量，$\sum_k$ 是第 k 个分量的协方差矩阵；

K——高斯混合模型的分量个数，它是一个超参数。

理论上，当高斯混合模型的参数和超参数取值适宜时，高斯混合模型能够以任意精度逼近任意连续概率密度函数[120]。

5.2.2 高斯混合模型参数优化

由式(5.1)可知,高斯混合模型的参数包括一般参数 $\theta = \{\pi, \mu, \sum\}$ 和超参数 K 两个部分。可通过以下步骤对其进行率定:①对超参数 K 进行赋值;②采用 K-means 算法初始化模型的参数 θ;③以参数 θ 的初始化值为起点,采用期望最大化(Expectation-Maximum, EM)算法[196]对参数 θ 进行迭代优化;④重复执行步骤①、②和③,直到获得满意的超参数 K 及相应的一般参数 $\theta = \{\pi, \mu, \sum\}$ 为止。

5.2.2.1 高斯混合模型参数初始化的 **K-means** 算法

本章采用 K-means 聚类算法初始化高斯混合模型的参数 θ。首先,根据容量为 M 的样本数据集 $X = \{x_i\}_{i=1}^{M}$ 和预定义的超参数 K,采用 K-means 算法生成 K 个聚类簇;其次,根据 K 个聚类簇,计算参数 θ 的初始值。具体步骤如下:

①从样本数据集 $X = \{x_i\}_{i=1}^{M}$ 中随机选取 K 个样本点生成初始聚类中心集合 $\Omega = \{x_k^{\Omega}\}_{k=1}^{K}(x_k^{\Omega} \in X)$;

②计算每个样本数据点 x_i 与聚类中心集 Ω 中每个聚类中心 x_k^{Ω} 的欧式距离 $d_{k,i} = \| x_k^{\Omega} - x_i \|_2$,获得距离矩阵 D:

$$D = \begin{bmatrix} d_{1,1} & d_{1,2} & \cdots & d_{1,M} \\ d_{2,1} & d_{2,2} & \cdots & d_{2,M} \\ \vdots & \vdots & \ddots & \vdots \\ d_{K,1} & d_{K,2} & \cdots & d_{K,M} \end{bmatrix}$$

③根据距离矩阵 D,将样本数据点 x_i 纳入与其距离最近的聚类中心所在的聚类簇 C_k,聚类完成后形成聚类簇集合 $C = \{C_k\}_{k=1}^{K}$;

④根据聚类簇集合 $C = \{C_k\}_{k=1}^{K}$,重新确定聚类中心 $x_k^{\Omega} = \dfrac{1}{M_k} \sum\limits_{x_i \in C_k \wedge x_i \in X} x_i$,并更新聚类中心集合 $\Omega = \{x_k^{\Omega}\}_{k=1}^{K}$,$M_k$ 为聚类簇 C_k 中样本点个数;

⑤重复步骤②至步骤④,直到迭代次数达到上限或聚类结果收敛;

⑥执行步骤②和步骤③,获得已收敛的聚类簇集合 $C = \{C_k\}_{k=1}^{K}$;

⑦根据步骤⑥给出的聚类簇集合 $C = \{C_k\}_{k=1}^{K}$,初始化高斯混合模型第 k 个分量的参数,分别是混合系数 π_k、均值向量 μ_k 和协方差矩阵 $\sum_k$。

$$\pi_k = \frac{M_k}{M}, k = 1, 2, \cdots, K \tag{5.2}$$

$$\mu_k = \mathrm{mean}(C_k), k = 1, 2, \cdots, K \tag{5.3}$$

$$\sum\nolimits_k = \mathrm{cov}(C_k), k = 1, 2, \cdots, K \tag{5.4}$$

5.2.2.2 高斯混合模型参数估计的 **EM** 算法

高斯混合模型的参数 θ 被初始化后,进一步采用 EM 算法对其进行迭代优化。EM 算法是一种迭代优化算法,由 Dempster 等于 1977 年总结提出[122],主要应用于含有隐变量 (hidden variable)的概率模型的参数估计。EM 算法的每一次迭代都包含两个关键步骤,分别是 E 步:求期望(expectation);M 步:求极大(maximization)。高斯混合模型参数估计的 EM 算法的具体步骤为:

①以模型参数 θ 的初始化值为起点,EM 算法开始迭代;

②E 步:依据模型参数 θ 的当前取值,计算第 k 个分量对样本数据点 x_i 的响应度 $\gamma_{i,k}$:

$$\gamma_{i,k} = \frac{\pi_k N(x_i \mid \mu_k, \sum_k)}{\sum_{k=1}^{K} \pi_k N(x_i \mid \mu_k, \sum_k)}, i = 1, 2, \cdots, M, k = 1, 2, \cdots, K \tag{5.5}$$

③M 步:更新高斯混合模型的均值向量 μ_k、协方差矩阵 $\sum_k$ 和混合系数 π_k:

$$\mu_k = \frac{\sum_{i=1}^{M} \gamma_{i,k} x_i}{\sum_{i=1}^{M} \gamma_{i,k}}, k = 1, 2, \cdots, K \tag{5.6}$$

$$\sum_k = \frac{\sum_{i=1}^{M} \gamma_{ik} (x_i - \mu_k)(x_i - \mu_k)^{\mathrm{T}}}{\sum_{i=1}^{M} \gamma_{i,k}}, k = 1, 2, \cdots, K \tag{5.7}$$

$$\pi_k = \frac{\sum_{i=1}^{M} \gamma_{i,k}}{M}, k = 1, 2, \cdots, K \tag{5.8}$$

④重复执行步骤②和步骤③,直到收敛为止。

5.2.2.3　高斯混合模型超参数的确定方法

在优化高斯混合模型的一般参数 θ 之前必须确定超参数 K 的取值。在高斯混合模型的不同应用场景,确定超参数 K 的标准存在差异。在径流预报应用中,确定超参数 K 的核心标准是使高斯混合模型具有较强的泛化能力,而在径流随机模拟应用中,确定超参数 K 的核心标准是使高斯混合模型具有较强的拟合能力。本章遵循以下几个原则确定超参数 K:①超参数 K 的取值应小于样本个数;②保证模型具有较强的拟合能力;③尽可能降低模型复杂度。原则①的优先级最高,原则②次之,原则③最低。基于以上 3 个原则,结合 AIC 信息准则(Akaike Information Criterion, AIC),本章采用试错法确定高斯混合模型的超参数 K。

AIC 信息准则是评价模型拟合优良性能的一种标准,AIC 值通常等于似然项和惩罚项之和,如式(5.9)所示:

$$\mathrm{AIC} = -2 \sum_{i=1}^{M} \ln \left[\sum_{k=1}^{K} \pi_k N(x_i \mid \mu_k, \sum_k) \right] + 2p \tag{5.9}$$

式中:p ——高斯混合模型的参数个数,代表模型复杂度。

如果高斯混合模型的各分量共享协方差矩阵,即 $\sum_1 = \sum_2 = \cdots = \sum_k = \cdots = \sum_K$,则 $p = D^2 + KD + K + 1$,否则 $p = KD^2 + KD + K + 1$。使 AIC 取值最小的 K 值被作为高斯混合模型超参数的参考值,该参考值仅是原则②和原则③共同作用的结果,并不是模型拟合性能最优时的超参数的取值。为保证高斯混合模型能够全面刻画历史径流序列的统计特性,进而使随机模拟生成的径流序列最大限度地保留历史径流序列的关键统计特性,在参考值的基础上进一步采用试错法确定模型的超参数值。

5.2.3 基于高斯混合模型的单站和多站径流随机模拟方法

首先,根据联合高斯分布的乘法法则,将 $x = [x^{(1)}, x^{(2)}]$ 的高斯混合模型重写如下:

$$p(x^{(1)}, x^{(2)}) = \sum_{k=1}^{K} \pi_k N(x \mid \mu_k, \sum_k)$$
$$= \sum_{k=1}^{K} \pi_k N(x^{(1)} \mid \mu_k^{(1)}, \sum_k^{(11)}) N(x^{(2)} \mid \mu_k^{(2|1)}, \sum_k^{(2|1)}) \tag{5.10}$$

$$F(x) = \iint p(x^{(1)}, x^{(2)}) \mathrm{d}r^{(1)} \mathrm{d}r^{(2)} \tag{5.11}$$

式中：$p(x^{(1)}, x^{(2)})$ ——高斯混合分布的概率密度函数；

$F(x)$ ——高斯混合分布的累积分布函数；

$\mu_k^{(1)}$ 和 $\sum_k^{(11)}$ ——变量 $x^{(1)}$ 的均值向量和协方差矩阵；

$\mu_k^{(2|1)}$ 和 $\sum_k^{(2|1)}$ ——已知向量 $x^{(1)}$ 时 $x^{(2)}$ 的条件均值向量和条件协方差矩阵,其计算公式如式(5.12)和式(5.13)所示:

$$\mu_k^{(2|1)} = \mu_k^{(2)} + \sum_k^{(21)} (\sum_k^{(11)})^{-1} (x^{(1)} - \mu_k^{(1)}) \tag{5.12}$$
$$\sum_k^{(2|1)} = \sum_k^{(22)} - \sum_k^{(21)} (\sum_k^{(11)})^{-1} \sum_k^{(12)} \tag{5.13}$$

其次,根据全概率公式,推求 $x^{(1)}$ 和 $x^{(2)}$ 的边缘概率密度函数,如式(5.14)和式(5.15)所示。

$$p(x^{(1)}) = \int p(x^{(1)}, x^{(2)}) \mathrm{d}x^{(2)} = \sum_{k=1}^{K} \pi_k N(x^{(1)} \mid \mu_k^{(1)}, \sum_k^{(11)}) \tag{5.14}$$

$$p(x^{(2)}) = \int p(x^{(1)}, x^{(2)}) \mathrm{d}x^{(1)} = \sum_{k=1}^{K} \pi_k N(x^{(2)} \mid \mu_k^{(2)}, \sum_k^{(22)}) \tag{5.15}$$

然后,根据条件概率公式,推求 $x^{(2)}$ 的条件高斯混合分布的概率密度函数和累积分布函数,如式(5.16)和式(5.17)所示:

$$p(x^{(2)} \mid x^{(1)}) = \frac{p(x^{(1)}, x^{(2)})}{p(x^{(1)})}$$
$$= \frac{\sum_{k=1}^{K} \pi_k N(x^{(1)} \mid \mu_k^{(1)}, \sum_k^{(11)}) N(x^{(2)} \mid \mu_k^{(2|1)}, \sum_k^{(2|1)})}{\sum_{k=1}^{K} \pi_k N(x^{(1)} \mid \mu_k^{(1)}, \sum_k^{(11)})}$$

$$= \sum_{k=1}^{K} \frac{\pi_k N(x^{(1)} \mid \mu_k^{(1)}, \sum_k^{(11)})}{\sum_{k=1}^{K} \pi_k N(x^{(1)} \mid \mu_k^{(1)}, \sum_k^{(11)})} N(x^{(2)} \mid \mu_k^{(2|1)}, \sum_k^{(2|1)})$$

$$\tag{5.16}$$

$$= \sum_{k=1}^{K} w_k N(x^{(2)} \mid \mu_k^{(2|1)}, \sum_k^{(2|1)})$$

$$F(x^{(2)} \mid x^{(1)}) = \int p(x^{(2)} \mid x^{(1)}) \mathrm{d}x^{(2)} \tag{5.17}$$

最后,分别以式(5.11)和式(5.17)为理论基础,提出 5 种基于高斯混合模型的径流随机模拟新方法,即基于高斯混合模型的单站径流随机模拟方法(GMM-SRS)、基于季节性高斯混合模型的单站径流随机模拟方法(SGMM-SRS)、基于高斯混合模型的多站径流随机模拟方法(GMM-MRS)、基于季节性高斯混合模型的多站径流随机模拟方法(SGMM-MRS)和基于季节性高斯混合模型的多站径流随机模拟主站法(SGMM-MRS-KS)。下面详细阐释这 5 种径流随机模拟方法。

5.2.3.1　基于高斯混合模型的单站径流随机模拟方法

基于高斯混合模型的单站径流随机模拟方法(GMM-SRS)的基本假设是,影响流域水文过程的诸因素年内不同、年际相对稳定,即水文站每一年的逐时段(如旬、月、季等)径流时间序列来自同一个随机过程(即同一个总体)。总体思路是,首先建立单站时段径流序列的高斯混合分布模型,在此基础上,利用模型随机生成单站模拟径流序列。该方法的具体步骤为:

步骤 1:构建单站径流序列的高斯混合分布模型。根据 M 年实测径流数据集 $X = \{x_i\}_{i=1}^{M}$,构建 x_i 的高斯混合分布模型 $F(x_i)$(见式(5.11))。x_i 是一个 D 维向量($D \geqslant 2$),由第 i 年的逐时段径流序列组成,即 $x_i = [Q_1^i, Q_2^i, \cdots, Q_t^i, \cdots, Q_D^i]^T$。$Q_t^i$ 表示第 i 年第 t 时段的平均流量,当时间尺度为旬时,x_i 的维度 D 等于 36,尺度为月时,D 等于 12。

步骤 2:随机生成单站第 m 年的逐时段径流序列。令 $m = m+1$(m 的初始取值为 0),随机生成一个服从均匀分布的随机数 $\varepsilon_m \in [0,1]$,并将随机数 ε_m 赋值给高斯混合分布函数 $F(\hat{x}_m)$,即 $F(\hat{x}_m) = \varepsilon_m$,进而生成单站第 m 年的逐时段径流序列 $\hat{x}_m = [\hat{Q}_1^m, \hat{Q}_2^m, \cdots, \hat{Q}_t^m, \cdots, \hat{Q}_D^m]^T = F^{-1}(\varepsilon_m)$。

步骤 3:重复步骤 2,直到 m 等于目标年数 $\hat{M}$ 为止。

通过执行 GMM-SRS 方法的 3 个步骤,可以简便地获得单站 $\hat{M}$ 年的模拟径流序列 $\hat{X} = \{\hat{x}_m\}_{m=1}^{\hat{M}}$,该模拟径流序列也可用以下矩阵 $\hat{Q}^{S1}$ 表示,一行表示一年。

$$\hat{Q}^{S1} = \begin{bmatrix} \hat{Q}_1^1 & \hat{Q}_2^1 & \cdots & \hat{Q}_D^1 \\ \hat{Q}_1^2 & \hat{Q}_2^2 & \cdots & \hat{Q}_D^2 \\ \vdots & \vdots & \ddots & \vdots \\ \hat{Q}_1^{\hat{M}} & \hat{Q}_2^{\hat{M}} & \cdots & \hat{Q}_D^{\hat{M}} \end{bmatrix} \tag{5.18}$$

从 GMM-SRS 方法的 3 个步骤可以看出，该方法有以下特征：①考虑了单站径流序列的年内自相关结构；②考虑了单站时段径流序列的非平稳特性；③没有考虑单站径流序列的年际自相关性，即模拟径流序列矩阵 $\hat{Q}^{S1}$ 的相邻行之间首尾不相关或不连序；④易产生维数灾难问题，更适合应用于时间尺度较大的单站径流序列的模拟，如旬尺度和月尺度径流序列。

5.2.3.2 基于季节性高斯混合模型的单站径流随机模拟方法

基于季节性高斯混合模型的单站径流随机模拟方法（SGMM-SRS）的基本假设与 GMM-SRS 方法的一致。总体思路是，考虑时段径流序列的非平稳性，构建单站径流序列的季节性高斯混合分布模型，在此基础上，利用模型随机生成年际首尾连序的单站模拟径流序列。该方法的具体步骤为：

步骤 1：构建单站径流序列的季节性高斯混合分布模型。根据 M 年实测径流数据集 $X=\{\{x_{i,j}\}_{i=1}^{M}\}_{j=1}^{N-1}$ 的第 j 个子集 $\{r_{i,j}\}_{i=1}^{M}$，构建 $x_{i,j}$ 的高斯混合分布模型 $F_j(x_{i,j})$，见式（5.11），进而获得 $x_{i,j}^{(2)}$ 的条件高斯混合分布模型 $F_j(x_{i,j}^{(2)} \mid x_{i,j}^{(1)})$，见式（5.17）。$x_{i,j}$ 是一个 D 维向量（$D \geqslant 2$）。

①当 $j \geqslant D$ 时，$x_{i,j}=[Q_{(j+1)-D}^{i},Q_{(j+2)-D}^{i},\cdots,Q_j^i]^{\mathrm{T}}$；

②当 $j < D$ 时，$x_{i,j}=[Q_{N-D+j+1}^{i-1},\cdots,Q_N^{i-1},Q_1^i,\cdots,Q_j^i]^{\mathrm{T}}$。

Q_j^i 表示单站第 i 年第 j 时段的实测流量，当时间尺度为旬时，j 的最大值 N 等于 36，时间尺度为月时，N 等于 12。$x_{i,j}^{(1)}$ 由向量 $x_{i,j}$ 的第 1 个至第 $D-1$ 个元素组成，而 $x_{i,j}^{(2)}$ 为 D 维向量 $x_{i,j}$ 的最后一个元素 Q_j^i。

步骤 2：随机生成单站第 1 年第 j 时段的平均流量。令 $m=1,j=j+1$（j 的初始值为 0），并对 $\hat{x}_{m,j}^{(1)}$ 赋值。

①当 $j \geqslant D$ 时，$\hat{x}_{m,j}^{(1)}=[\hat{Q}_{j+1-D}^{m},\cdots,\hat{Q}_{j-1}^{m}]^{\mathrm{T}}$；

②当 $j < D$ 时，$\hat{x}_{m,j}^{(1)}=[\hat{Q}_{(j+1)-D}^{m},\cdots,\hat{Q}_{D-D}^{m},\hat{Q}_1^m,\cdots,\hat{Q}_{j-1}^m]^{\mathrm{T}}$。

$[\hat{Q}_{2-D}^{m},\cdots,\hat{Q}_{D-D}^{m}]^{\mathrm{T}}$ 是开始随机模拟前的初始输入，被假设为 $[\frac{1}{M}\sum_{i=1}^{M}Q_{N-D+2}^{i},\cdots,$ $\frac{1}{M}\sum_{i=1}^{M}Q_N^i]^{\mathrm{T}}$。然后随机生成一个服从均匀分布的随机数 $\varepsilon_{m,j} \in [0,1]$，并将 $\varepsilon_{m,j}$ 赋值给条件高斯混合分布模型 $F_j(\hat{x}_{m,j}^{(2)} \mid \hat{x}_{m,j}^{(1)})$，即 $F_j(\hat{x}_{m,j}^{(2)} \mid \hat{x}_{m,j}^{(1)}) = \varepsilon_{m,j}$，进而随机生成单站第 1 年第 j 时段的径流流量 $\hat{x}_{m,j}^{(2)} = \hat{Q}_j^m = F_j^{-1}(\varepsilon_{m,j} \mid \hat{x}_{m,j}^{(1)})$。重复该步骤，直到 j 等于 N 为止。

步骤 3：令 m 等于 $m+1$，即进入下一年。

步骤 4：随机生成单站第 m 年第 j 时段的径流流量。令 $j=j+1$（j 的初始值为 0），并对 $\hat{x}_{m,j}^{(1)}$ 赋值。

①当 $j \geqslant D$ 时，$\hat{x}_{m,j}^{(1)}=[\hat{Q}_{j+1-D}^{m},\cdots,\hat{Q}_{j-1}^{m}]^{\mathrm{T}}$；

②当 $j < D$ 时，$\hat{x}_{m,j}^{(1)} = [\hat{Q}_{N-D+j+1}^{m-1}, \cdots, \hat{Q}_N^{m-1}, \hat{Q}_1^m, \cdots, \hat{Q}_{j-1}^m]^T$。

之后，随机生成一个服从均匀分布的随机数 $\varepsilon_{m,j} \in [0,1]$，并将 $\varepsilon_{m,j}$ 赋值给条件高斯混合分布模型 $F_j(\hat{x}_{m,j}^{(2)} \mid \hat{x}_{m,j}^{(1)})$，即 $F_j(\hat{x}_{m,j}^{(2)} \mid \hat{x}_{m,j}^{(1)}) = \varepsilon_{m,j}$，进而随机生成单站第 m 年第 j 时段的径流流量 $\hat{x}_{m,j}^{(2)} = \hat{Q}_j^m = F_j^{-1}(\varepsilon_{m,j} \mid \hat{x}_{m,j}^{(1)})$。重复该步骤，直到 j 等于 N 为止。

步骤 5：重复步骤 3 和步骤 4，直到 m 等于目标年数 $\hat{M}$ 为止。

通过执行 SGMM-SRS 方法的 5 个步骤，可以获得单个站点年际首尾连序的 $\hat{M}$ 年模拟径流序列，可用以下矩阵 $\hat{Q}^{S2}$ 表示，一行表示一年。

$$\hat{Q}^{S2} = \begin{bmatrix} \hat{Q}_1^1 & \hat{Q}_2^1 & \cdots & \hat{Q}_N^1 \\ \hat{Q}_1^2 & \hat{Q}_2^2 & \cdots & \hat{Q}_N^2 \\ \vdots & \vdots & \ddots & \vdots \\ \hat{Q}_1^{\hat{M}} & \hat{Q}_2^{\hat{M}} & \cdots & \hat{Q}_N^{\hat{M}} \end{bmatrix} \tag{5.19}$$

从 SGMM-SRS 方法的 5 个步骤可以看出，该方法有以下特征：①考虑了单站时段径流序列的 $1 \sim D-1$ 阶自相关特性；②考虑了单站时段径流序列的非平稳性；③考虑了时段径流序列的年际自相关性，即模拟径流序列矩阵 $\hat{Q}^{S2}$ 的相邻行之间是首尾连序的；④不易产生维数灾难问题，对各种时间尺度的单站径流序列模拟都比较适用。

5.2.3.3　基于高斯混合模型的多站径流随机模拟方法

基于高斯混合模型的多站径流随机模拟方法（GMM-MRS）的基本假设与 GMM-SRS 方法的一致。GMM-MRS 方法的总体思路是，首先建立多站时段径流序列的高斯混合分布模型，在此基础上，利用模型随机生成多站模拟径流序列。该方法的具体步骤为：

步骤 1：构建多站时段径流序列的高斯混合模型。根据 S 个站点 M 年的实测径流数据集 $X = \{x_i\}_{i=1}^M$，构建 x_i 的高斯混合分布模型 $F(x_i)$，见式（5.11）。x_i 是一个 $S \times D$ 维的向量（$D \geqslant 2$，$S \geqslant 2$），由 S 个水文站点第 i 年的逐时段径流序列组成，即 $x_i = [(Q_{1,1}^i, \cdots, Q_{1,D}^i), (Q_{2,1}^i, \cdots, Q_{2,D}^i), \cdots, (Q_{s,1}^i, \cdots, Q_{s,t}^i, \cdots, Q_{s,D}^i), \cdots, (Q_{S,1}^i, \cdots, Q_{S,D}^i)]^T$。$Q_{s,t}^i$ 表示第 s 个水文站的第 i 年第 t 时段的实测流量，当时间尺度为旬时，D 等于 36，时间尺度为月时，D 等于 12。

步骤 2：随机生成 S 个站点第 m 年的逐时段径流序列。令 $m = m+1$（m 的初始值为 0），随机生成一个服从均匀分布的随机数 $\varepsilon_m \in [0,1]$，并将 ε_m 赋值给高斯混合分布模型 $F(\hat{x}_m)$，即 $F(\hat{x}_m) = \varepsilon_m$，进而生成 S 个站点的第 m 年的逐时段径流序列 $\hat{x}_m = [(\hat{Q}_{1,1}^m, \cdots, \hat{Q}_{1,D}^m), (\hat{Q}_{2,1}^m, \cdots, \hat{Q}_{2,D}^m), \cdots, (\hat{Q}_{s,1}^m, \cdots, \hat{Q}_{s,t}^m, \cdots, \hat{Q}_{s,D}^m), \cdots, (\hat{Q}_{S,1}^m, \cdots, \hat{Q}_{S,D}^m)]^T = F^{-1}(\varepsilon_m)$。

步骤 3：重复步骤 2，直到 m 等于目标年数 $\hat{M}$ 为止。

通过执行以上 3 个步骤，可以简便地获得 S 个站点的 $\hat{M}$ 年的模拟径流序列，可用以下

矩阵 $\hat{Q}^{M1} = [\hat{Q}_1^{M1}, \hat{Q}_2^{M1}, \cdots, \hat{Q}_s^{M1}, \cdots, \hat{Q}_S^{M1}]$ 表示,一行表示一年。

$$\hat{Q}^{M1} = \begin{bmatrix} \hat{Q}_{1,1}^1 & \hat{Q}_{1,2}^1 & \cdots & \hat{Q}_{1,D}^1 & \hat{Q}_{2,1}^1 & \hat{Q}_{2,2}^1 & \cdots & \hat{Q}_{2,D}^1 & \cdots & \hat{Q}_{S,1}^1 & \hat{Q}_{S,2}^1 & \cdots & \hat{Q}_{S,D}^1 \\ \hat{Q}_{1,1}^2 & \hat{Q}_{1,2}^2 & \cdots & \hat{Q}_{1,D}^2 & \hat{Q}_{2,1}^2 & \hat{Q}_{2,2}^2 & \cdots & \hat{Q}_{2,D}^2 & \cdots & \hat{Q}_{S,1}^2 & \hat{Q}_{S,2}^2 & \cdots & \hat{Q}_{S,D}^2 \\ \vdots & \vdots & \ddots & \vdots & \vdots & \vdots & \ddots & \vdots & \ddots & \vdots & \vdots & \ddots & \vdots \\ \hat{Q}_{1,1}^{\hat{M}} & \hat{Q}_{1,2}^{\hat{M}} & \cdots & \hat{Q}_{1,D}^{\hat{M}} & \hat{Q}_{2,1}^{\hat{M}} & \hat{Q}_{2,2}^{\hat{M}} & \cdots & \hat{Q}_{2,D}^{\hat{M}} & \cdots & \hat{Q}_{S,1}^{\hat{M}} & \hat{Q}_{S,2}^{\hat{M}} & \cdots & \hat{Q}_{S,D}^{\hat{M}} \end{bmatrix}$$

(5.20)

从 GMM-MRS 方法的 3 个步骤可以看出,该方法有以下特征:①全面考虑了多站时段径流序列的年内自互相关结构;②考虑了多站时段径流序列的非平稳性;③没有考虑时段径流序列的年际自相关性,如第 2 个站点的模拟径流序列矩阵 $\hat{Q}_2^{M1}$ 的相邻行之间首尾不相关或不连序;④极易产生维数灾难问题,更适合应用于时间尺度大的径流序列模拟,如季尺度和月尺度径流序列。

5.2.3.4　基于季节性高斯混合模型的多站径流随机模拟方法

基于季节性高斯混合模型的多站径流随机模拟方法(SGMM-MRS)的基本假设与 SGMM-SRS 方法的一致。其总体思路是,考虑时段(如旬、月、季等)径流序列的非平稳性,构建多站时段径流序列的季节性高斯混合分布模型,用于模拟生成年际连序的多站模拟径流序列。该方法的具体步骤为:

步骤 1:构建多站时段径流序列的季节性高斯混合分布模型。根据 M 年实测径流数据集 $X = \{\{x_{i,j}\}_{i=1}^M\}_{j=1}^N$ 的第 j 个子集 $\{x_{i,j}\}_{i=1}^M$,构建 $x_{i,j}$ 的高斯混合分布模型 $F_j(x_{i,j})$,见式(5.11),进而推求 $x_{i,j}^{(2)}$ 的条件高斯混合分布模型 $F_j(x_{i,j}^{(2)} \mid x_{i,j}^{(1)})$,见式(5.17)。$x_{i,j}$ 是一个 $S \times D$ 维向量($D \geqslant 2, S \geqslant 2$)。以 $S = 2$ 为例说明 $x_{i,j}$:

①当 $j \geqslant D$ 时,$x_{i,j} = [(Q_{1,(j+1)-D}^i, \cdots, Q_{1,j-1}^i), (Q_{2,(j+1)-D}^i, \cdots, Q_{2,j-1}^i) \mid Q_{1,j}^i, Q_{2,j}^i]^T$;

②当 $j < D$ 时,$x_{i,j} = [(Q_{1,N-D+j+1}^{i-1}, \cdots, Q_{1,N}^{i-1}, Q_{1,1}^i, \cdots, Q_{1,j-1}^i), (Q_{2,N-D+j+1}^{i-1}, \cdots, Q_{2,N}^{i-1},$ $Q_{2,1}^i, \cdots, Q_{2,j-1}^i) \mid Q_{1,j}^i, Q_{2,j}^i]^T$。

$Q_{s,j}^i$ 表示第 s 站第 i 年第 j 时段的实测流量,当时间尺度为旬时,j 的最大值 N 等于 36,时间尺度为月时,N 等于 12。$x_{i,j}^{(1)}$ 由向量 $x_{i,j}$ 的第 1 个至第 $S \times D - S$ 个元素组成,而 $x_{i,j}^{(2)}$ 是一个 S 维向量,由向量 $x_{i,j}$ 的第 $S \times D - S + 1$ 个至第 $S \times D$ 个元素组成。

步骤 2:随机生成多站第 1 年第 j 时段的平均流量。首先令 $m = 1, j = j + 1$(j 的初始取值为 0),并对 $\hat{x}_{m,j}^{(1)}$ 赋值。以 $S = 2$ 为例进行说明:

①当 $j \geqslant D$ 时,$\hat{x}_{m,j}^{(1)} = [(\hat{Q}_{1,(j+1)-D}^m, \cdots, \hat{Q}_{1,j-1}^m), (\hat{Q}_{2,(j+1)-D}^m, \cdots, \hat{Q}_{2,j-1}^m)]^T$;

②当 $j < D$ 时,$\hat{x}_{m,j}^{(1)} = [(\hat{Q}_{1,(j+1)-D}^m, \cdots, \hat{Q}_{1,D-D}^m, \hat{Q}_{1,1}^m, \cdots, \hat{Q}_{1,j-1}^m), (\hat{Q}_{2,(j+1)-D}^m, \cdots, \hat{Q}_{2,D-D}^m,$ $\hat{Q}_{2,1}^m, \cdots, \hat{Q}_{2,j-1}^m)]^T$。

$[\hat{Q}_{s,2-D}^m, \hat{Q}_{s,3-D}^m, \cdots, \hat{Q}_{s,D-D}^m]^T$ 是开始进行多站径流随机模拟前的初始输入,被假设为

$\left[\dfrac{1}{M}\sum\limits_{i=1}^{M}Q_{s,N-D+2}^{i},\dfrac{1}{M}\sum\limits_{i=1}^{M}Q_{s,N-D+3}^{i},\cdots,\dfrac{1}{M}\sum\limits_{i=1}^{M}Q_{s,N}^{i}\right]^{\mathrm{T}}$。之后,随机生成服从均匀分布的随机数 $\varepsilon_{m,j}\in[0,1]$,并将随机数 $\varepsilon_{m,j}$ 赋值给相应的条件高斯混合分布模型 $F_j(\hat{x}_{m,j}^{(2)}\mid\hat{x}_{m,j}^{(1)})$,即 $F_j(\hat{x}_{m,j}^{(2)}\mid\hat{x}_{m,j}^{(1)})=\varepsilon_{m,j}$,进而随机生成 S 个站点的第 1 年第 j 时段的流量 $\hat{x}_{m,j}^{(2)}=[\hat{Q}_{1,j}^{m},\hat{Q}_{2,j}^{m}]=F_j^{-1}(\varepsilon_{m,j}\mid\hat{x}_{m,j}^{(1)})$。重复该步骤,直到 j 等于 N 为止。

步骤 3:令 m 等于 $m+1$,即进入下一年。

步骤 4:随机生成多站第 m 年第 j 时段的径流流量。令 $j=j+1$(j 的初始值为 0),并对 $\hat{x}_{m,j}^{(1)}$ 赋值。以 $S=2$ 为例进行说明:

①当 $j\geqslant D$ 时,$\hat{x}_{m,j}^{(1)}=[(\hat{Q}_{1,(j+1)-D}^{m},\cdots,\hat{Q}_{1,j-1}^{m}),(\hat{Q}_{2,(j+1)-D}^{m},\cdots,\hat{Q}_{2,j-1}^{m})]^{\mathrm{T}}$;

②当 $j<D$ 时,$\hat{x}_{m,j}^{(1)}=[(\hat{Q}_{1,N-D+j+1}^{m-1},\cdots,\hat{Q}_{1,N}^{m-1},\hat{Q}_{1,1}^{m},\cdots,\hat{Q}_{1,j-1}^{m}),(\hat{Q}_{2,N-D+j+1}^{m-1},\cdots,\hat{Q}_{2,N}^{m-1},\hat{Q}_{2,1}^{m},\cdots,\hat{Q}_{2,j-1}^{m})]^{\mathrm{T}}$。

之后,随机生成一个服从均匀分布的随机数 $\varepsilon_{m,j}\in[0,1]$,并将随机数 $\varepsilon_{m,j}$ 赋值给条件高斯混合分布模型 $F_j(\hat{x}_{m,j}^{(2)}\mid\hat{x}_{m,j}^{(1)})$,即 $F_j(\hat{x}_{m,j}^{(2)}\mid\hat{x}_{m,j}^{(1)})=\varepsilon_{m,j}$,进而随机生成 S 个站点的第 m 年第 j 时段的径流流量 $\hat{x}_{m,j}^{(2)}=[\hat{Q}_{1,j}^{m},\hat{Q}_{2,j}^{m}]=F_j^{-1}(\varepsilon_{m,j}\mid\hat{x}_{m,j}^{(1)})$。重复该步骤,直到 j 等于 N 为止。

步骤 5:重复步骤 3 和步骤 4,直到 m 等于目标年数 $\hat{M}$ 为止。

通过执行以上 5 个步骤,可以获得年际连序的多站 $\hat{M}$ 年模拟径流序列,可用矩阵 $\hat{Q}^{M2}=[\hat{Q}_1^{M2},\hat{Q}_2^{M2},\cdots,\hat{Q}_s^{M2},\cdots,\hat{Q}_S^{M2}]$ 表示,一行表示一年。

$$\hat{Q}^{M2}=\begin{bmatrix}\hat{Q}_{1,1}^{1} & \hat{Q}_{1,2}^{1} & \cdots & \hat{Q}_{1,N}^{1} & \hat{Q}_{2,1}^{1} & \hat{Q}_{2,2}^{1} & \cdots & \hat{Q}_{2,N}^{1} & \cdots & \hat{Q}_{S,1}^{1} & \hat{Q}_{S,2}^{1} & \cdots & \hat{Q}_{S,N}^{1}\\ \hat{Q}_{1,1}^{2} & \hat{Q}_{1,2}^{2} & \cdots & \hat{Q}_{1,N}^{2} & \hat{Q}_{2,1}^{2} & \hat{Q}_{2,2}^{2} & \cdots & \hat{Q}_{2,N}^{2} & \cdots & \hat{Q}_{S,1}^{2} & \hat{Q}_{S,2}^{2} & \cdots & \hat{Q}_{S,N}^{2}\\ \vdots & \vdots & \ddots & \vdots & \vdots & \vdots & \ddots & \vdots & \vdots & \vdots & \vdots & \ddots & \vdots\\ \hat{Q}_{1,1}^{\hat{M}} & \hat{Q}_{1,2}^{\hat{M}} & \cdots & \hat{Q}_{1,N}^{\hat{M}} & \hat{Q}_{2,1}^{\hat{M}} & \hat{Q}_{2,2}^{\hat{M}} & \cdots & \hat{Q}_{2,N}^{\hat{M}} & \cdots & \hat{Q}_{S,1}^{\hat{M}} & \hat{Q}_{S,2}^{\hat{M}} & \cdots & \hat{Q}_{S,N}^{\hat{M}}\end{bmatrix}$$

$$(5.21)$$

从 SGMM-MRS 方法的 5 个步骤可以看出,该方法有以下特征:①考虑了多站时段径流序列的 $1\sim D-1$ 阶自相关特性和 $0\sim D-1$ 阶互相关特性;②考虑了时段径流序列的非平稳性;③考虑了径流序列的年际自相关性,如第 2 个站点的模拟径流序列矩阵 $\hat{Q}_2^{M2}$ 的相邻行之间是首尾连序的;④不易产生维数灾难问题,可以应用于各种时间尺度的多站径流序列随机模拟。

5.2.3.5　基于季节性高斯混合模型的多站径流随机模拟主站法

基于季节性高斯混合模型的多站径流随机模拟主站法(SGMM-MRS-KS)的基本假设也与 SGMM-SRS 方法的一致。其总体思路是,首先采用 SGMM-SRS 方法模拟主站的时段径流序列,在此基础上,利用从站的季节性高斯混合模型随机生成从站的时段径流序列。该方法的具体步骤为:

步骤 1：采用 SGMM-SRS 方法模拟生成主站年际连序的 $\hat{M}$ 年时段径流序列。

步骤 2：构建从站时段径流序列的季节性高斯混合分布模型。根据主从站 M 年实测径流数据集 $X=\{\{x_{i,j}\}_{i=1}^{M}\}_{j=1}^{N}$ 的第 j 个子集 $\{x_{i,j}\}_{i=1}^{M}$，考虑主站和从站的 $0\sim D_1-1$ 阶互相关特性和从站的 $1\sim D_2-1$ 阶自相关特性，构建 $x_{i,j}$ 的高斯混合分布模型 $F_j(x_{i,j})$，见式（5.11），进而导出从站径流 $x_{i,j}^{(2)}$ 的条件高斯混合分布模型 $F_j(x_{i,j}^{(2)}\mid x_{i,j}^{(1)})$，见式（5.17）。$x_{i,j}$ 是一个 D_1+D_2 维的向量（$D_1\geqslant 1,D_2\geqslant 2,D_2>D_1$）。

①当 $j\geqslant D_2$ 时，$x_{i,j}=[(Q_{1,(j+1)-D_1}^{i},\cdots,Q_{1,j}^{i}),(Q_{2,(j+1)-D_2}^{i},\cdots,Q_{2,j-1}^{i})\mid Q_{2,j}^{i}]^{\mathrm{T}}$；

②当 $D_1\leqslant j<D_2$ 时，$x_{i,j}=[(Q_{1,(j+1)-D_1}^{i},\cdots,Q_{1,j}^{i}),(Q_{2,N-D_2+j+1}^{i-1},\cdots,Q_{2,N}^{i-1},Q_{2,1}^{i},\cdots,Q_{2,j-1}^{i})\mid Q_{2,j}^{i}]^{\mathrm{T}}$；

③当 $j<D_1$ 时，$x_{i,j}=[(Q_{1,N-D_1+j+1}^{i-1},\cdots,Q_{1,N}^{i-1},Q_{1,1}^{i},\cdots,Q_{1,j}^{i}),(Q_{2,N-D_2+j+1}^{i-1},\cdots,Q_{2,N}^{i-1},Q_{2,1}^{i},\cdots,Q_{2,j-1}^{i})\mid Q_{2,j}^{i}]^{\mathrm{T}}$。

$Q_{1,j}^{i}$ 表示主站第 i 年第 j 时段的实测径流流量，$Q_{2,j}^{i}$ 表示从站第 i 年第 j 时段的径流流量，当时间尺度为旬时，j 的最大值 N 等于 36，为月时，N 等于 12。$x_{i,j}^{(1)}$ 由向量 $x_{i,j}$ 的第 1 个至第 D_1+D_2-1 个元素组成，而 $x_{i,j}^{(2)}$ 为向量 $x_{i,j}$ 的最后一个元素，等于 $Q_{2,j}^{i}$。

步骤 3：随机生成从站第 1 年第 j 时段的径流流量。首先令 $m=1$，$j=j+1$（j 的初始值为 0），并对 $\hat{x}_{m,j}^{(1)}$ 赋值。

①当 $j\geqslant D_2$ 时，$\hat{x}_{m,j}^{(1)}=[(\hat{Q}_{1,(j+1)-D_1}^{m},\cdots,\hat{Q}_{1,j}^{m}),(\hat{Q}_{2,(j+1)-D_2}^{m},\cdots,\hat{Q}_{2,j-1}^{m})]^{\mathrm{T}}$；

②当 $D_1\leqslant j<D_2$ 时，$\hat{x}_{m,j}^{(1)}=[(\hat{Q}_{1,(j+1)-D_1}^{m},\cdots,\hat{Q}_{1,j}^{m}),(\hat{Q}_{2,(j+1)-D_2}^{m},\cdots,\hat{Q}_{2,D_2-D_2}^{m},\hat{Q}_{2,1}^{m},\cdots,\hat{Q}_{2,j-1}^{m})]^{\mathrm{T}}$；

③当 $j<D_1$ 时，$\hat{x}_{m,j}^{(1)}=[(\hat{Q}_{1,(j+1)-D_1}^{m},\cdots,\hat{Q}_{1,D_1-D_1}^{m},\hat{Q}_{1,1}^{m},\cdots,\hat{Q}_{1,j}^{m}),(\hat{Q}_{2,(j+1)-D_2}^{m},\cdots,\hat{Q}_{2,D_2-D_2}^{m},\hat{Q}_{2,1}^{m},\cdots,\hat{Q}_{2,j-1}^{m})]^{\mathrm{T}}$。

$[\hat{Q}_{1,2-D_1}^{m},\cdots,\hat{Q}_{1,D_1-D_1}^{m}]^{\mathrm{T}}$ 和 $[\hat{Q}_{2,2-D_2}^{m},\cdots,\hat{Q}_{2,D_2-D_2}^{m}]^{\mathrm{T}}$ 是开始进行随机模拟前的初始输入，被假设为 $[\frac{1}{M}\sum_{i=1}^{M}Q_{1,N-D+2}^{i},\cdots,\frac{1}{M}\sum_{i=1}^{M}Q_{1,N}^{i}]^{\mathrm{T}}$ 和 $[\frac{1}{M}\sum_{i=1}^{M}Q_{2,N-D+2}^{i},\cdots,\frac{1}{M}\sum_{i=1}^{M}Q_{2,N}^{i}]^{\mathrm{T}}$。进一步，随机生成一个均匀分布随机数 $\varepsilon_{m,j}\in[0,1]$，并将随机数 $\varepsilon_{m,j}$ 赋值给条件高斯混合分布模型 $F_j(\hat{x}_{m,j}^{(2)}\mid\hat{x}_{m,j}^{(1)})$，即 $F_j(\hat{x}_{m,j}^{(2)}\mid\hat{x}_{m,j}^{(1)})=\varepsilon_{m,j}$，进而随机生成从站第 1 年第 j 时段的流量 $\hat{x}_{m,j}^{(2)}=F_j^{-1}(\varepsilon_{m,j}\mid\hat{x}_{m,j}^{(1)})=\hat{Q}_{2,j}^{m}$。重复该步骤，直到 j 等于 N 为止。

步骤 4：令 m 等于 $m+1$，即进入下一年。

步骤 5：随机生成从站第 m 年第 j 时段的径流流量。令 $j=j+1$（j 的初始值为 0），并对 $\hat{x}_{m,j}^{(1)}$ 赋值。

①当 $j\geqslant D_2$ 时，$\hat{x}_{m,j}^{(1)}=[(\hat{Q}_{1,(j+1)-D_1}^{m},\cdots,\hat{Q}_{1,j}^{m}),(\hat{Q}_{2,(j+1)-D_2}^{m},\cdots,\hat{Q}_{2,j-1}^{m})]^{\mathrm{T}}$；

②当 $D_1\leqslant j<D_2$ 时，$x_{i,j}=[(\hat{Q}_{1,(j+1)-D_1}^{m},\cdots,\hat{Q}_{1,j}^{m}),(\hat{Q}_{2,N-D_2+j+1}^{m-1},\cdots,\hat{Q}_{2,N}^{m-1},\hat{Q}_{2,1}^{m},\cdots,\hat{Q}_{2,j-1}^{m})\mid\hat{Q}_{2,j}^{m}]^{\mathrm{T}}$；

③当 $j < D_1$ 时，$\hat{x}_{m,j}^{(1)} = [(\hat{Q}_{1,N-D_1+j+1}^{m-1}, \cdots, \hat{Q}_{1,N}^{m-1}, \hat{Q}_{1,1}^{m}, \cdots, \hat{Q}_{1,j}^{m}), (\hat{Q}_{2,N-D_2+j+1}^{m-1}, \cdots, \hat{Q}_{2,N}^{m-1}, \hat{Q}_{2,1}^{m}, \cdots, \hat{Q}_{2,j-1}^{m})]^{\mathrm{T}}$。

进一步，随机生成一个均匀分布随机数 $\varepsilon_{m,j} \in [0,1]$，并将随机数 $\varepsilon_{m,j}$ 赋值给条件高斯混合分布模型 $F_j(\hat{x}_{m,j}^{(2)} \mid \hat{x}_{m,j}^{(1)})$，即 $F_j(\hat{x}_{m,j}^{(2)} \mid \hat{x}_{m,j}^{(1)}) = \varepsilon_{m,j}$，进而随机生成从站第 m 年第 j 时段的径流流量 $\hat{x}_{m,j}^{(2)} = F_j^{-1}(\varepsilon_{m,j} \mid \hat{x}_{m,j}^{(1)}) = \hat{Q}_{2,j}^{m}$。重复该步骤，直到 j 等于 N 为止。

步骤 6：重复步骤 4 和步骤 5，直至生成从站 $\hat{M}$ 年的模拟径流序列。

步骤 7：重复步骤 2 至步骤 5，直至完成所有从站径流序列的模拟。

通过执行 SGMM-MRS-KS 方法的 7 个步骤，可以获得年际连序的多站 $\hat{M}$ 年模拟径流序列，可用矩阵 $\hat{Q}^{M3} = [\hat{Q}_1^{M3}, \hat{Q}_2^{M3}, \cdots, \hat{Q}_s^{M3}, \cdots, \hat{Q}_S^{M3}]$ 表示，一行表示一年。

$$
\hat{Q}^{M3} = \begin{bmatrix}
\hat{Q}_{1,1}^{1} & \hat{Q}_{1,2}^{1} & \cdots & \hat{Q}_{1,N}^{1} & \hat{Q}_{2,1}^{1} & \hat{Q}_{2,2}^{1} & \cdots & \hat{Q}_{2,N}^{1} & \cdots & \hat{Q}_{S,1}^{1} & \hat{Q}_{S,2}^{1} & \cdots & \hat{Q}_{S,N}^{1} \\
\hat{Q}_{1,1}^{2} & \hat{Q}_{1,2}^{2} & \cdots & \hat{Q}_{1,N}^{2} & \hat{Q}_{2,1}^{2} & \hat{Q}_{2,2}^{2} & \cdots & \hat{Q}_{2,N}^{2} & \cdots & \hat{Q}_{S,1}^{2} & \hat{Q}_{S,2}^{2} & \cdots & \hat{Q}_{S,N}^{2} \\
\vdots & \vdots & \ddots & \vdots & \vdots & \vdots & \ddots & \vdots & \ddots & \vdots & \vdots & \ddots & \vdots \\
\hat{Q}_{1,1}^{\hat{M}} & \hat{Q}_{1,2}^{\hat{M}} & \cdots & \hat{Q}_{1,N}^{\hat{M}} & \hat{Q}_{2,1}^{\hat{M}} & \hat{Q}_{2,2}^{\hat{M}} & \cdots & \hat{Q}_{2,N}^{\hat{M}} & \cdots & \hat{Q}_{S,1}^{\hat{M}} & \hat{Q}_{S,2}^{\hat{M}} & \cdots & \hat{Q}_{S,N}^{\hat{M}}
\end{bmatrix}
$$

$$(5.22)$$

从 SGMM-MRS-KS 方法的 7 个步骤可以看出，该方法有以下特征：①考虑了从站径流序列的 $1 \sim D_2-1$ 阶的自相关特性、主站径流序列的 $1 \sim D-1$ 阶自相关特性和从站与主站径流序列的 $0 \sim D_1-1$ 阶互相关特性，②考虑了时段径流序列的非平稳性，③考虑了径流序列的年际相关性，如第 2 个站点的模拟径流序列矩阵 $\hat{Q}_2^{M3}$ 的相邻行之间是首尾连序的，④可以用于各种时间尺度的多站径流序列模拟，不易产生维数灾问题。

5.3　径流随机模拟方法的性能评价

径流随机模拟的根本要求是，由径流随机模拟方法生成的大量模拟径流序列应保持实测径流序列的基本统计特性。此要求指明，可以通过分析模拟径流序列的统计参数与实测径流序列的统计参数的差距来验证径流随机模拟方法的合理性、适用性和优越性。

5.3.1　径流序列随机模型的合理性检验

径流随机模拟方法的核心是径流序列的随机模型，随机模型是径流时间序列的数学概括。在利用随机水文模型模拟径流序列之前，应对模型的合理性进行检验。参考已有研究工作[115]，本章以样本数据集的经验联合概率与理论联合概率之间的均方根误差为评价指标，对随机模型的合理性进行检验。

$$
\mathrm{RMSE}_j^P = \sqrt{\frac{1}{M} \sum_{i=1}^{M} (P_{j,i}^{\mathrm{emp}} - P_{j,i}^{\mathrm{the}})^2}, \quad j = 1, 2, \cdots, N
$$

$$(5.23)$$

式中：RMSE_j^P ——样本数据集 $X = \{\{x_{j,i}\}_{i=1}^{M}\}_{j=1}^{N}$ 第 j 个子集所有样本点的经验联合概

率与理论联合概率之间的均方根误差。当被检验模型是径流序列的高斯混合分布模型时，N 等于 1；而当被检验模型为径流序列的季节性高斯混合分布模型时，N 等于年内时段数（如 36 旬、12 月等）。

M——样本个数，等于实测径流时间序列的年数。

$P_{j,i}^{\text{emp}}$——数据集 j 的第 i 个样本点的经验联合分布概率，根据式（5.24）[201] 计算。

$P_{j,i}^{\text{the}}$——数据集 j 的第 i 个样本点的理论联合分布概率，可由径流序列的随机模型（式（5.11））计算。

$$P_{j,i}^{\text{emp}} = P(X_1 \leqslant x_{j,i}^1, X_2 \leqslant x_{j,i}^2, \cdots, X_D \leqslant x_{j,i}^D) = \frac{M_q - 0.44}{M + 0.12} \tag{5.24}$$

式中：$x_{j,i}^1$——数据集 j 的第 i 个样本向量 $x_{j,i}$ 的第 1 个元素；

M_q——数据集 $\{x_{j,i}\}_{i=1}^M$ 中同时满足 $X_1 \leqslant x_{j,i}^1, X_2 \leqslant x_{j,i}^2, \cdots, X_D \leqslant x_{j,i}^D$ 的样本个数；

M——样本总量。

5.3.2 径流时间序列的基本统计特性

非平稳径流时间序列的基本统计特性包括均值 μ、标准差 SD、偏态系数 CS、峰度系数 CK、Pearson 相关系数 RP、Kendall 相关系数 RK 和 Spearman 相关系数 RS。这 7 个统计参数的计算公式为：

$$\mu_t = \frac{1}{M} \sum_{i=1}^{M} Q_t^i, \quad t = 1, 2, \cdots, N \tag{5.25}$$

$$SD_t = \sqrt{\frac{1}{M-1} \sum_{i=1}^{M} (Q_t^i - \mu_t)^2}, \quad t = 1, 2, \cdots, N \tag{5.26}$$

$$CS_t = \frac{\dfrac{1}{M} \sum_{i=1}^{M} (Q_t^i - \mu_t)^3}{\left(\sqrt{\dfrac{1}{M} \sum_{i=1}^{M} (Q_t^i - \mu_t)^2} \right)^3}, \quad t = 1, 2, \cdots, N \tag{5.27}$$

$$CK_t = \frac{\dfrac{1}{M} \sum_{i=1}^{M} (Q_t^i - \mu_t)^4}{\left[\dfrac{1}{M} \sum_{i=1}^{M} (Q_t^i - \mu_t)^2 \right]^2}, \quad t = 1, 2, \cdots, N \tag{5.28}$$

$$RP_t^L = \begin{cases} \dfrac{\displaystyle\sum_{i=1}^{M} (Q_{t-L}^i - \mu_{t-L})(Q_t^i - \mu_t)}{\left[\displaystyle\sum_{i=1}^{M} (Q_{t-L}^i - \mu_{t-L})^2 \sum_{i=1}^{M} (Q_t^i - \mu_t)^2 \right]^{1/2}}, & L < t < N \\[3em] \dfrac{\displaystyle\sum_{i=1}^{M-1} (Q_{N-L+t}^i - \mu_{N-L+t})(Q_t^{i+1} - \mu_t)}{\left[\displaystyle\sum_{i=1}^{M-1} (Q_{N-L+t}^i - \mu_{N-L+t})^2 \sum_{i=1}^{M-1} (Q_t^{i+1} - \mu_t)^2 \right]^{1/2}}, & 1 \leqslant t \leqslant L \end{cases} \tag{5.29}$$

$$
\begin{cases}
RK_t^L = \begin{cases} \dfrac{2K}{M(M-1)}, & L<t<N \\[2mm] \dfrac{2K}{(M-1)(M-2)}, & 1 \leqslant t \leqslant L \end{cases} \\[10mm]
K = \begin{cases} \sum\limits_{i=1}^{M-1}\sum\limits_{j=i+1}^{M} \varepsilon(Q_{t-L}^i, Q_{t-L}^j, Q_t^i, Q_t^j), & L<t<N \\[4mm] \sum\limits_{i=1}^{M-2}\sum\limits_{j=i+1}^{M-1} \varepsilon(Q_{N-L+t}^i, Q_{N-L+t}^j, Q_t^{i+1}, Q_t^{j+1}), & 1 \leqslant t \leqslant L \end{cases} \\[10mm]
\varepsilon(x_1, x_2, y_1, y_2) = \begin{cases} 1, & (x_1-x_2)(y_1-y_2)>0 \\ 0, & (x_1-x_2)(y_1-y_2)=0 \\ -1, & (x_1-x_2)(y_1-y_2)<0 \end{cases}
\end{cases}
\tag{5.30}
$$

$$
RS_t^L = \begin{cases}
\dfrac{\sum\limits_{i=1}^{M}\left\{\left[R(Q_{t-L}^i)-\frac{1}{M}\sum\limits_{i=1}^{M}R(Q_{t-L}^i)\right]\left[R(Q_t^i)-\frac{1}{M}\sum\limits_{i=1}^{M}R(Q_t^i)\right]\right\}}{\left\{\sum\limits_{i=1}^{M}\left[R(Q_{t-L}^i)-\frac{1}{M}\sum\limits_{i=1}^{M}R(Q_{t-L}^i)\right]^2 \sum\limits_{i=1}^{M}\left[R(Q_t^i)-\frac{1}{M}\sum\limits_{i=1}^{M}R(Q_t^i)\right]^2\right\}^{1/2}}, & L<t<N \\[12mm]
\dfrac{\sum\limits_{i=1}^{M-1}\left\{\left[R(Q_{N-L+t}^i)-\frac{1}{M-1}\sum\limits_{i=1}^{M-1}R(Q_{N-L+t}^i)\right]\left[R(Q_t^{i+1})-\frac{1}{M-1}\sum\limits_{i=1}^{M-1}R(Q_t^{i+1})\right]\right\}}{\left\{\sum\limits_{i=1}^{M-1}\left[R(Q_{N-L+t}^i)-\frac{1}{M-1}\sum\limits_{i=1}^{M-1}R(Q_{N-L+t}^i)\right]^2 \sum\limits_{i=1}^{M-1}\left[R(Q_t^{i+1})-\frac{1}{M-1}\sum\limits_{i=1}^{M-1}R(Q_t^{i+1})\right]^2\right\}^{1/2}}, & 1 \leqslant t \leqslant L
\end{cases}
\tag{5.31}
$$

式中：N——一年内时段数，时间尺度为旬时，时段数 N 等于 36，为月时，时段数等于 12；

Q_t^i——某一站点第 i 年第 t 个时段的径流流量（实测的或模拟的）；

M——径流时间序列的年数；

μ_t，SD_t，CS_t 和 CK_t——径流时间序列第 t 个截口的均值、标准差、偏态系数和峰度系数；

RP_t^L、RK_t^L 和 RS_t^L——径流时间序列第 t 个截口与第 $t-L$ 个截口的 Pearson 相关系数、Kendall 相关系数和 Spearman 相关系数，可分别称为第 t 个截口的 L 阶 Pearson 自相关系数、L 阶 Kendall 自相关系数和 L 阶 Spearman 自相关系数，统称为第 t 个截口的 L 阶自相关系数，它们的取值范围都为 $[-1,1]$；

$R(Q_t^i)$——流量 Q_t^i 在数据集 $\{Q_t^i\}_{i=1}^M$ 中的秩。如果式(5.29)、式(5.30)和式(5.31)中第 t 时段的流量 Q_t^i 来自站点 A，而第 $t-L$ 时段的流量 Q_{t-L}^i 来自站点 B，则 RP_t^L、RK_t^L 和 RS_t^L 分别为站点 A 第 t 个截口与站点 B 第 $t-L$ 个截口的 Pearson 互相关系数、Kendall 互相关系数和 Spearman 互相关系数，可分别记为 $RP_{t,L}^{(A-B)}$、$RK_{t,L}^{(A-B)}$ 和 $RS_{t,L}^{(A-B)}$。

5.3.3　径流随机模拟方法的适用性评价指标

本章采用均方根误差 RMSE 和确定系数指标 R^2 度量模拟径流序列的统计参数和实测

径流序列的统计参数之间的差异,以评价本章所提径流随机模拟方法的适用性。为便于理解和增强文章可读性,再次给出这两个适用性评价指标的计算公式:

$$\text{RMSE} = \sqrt{\frac{1}{N}\sum_{t=1}^{N}(\hat{s}_t - s_t)^2} \tag{5.32}$$

$$R^2 = 1 - \frac{\sum_{t=1}^{N}(s_t - \hat{s}_t)^2}{\sum_{t=1}^{N}(s_t - \bar{s})^2} \tag{5.33}$$

式中:N——一年内时段数;

s_t 和 $\hat{s}_t$——实测径流序列和模拟径流序列的第 t 个截口的基本统计参数。

RMSE 越小,表明模拟径流序列 N 个截口的统计参数与实测径流序列 N 个截口的统计参数在量级上越接近;R^2 越大,表明模拟径流序列 N 个截口的统计参数与实测径流序列 N 个截口的统计参数在趋势上越吻合。简言之,RMSE 越小和 R^2 越大,相应的径流随机模拟方法的适用性越好。

5.4 实例研究说明

以长江上游若干控制性水文站为实例研究对象,以基于季节性自回归模型的单站径流随机模拟方法、基于季节性 Copula 模型的单站径流随机模拟方法、基于季节性回归模型的多站径流随机模拟主站法为对比方法,检验本章提出的单站和多站径流随机模拟方法的合理性、适用性和优越性。

5.4.1 实例研究对象与数据

长江是中国乃至亚洲最长河流,同时也是世界第三长河,全长约 6300km,集水面积约 180 万 km²。江源至宜昌河段是长江的上游,河长约 4500km,集水面积占长江流域的 55% 左右。以宜宾为分界点,长江上游被分为金沙江和川江两个河段,青海直门达至四川宜宾河段称为金沙江,宜宾至湖北宜昌河段称为川江。川江河段河网密布,南北支流众多,岷江、嘉陵江和乌江等河流都是其支流。

本章以屏山、高场、李庄、北碚、武隆和宜昌水文站为实例研究对象开展径流随机模拟方法研究,6 个水文站点的地理位置信息如图 5.1 所示。屏山站、高场站、李庄站、北碚站和武隆站分别位于金沙江、岷江、川江、雅砻江和乌江之上,是长江上游流域的控制性水文站。宜昌水文站位于长江上游流域的出口断面处,汇聚来自金沙江、岷江、嘉陵江和乌江等干支流的径流,多年平均径流量达 4500 亿 m³ 左右。

研究采用了 6 个水文站的旬尺度和月尺度流量数据,数据的时间跨度为 1952—2013 年(共计 62 年),所有数据均进行了还原处理。图 5.2 展示了 6 个水文站的旬尺度和月尺度流量过程。

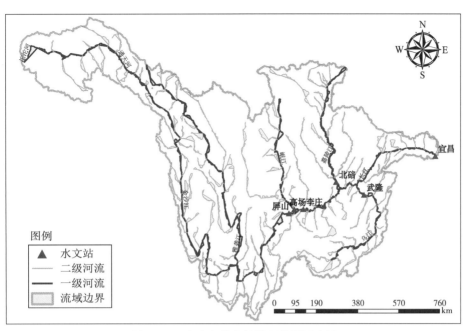

图 5.1　6 个水文站点的地理位置示意图

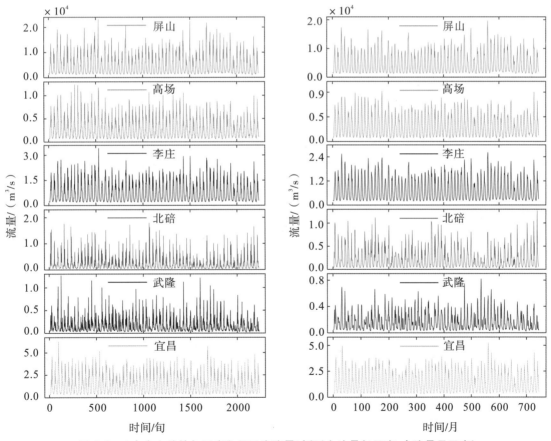

图 5.2　6 个水文站的旬尺度和月尺度流量过程(左边是旬尺度,右边是月尺度)

5.4.2　对比方法介绍

本章将基于季节性自回归模型的单站径流随机模拟方法 SAR-SRS 和基于季节性 Copula 模型的单站径流随机模拟方法 SCM-SRS 作为 GMM-SRS 方法和 SGMM-SRS 方法的对比方法,而将基于季节性回归模型的多站径流随机模拟主站法 SR-MRS-KS 作为 GMM-MRS 方法、SGMM-MRS 方法和 SGMM-MRS-KS 方法的对比方法。

SAR-SRS 方法是一种非常经典的非平稳径流序列随机模拟方法[76],其核心是单站季节性自回归(SAR)模型。由于 SAR 模型结构简单、参数时变(如随着旬或月变化)、适用性强,使 SAR-SRS 方法在单站非平稳径流序列随机模拟中获得广泛应用。SAR-SRS 方法的总体思路为:①首先对原始径流序列进行标准正态化处理,以满足自回归模型对径流序列的正态性要求;②构建单站径流时间序列的 SAR 模型;③利用构建的 SAR 模型逐年逐时段地模拟水文站的径流时间序列。文献[76]已给出关于 SAR-SRS 方法的详细细节和具体步骤,此处不再赘述。另外,由式(5.12)、式(5.13)和式(5.16)可知,自回归模型是 GMM 模型的一个特例,等同于超参数 K 等于 1 时的 GMM 模型。以此为理论依据,可以预见,在单站径流随机模拟应用中,与 SAR-SRS 方法相比,GMM-SRS 方法和 SGMM-SRS 方法可能具有更好的性能表现。

SCM-SRS 方法的核心是单站季节性 Copula 模型 SCM。Copula 函数是研究变量间相依性的有效工具,其能够分开考虑变量间相关性和变量边缘分布,灵活地构造边缘分布为任意概率分布的多变量联合分布[119]。与自回归模型比较,Copula 函数不要求径流序列满足以下两点假设:①时段流量间相关性是线性的;②时段平均流量的边缘分布为正态分布。事实上,自回归模型也是 Copula 函数的一个特例,其与边缘分布为正态分布的高斯 Copula 函数是等效的[112]。鉴于 Copula 函数的良好性能,以 Copula 函数为模型基础的 SCM-SRS 方法在单站径流随机模拟中获得推广应用。SCM-SRS 方法的总体思路与 SAR-SRS 方法的基本相同,仅核心模型不同。最后,文献[117]已给出关于 SCM-SRS 方法的详细细节和具体步骤,此处不再赘述。

SR-MRS-KS 方法主要用于多站日、旬、月径流序列模拟,其核心是主站季节性自回归模型和从站季节性线性回归模型。SR-MRS-KS 方法比较简单和灵活,其生成的多站模拟径流序列可以较好地保持主从站之间滞时为 0 的互相关特性以及各站点滞时为 1 的自相关特性,在多站径流随机模拟研究中应用较多。SR-MRS-KS 方法的总体思路为:①首先对主从站原始径流序列进行标准正态化处理;②对主站单独建立季节性自回归模型,并利用此模型随机生成主站的模拟径流序列;③建立刻画主从站径流序列空间相关性和从站径流序列时间相关性的季节性线性回归模型;④利用步骤③构建的季节性线性回归模型将主站的模拟径流序列转移到各从站,随机生成各从站的模拟径流序列。文献[76]已给出关于 SR-MRS-KS 方法的详细细节和具体步骤,此处不再赘述。

5.5　研究结果与讨论

将本章提出的两种单站径流随机模拟新方法(GMM-SRS 和 SGMM-SRS 法)应用于屏山、高场、北碚、武隆和宜昌水文站的旬径流和月径流随机模拟,3 种多站径流随机模拟新方法(GMM-MRS、SGMM-MRS 和 SGMM-MRS-KS 法)应用于李庄、北碚、武隆和宜昌 4 个水文站的旬径流和月径流随机模拟。首先,检验径流时间序列高斯混合模型的合理性;其次,检验本章提出的单站和多站径流随机模拟方法的适用性和优越性。

5.5.1　径流时间序列高斯混合模型的合理性检验

以屏山、高场、北碚、武隆和宜昌水文站 62 年的旬尺度和月尺度径流序列为基础,考虑各站点径流时间序列的年内自相关特性,采用 5.2.3.1 节所述方法,构建各水文站旬径流和月径流序列的高斯混合模型;考虑站点径流序列的 1 阶自相关特性,采用 5.2.3.2 节所述方法,构建各水文站旬径流和月径流序列的季节性高斯混合模型。以李庄、北碚、武隆和宜昌 4 个水文站旬尺度和月尺度径流序列为基础,考虑各站点径流序列的年内自相关特性和多站径流序列间的年内互相关特性,采用 5.2.3.3 节所述方法,构建 4 个水文站的月径流序列的高斯混合模型;考虑各站点径流序列的 1 阶自相关特性和多站点径流序列之间的 0～1 阶互相关特性,采用 5.2.3.4 节所述方法,构建 4 个水文站的旬径流和月径流序列的季节性高斯混合模型;考虑各站点径流序列的 1 阶自相关特性和主从站径流序列间的 0 阶互相关特性(宜昌站是主站,其余站点为从站),采用 5.2.3.5 节所述方法,构建主站旬径流和月径流序列的季节性高斯混合模型以及从站旬径流和月径流序列的季节性高斯混合模型。

本节以多站(李庄、北碚、武隆和宜昌站)旬径流序列的季节性高斯混合模型为例阐述模型合理性检验内容。对于多站旬径流序列,其季节性高斯混合模型的参数随旬变化,换言之,多站旬径流序列的季节性高斯混合模型实质上由 36 个高斯混合模型(每一旬对应一个随机模型)组成,且各高斯混合模型的变量维度为 8,如第 t 旬的高斯混合模型的变量为 $(Q_{t-1}^{\mathrm{Li}}, Q_{t-1}^{\mathrm{Bei}}, Q_{t-1}^{\mathrm{Wu}}, Q_{t-1}^{\mathrm{Yi}}, Q_t^{\mathrm{Li}}, Q_t^{\mathrm{Bei}}, Q_t^{\mathrm{Wu}}, Q_t^{\mathrm{Yi}})$,$Q_t^{\mathrm{Li}}$、$Q_t^{\mathrm{Bei}}$、$Q_t^{\mathrm{Wu}}$ 和 Q_t^{Yi} 分别表示李庄站、北碚站、武隆站和宜昌站的第 t 旬径流量。根据多站旬径流序列第 t 旬的高斯混合模型,采用式(5.14),可以获得旬径流量 Q_{t-1}^{Li} 和 Q_t^{Li}、Q_{t-1}^{Bei} 和 Q_t^{Bei}、Q_{t-1}^{Wu} 和 Q_t^{Wu}、Q_{t-1}^{Yi} 和 Q_t^{Yi}、Q_t^{Li} 和 Q_t^{Bei}、Q_t^{Li} 和 Q_t^{Wu}、Q_t^{Li} 和 Q_t^{Yi}、Q_t^{Bei} 和 Q_t^{Wu}、Q_t^{Bei} 和 Q_t^{Yi}、Q_t^{Wu} 和 Q_t^{Yi}、Q_{t-1}^{Li} 和 Q_t^{Bei}、Q_{t-1}^{Li} 和 Q_t^{Wu}、Q_{t-1}^{Li} 和 Q_t^{Yi}、Q_{t-1}^{Bei} 和 Q_t^{Li}、Q_{t-1}^{Bei} 和 Q_t^{Wu}、Q_{t-1}^{Bei} 和 Q_t^{Yi}、Q_{t-1}^{Wu} 和 Q_t^{Li}、Q_{t-1}^{Wu} 和 Q_t^{Bei}、Q_{t-1}^{Wu} 和 Q_t^{Yi}、Q_{t-1}^{Yi} 和 Q_t^{Li}、Q_{t-1}^{Yi} 和 Q_t^{Bei} 以及 Q_{t-1}^{Yi} 和 Q_t^{Wu} 的边缘概率分布(此边缘分布是二维联合分布)。利用这些边缘概率分布模型和式(5.24),分别推算实测旬径流量 $Q_{i,t-1}^{\mathrm{A}}$ 与 $Q_{i,t}^{\mathrm{A}}$、实测旬径流量 $Q_{i,t}^{\mathrm{A}}$ 与 $Q_{i,t}^{\mathrm{B}}$、实测旬径流量 $Q_{i,t-1}^{\mathrm{A}}$ 与 $Q_{i,t}^{\mathrm{B}}$ 的理论联合概率和经验联合概率(A 和 B 泛指李庄、北碚、武隆和宜昌站,$Q_{i,t}^{\mathrm{A}}$ 表示 A 站第 t 个截口的第 i 年观测值),并采用式(5.23)计算经验联合概率和理论联合概率之间的均方根误差,结果如图 5.3 所

示。图 5.3(a)展示了旬流量 Q_{t-1}^{Li} 和 Q_t^{Li} 的边缘分布模型的均方根误差 RMSE^P，图 5.3(e)展示了旬流量 Q_t^{Li} 和 Q_t^{Bei} 的边缘分布模型的均方根误差 RMSE^P，图 5.3(k)展示了旬流量 Q_{t-1}^{Li} 和 Q_t^{Bei} 的边缘分布模型的均方根误差 RMSE^P，同理可以理解图 5.3 中其他子图。

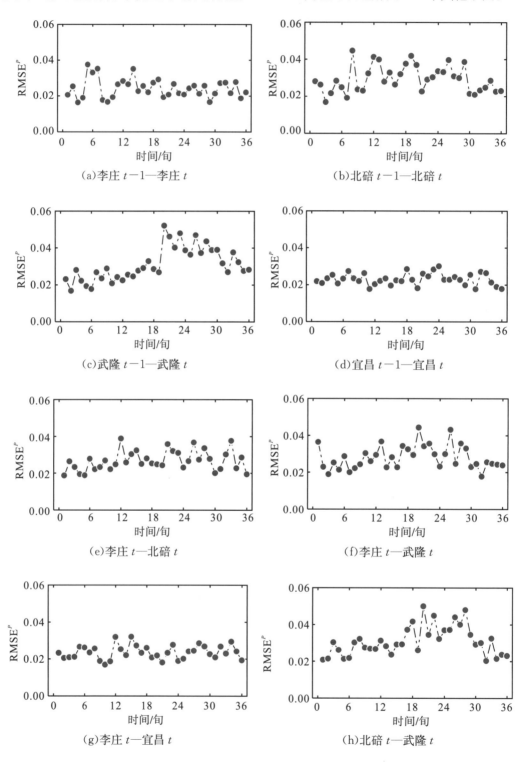

(a)李庄 $t-1$—李庄 t

(b)北碚 $t-1$—北碚 t

(c)武隆 $t-1$—武隆 t

(d)宜昌 $t-1$—宜昌 t

(e)李庄 t—北碚 t

(f)李庄 t—武隆 t

(g)李庄 t—宜昌 t

(h)北碚 t—武隆 t

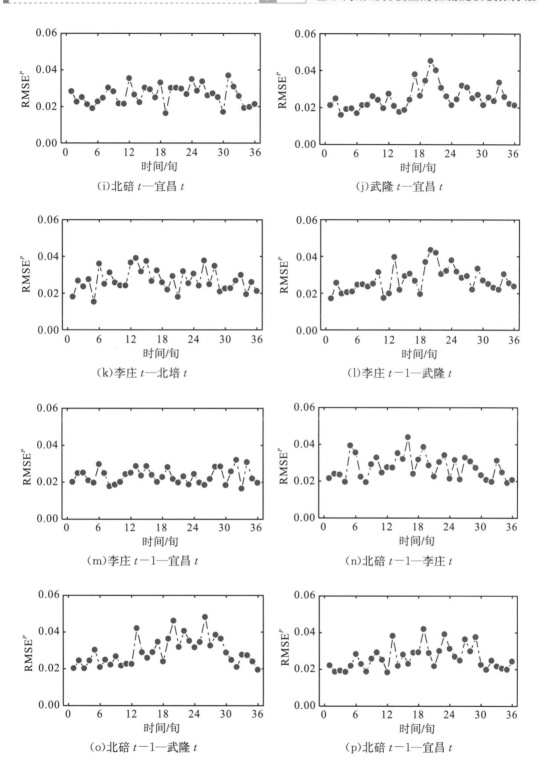

（i）北碚 t—宜昌 t

（j）武隆 t—宜昌 t

（k）李庄 t—北培 t

（l）李庄 $t-1$—武隆 t

（m）李庄 $t-1$—宜昌 t

（n）北碚 $t-1$—李庄 t

（o）北碚 $t-1$—武隆 t

（p）北碚 $t-1$—宜昌 t

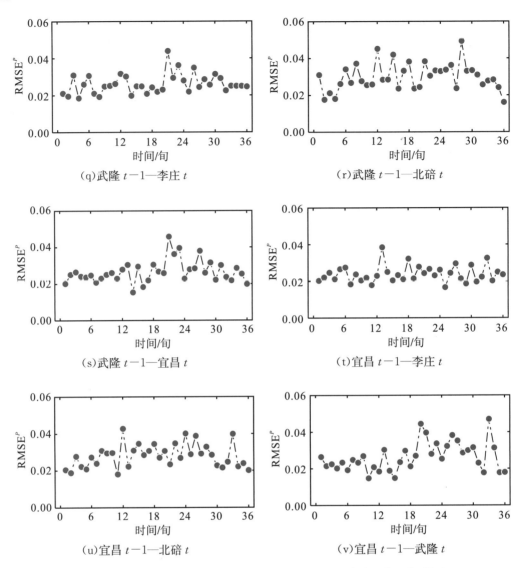

图 5.3 实测旬径流量 $Q_{t,t-1}^A$ 与 $Q_{t,t}^A$、实测旬径流量 $Q_{t,t}^A$ 与 $Q_{t,t}^B$、实测旬径

流量 $Q_{t,t-1}^A$ 与 $Q_{t,t}^B$ 的经验联合概率和理论联合概率之间的均方根误差

　　首先,从图 5.3(a)、图 5.3(b)、图 5.3(c)和图 5.3(d)可以看出,在一年中任意一个时段 t , Q_{t-1}^{Li} 和 Q_t^{Li} 、 Q_{t-1}^{Bei} 和 Q_t^{Bei} 、 Q_{t-1}^{Wu} 和 Q_t^{Wu} 以及 Q_{t-1}^{Yi} 和 Q_t^{Yi} 的边缘概率分布的均方根误差都较小,除少数情况大于 0.04 但小于 0.06 以外,基本都在 0.04 以内。基于文献[115]的研究成果,此结果被认为是较优的,结果直接表明, Q_{t-1}^{Li} 和 Q_t^{Li} 、 Q_{t-1}^{Bei} 和 Q_t^{Bei} 、 Q_{t-1}^{Wu} 和 Q_t^{Wu} 以及 Q_{t-1}^{Yi} 和 Q_t^{Yi} 的边缘概率分布的拟合优度较好;间接表明,本节构建的季节性高斯混合模型在描述各站点(李庄、北碚、武隆和宜昌站)旬径流序列的 1 阶自相关特性上是准确可靠的。为直观说明此结论,对比各站点实测旬径流量 $Q_{t,t-1}^A$ 和 $Q_{t,t}^A$ 的经验联合概率和理论联合概率(篇幅限制,仅展示第 1、12、24 和 36 旬的结果),如图 5.4 所示,其中,图 5.4(a-1)表示李庄站实测旬径流量 $Q_{t-1,36}^{Li}$ 和 $Q_{t,1}^{Li}$ 的经验联合概率和理论联合概率,图 5.4(a-12)表示李庄站实

测旬径流量 $Q^{\mathrm{Li}}_{t,11}$ 和 $Q^{\mathrm{Li}}_{t,12}$ 的经验联合概率和理论联合概率,图 5.4(a-24)表示李庄站实测旬径流量 $Q^{\mathrm{Li}}_{t,23}$ 和 $Q^{\mathrm{Li}}_{t,24}$ 的经验联合概率和理论联合概率,图 5.4(a-36)表示李庄站实测旬径流量 $Q^{\mathrm{Li}}_{t,35}$ 和 $Q^{\mathrm{Li}}_{t,36}$ 的经验联合概率和理论联合概率,同理可以理解其余子图。由图 5.4 可以看出,各水文站相邻旬径流的经验联合概率与理论联合概率组成的数据点均紧密地贴合 45°对角线,进一步支撑了上述结论。

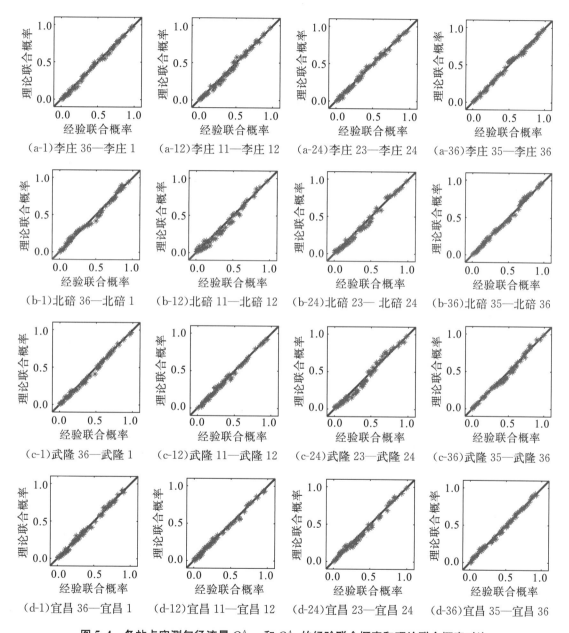

图 5.4　各站点实测旬径流量 $Q^{\mathrm{A}}_{i,t-1}$ 和 $Q^{\mathrm{A}}_{i,t}$ 的经验联合概率和理论联合概率对比

其次,由图 5.3(e)、图 5.3(f)、图 5.3(g)、图 5.3(h)、图 5.3(i)和图 5.3(j)可以发现,在一年中任意一个时段 t,Q^{Li}_{t} 和 Q^{Bei}_{t}、Q^{Li}_{t} 和 Q^{Wu}_{t}、Q^{Li}_{t} 和 Q^{Yi}_{t}、Q^{Bei}_{t} 和 Q^{Wu}_{t}、Q^{Bei}_{t} 和 Q^{Yi}_{t}、Q^{Wu}_{t}

和 Q_t^{Yi} 的边缘概率分布的均方根误差都较小,基本在 0.04 以内。由此结果可以初步判断,本节构建的季节性高斯混合模型能够较准确地刻画各站点(李庄、北碚、武隆和宜昌站)旬径流序列之间的 0 阶互相关特性。为更直观地论证此判断,图 5.5 为站点 A 实测旬径流量 $Q_{A,t}^A$ 与站点 B 实测旬径流量 $Q_{B,t}^B$ 的经验联合概率和理论联合概率,其中,图 $5.5(e\text{-}1)$ 表示李庄站实测旬流量 $Q_{Li,1}^{Li}$ 和北碚站实测旬流量 $Q_{Bei,1}^{Bei}$ 的经验联合概率和理论联合概率,图 $5.5(e\text{-}12)$ 表示李庄站实测旬流量 $Q_{Li,12}^{Li}$ 和北碚站实测旬流量 $Q_{Bei,12}^{Bei}$ 的经验联合概率及理论联合概率,同理可以理解其他子图。图 5.5 中红色星号紧密贴合 $45°$ 对角线,进一步直观地证明了上述判断。

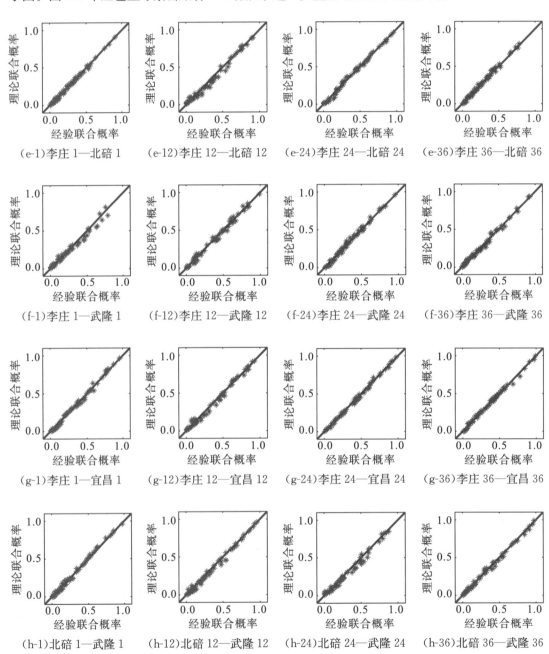

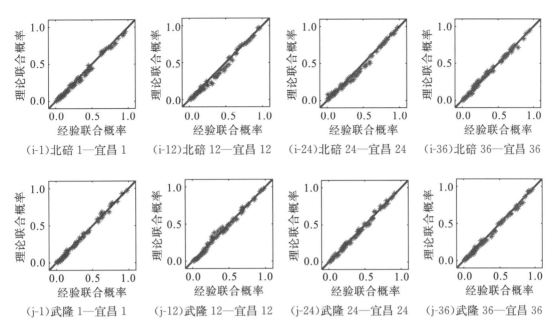

图 5.5 站点 A 实测旬径流量 $Q_{i,t}^{A}$ 与站点 B 实测旬径流量 $Q_{i,t}^{B}$ 的经验联合概率和理论联合概率

最后,由图 5.3(k)至图 5.3(v)可知,在一年中任意一个时段 t,Q_{t-1}^{Li} 和 Q_{t}^{Bei}、Q_{t-1}^{Li} 和 Q_{t}^{Wu}、Q_{t-1}^{Li} 和 Q_{t}^{Yi}、Q_{t-1}^{Bei} 和 Q_{t}^{Li}、Q_{t-1}^{Bei} 和 Q_{t}^{Wu}、Q_{t-1}^{Bei} 和 Q_{t}^{Yi}、Q_{t-1}^{Wu} 和 Q_{t}^{Li}、Q_{t-1}^{Wu} 和 Q_{t}^{Bei}、Q_{t-1}^{Wu} 和 Q_{t}^{Yi}、Q_{t-1}^{Yi} 和 Q_{t}^{Li}、Q_{t-1}^{Yi} 和 Q_{t}^{Bei} 以及 Q_{t-1}^{Yi} 和 Q_{t}^{Wu} 的边缘概率分布模型的拟合优度指标也都比较理想,表明本节构建的季节性高斯混合模型在刻画各站点(李庄、北碚、武隆和宜昌站)旬径流序列之间的 1 阶互相关特性上是较准确和可靠的。实测旬径流量 $Q_{i,t-1}^{A}$ 与 $Q_{i,t}^{B}$ 的经验联合概率和理论联合概率的 $P-P$ 图进一步直观地证明了这一结论,见图 5.6。其中,图 5.6(k-1)给出了李庄站实测旬径流量 $Q_{i-1,36}^{Li}$ 和北碚站实测旬径流量 $Q_{i,1}^{Bei}$ 的经验联合概率和理论联合概率,图 5.6(k-12)给出了李庄站实测旬径流量 $Q_{i,11}^{Li}$ 和北碚站实测旬径流量 $Q_{i,12}^{Bei}$ 的经验联合概率和理论联合概率,图 5.6(k-24)给出了李庄站实测旬径流量 $Q_{i,23}^{Li}$ 和北碚站实测旬径流量 $Q_{i,24}^{Bei}$ 的经验联合概率和理论联合概率,同理可以理解其他子图。

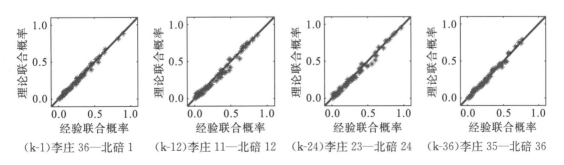

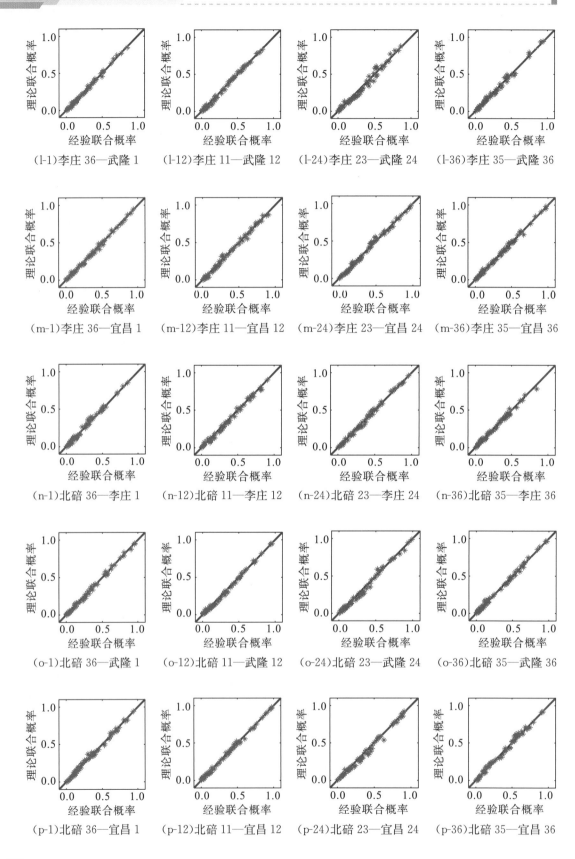

(l-1)李庄 36—武隆 1　　(l-12)李庄 11—武隆 12　　(l-24)李庄 23—武隆 24　　(l-36)李庄 35—武隆 36

(m-1)李庄 36—宜昌 1　　(m-12)李庄 11—宜昌 12　　(m-24)李庄 23—宜昌 24　　(m-36)李庄 35—宜昌 36

(n-1)北碚 36—李庄 1　　(n-12)北碚 11—李庄 12　　(n-24)北碚 23—李庄 24　　(n-36)北碚 35—李庄 36

(o-1)北碚 36—武隆 1　　(o-12)北碚 11—武隆 12　　(o-24)北碚 23—武隆 24　　(o-36)北碚 35—武隆 36

(p-1)北碚 36—宜昌 1　　(p-12)北碚 11—宜昌 12　　(p-24)北碚 23—宜昌 24　　(p-36)北碚 35—宜昌 36

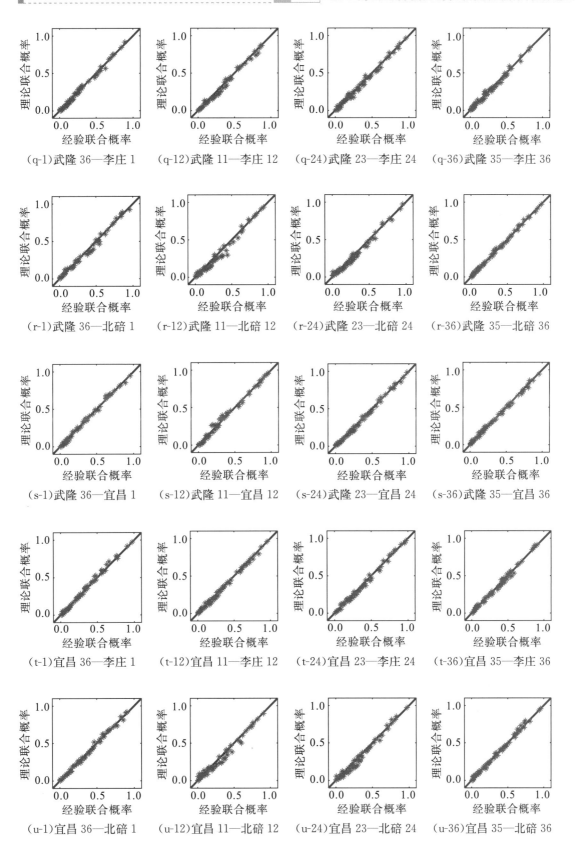

(q-1)武隆 36—李庄 1	(q-12)武隆 11—李庄 12	(q-24)武隆 23—李庄 24	(q-36)武隆 35—李庄 36
(r-1)武隆 36—北碚 1	(r-12)武隆 11—北碚 12	(r-24)武隆 23—北碚 24	(r-36)武隆 35—北碚 36
(s-1)武隆 36—宜昌 1	(s-12)武隆 11—宜昌 12	(s-24)武隆 23—宜昌 24	(s-36)武隆 35—宜昌 36
(t-1)宜昌 36—李庄 1	(t-12)宜昌 11—李庄 12	(t-24)宜昌 23—李庄 24	(t-36)宜昌 35—李庄 36
(u-1)宜昌 36—北碚 1	(u-12)宜昌 11—北碚 12	(u-24)宜昌 23—北碚 24	(u-36)宜昌 35—北碚 36

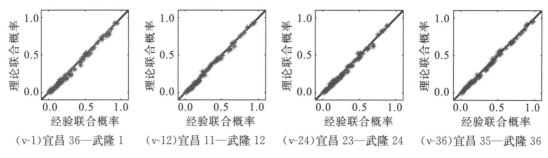

图 5.6 站点 A 实测旬流量 $Q_{i,t-1}^A$ 与站点 B 实测旬流量 $Q_{i,t}^B$ 的经验联合概率和理论联合概率

综合上述讨论与分析可知,本节构建的多站(李庄、北碚、武隆和宜昌站)旬径流序列的季节性高斯混合模型是合理的,具有较高的拟合优度性能,能够比较准确地描述各站点旬径流序列的 1 阶自相关特性以及多站旬径流序列之间的 0～1 阶互相关特性,可以进一步应用于多站旬径流序列的随机模拟。本节以多站(李庄、北碚、武隆和宜昌站)旬径流序列的季节性高斯混合模型为例开展模型合理性检验工作,在一定程度上证明了高斯混合模型的优良拟合性能,进而间接检验了本节构建的其他高斯混合模型的合理性。

5.5.2 单站径流随机模拟方法的应用与结果分析

采用 4 种单站径流随机模拟方法(包括本章提出的 GMM-SRS 和 SGMM-SRS 两种新方法以及 SAR-SRS 和 SCM-SRS 两种对比方法)随机生成屏山、高场、北碚、武隆和宜昌水文站 5000 年的旬径流序列和月径流序列。在本节,SAR-SRS 方法和 SCM-SRS 方法的核心模型均是 1 阶随机模型,即模型只考虑了站点径流序列的 1 阶自相关特性。

首先,采用 5.3.2 节所列公式计算各站点实测和模拟径流时间序列各截口的主要统计参数,包括均值 μ、标准差 SD、偏态系数 CS、峰度系数 CK、1 阶 Pearson 自相关系数 RP^1、1 阶 Kendall 自相关系数 RK^1、1 阶 Spearman 自相关系数 RS^1,在此基础上,采用 5.3.3 节所列公式计算 4 种方法的适用性评价指标,即均方根误差和确定系数指标。最后,检验 GMM-SRS 方法和 SGMM-SRS 方法在单站径流随机模拟中的适用性与优越性。

5.5.2.1 单站旬径流随机模拟结果分析

对比 4 种单站径流随机模拟方法在模拟各站点旬径流序列统计特性(μ、SD、CS、CK、RP^1、RK^1、RS^1)上的均方根误差和确定系数指标,见图 5.7 和图 5.8,有色数据条直观地展示了各方法的均方根误差和确定系数指标的大小,SM1、SM2、SM3 和 SM4 分别表示 GMM-SRS、SGMM-SRS、SAR-SRS 和 SCM-SRS 方法。

站点		μ	SD	CS	CK	RP^1	RK^1	RS^1
屏山	SM1	29.856	15.045	0.040	0.096	0.152	0.132	0.154
	SM2	41.760	45.667	0.078	0.290	0.017	0.021	0.016
	SM3	32.277	26.181	0.076	1.164	0.059	0.094	0.062
	SM4	26.753	19.556	0.087	1.359	0.072	0.006	0.018
高场	SM1	18.389	14.810	0.034	0.143	0.123	0.085	0.117
	SM2	17.342	17.727	0.098	0.267	0.018	0.021	0.021
	SM3	8.769	11.642	0.060	0.794	0.088	0.061	0.069
	SM4	10.124	7.581	0.128	2.093	0.085	0.008	0.014
北碚	SM1	33.145	30.876	0.057	0.200	0.138	0.112	0.139
	SM2	65.403	111.546	0.136	0.869	0.037	0.021	0.024
	SM3	28.334	43.494	0.141	2.086	0.092	0.064	0.057
	SM4	17.330	28.723	0.119	1.911	0.168	0.007	0.025
武隆	SM1	16.337	16.817	0.031	0.179	0.112	0.103	0.127
	SM2	34.997	44.432	0.102	0.654	0.031	0.020	0.029
	SM3	16.674	22.484	0.076	1.312	0.091	0.078	0.082
	SM4	11.249	18.947	0.203	3.485	0.164	0.007	0.018
宜昌	SM1	63.490	36.694	0.047	0.114	0.120	0.096	0.127
	SM2	146.259	129.791	0.062	0.159	0.017	0.021	0.020
	SM3	66.750	61.340	0.042	0.667	0.036	0.036	0.042
	SM4	82.281	51.431	0.246	3.843	0.077	0.008	0.015

图 5.7　4 种单站径流随机模拟方法在模拟各站点旬径流序列统计特性上的均方根误差

站点		μ	SD	CS	CK	RP^1	RK^1	RS^1
屏山	SM1	1.000	1.000	0.993	0.997	−0.254	0.372	−0.181
	SM2	1.000	0.999	0.973	0.968	0.984	0.985	0.987
	SM3	1.000	1.000	0.974	0.492	0.814	0.682	0.809
	SM4	1.000	1.000	0.965	0.307	0.720	0.999	0.984
高场	SM1	1.000	1.000	0.998	0.999	0.495	0.605	0.512
	SM2	1.000	0.999	0.982	0.995	0.989	0.977	0.984
	SM3	1.000	1.000	0.993	0.954	0.742	0.797	0.829
	SM4	1.000	1.000	0.968	0.683	0.762	0.996	0.993
北碚	SM1	1.000	0.999	0.995	0.998	0.509	0.541	0.437
	SM2	0.999	0.993	0.970	0.952	0.965	0.984	0.983
	SM3	1.000	0.999	0.967	0.725	0.781	0.850	0.906
	SM4	1.000	1.000	0.977	0.769	0.271	0.998	0.981
武隆	SM1	1.000	0.999	0.997	0.997	0.576	0.445	0.417
	SM2	0.999	0.996	0.970	0.956	0.968	0.978	0.969
	SM3	1.000	0.999	0.983	0.821	0.722	0.683	0.757
	SM4	1.000	0.999	0.879	−0.261	0.087	0.997	0.988
宜昌	SM1	1.000	1.000	0.986	0.994	0.235	0.439	0.307
	SM2	1.000	0.998	0.974	0.988	0.984	0.972	0.982
	SM3	1.000	1.000	0.988	0.793	0.931	0.924	0.923
	SM4	1.000	1.000	0.598	−5.871	0.681	0.996	0.990

图 5.8　4 种单站径流随机模拟方法在模拟各站点旬径流序列统计特性上的确定系数指标

由图 5.7 和图 5.8 可以看出：①GMM-SRS 方法可以较好地保持实测旬径流序列各截口的低阶统计参数 μ 和 SD 以及高阶统计参数 CS 和 CK，但不能有效保持截口间的相关系数 RP^1、RK^1 和 RS^1；②SGMM-SRS 方法在模拟各站点旬径流序列统计特性上的确定系数指标均在 0.95 以上，表明该方法可以较好地保持实测旬径流序列的所有统计参数 μ、SD、

CS、CK、RP^1、RK^1、RS^1;③SAR-SRS 方法可以较好地保持实测旬径流序列各截口的 1～3 阶统计参数 μ、SD 和 CS,但在保留 CK、RP^1、RK^1 和 RS^1 上存在不足;④SCM-SRS 方法可以较好地保持实测旬径流序列各截口的低阶统计参数 μ 和 SD 以及截口间的非线性相关系数 RK^1 和 RS^1,在保留各截口的偏态系数 CS 上也基本较好,但不能有效保留各截口的峰度系数 CK 以及截口间的线性相关系数 RP^1。为进一步验证结论①和②,绘制了宜昌站模拟旬径流序列与实测旬径流序列各截口的统计参数的点线图(受篇幅限制,仅以宜昌站为例),从图 5.9 中可以看出,结论①和②显然成立。综上分析可知,在单站旬径流随机模拟应用中,SGMM-SRS 方法的综合性能最优,SCM-SRS 方法次之,SAR-SRS 方法再次之,GMM-SRS 方法的综合性能最差。

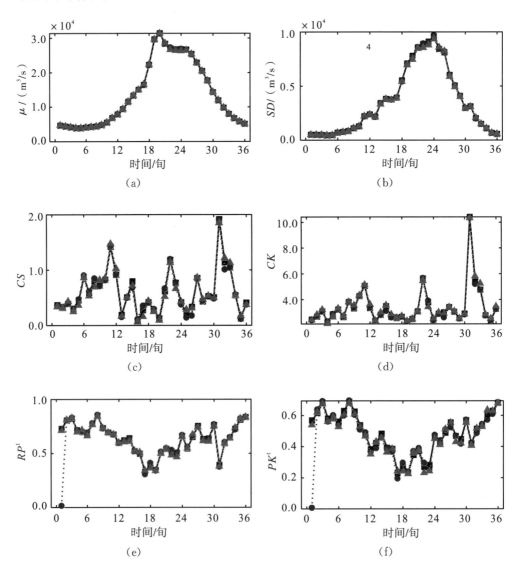

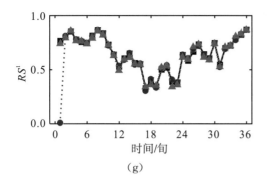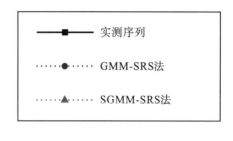

图 5.9 宜昌站模拟旬径流序列与实测旬径流序列各截口的统计参数(单站模拟)

对于 GMM-SRS 方法,尽管其综合性能最差,但其潜能可能是最好的。GMM-SRS 方法在保持各站点实测旬径流序列的自相关系数 RP^1、RK^1 和 RS^1 上存在较大的均方根误差和较差的确定系数指标的原因在于,GMM-SRS 方法在原理上只考虑了单站径流序列的年内自相关特性,而没有考虑径流序列的年际自相关性(见 5.2.3.1 节)。原理上的不足使 GMM-SRS 方法生成的模拟径流序列的年与年之间不连序,即上一年的模拟径流序列与下一年的模拟径流序列之间不相关。这样的模拟径流序列的第 1 个截口的 1 阶自相关系数自然与实测径流序列的相应统计参数存在较大差距,如图 5.9(e)、图 5.9(f)和图 5.9(g)所示。由图 5.9 可以发现,除无法保持实测旬径流序列的第 1 个截口的自相关特性外,GMM-SRS 方法在保持实测旬径流序列的其他统计特性上具有很好的性能表现。针对 GMM-SRS 方法存在的问题,可尝试开展基于条件重采样与高斯混合模型的单站径流随机模拟方法研究。研究思路是,首先采用 GMM-SRS 方法随机生成足够长的模拟径流序列作为样本池,该样本池是一个矩阵,矩阵的一行表示一年的逐时段径流序列,在此基础上,以年(一行)为单位,以实测径流序列的年际相关性为依据,采用条件重采样方法从样本池中不放回抽样出目标年数的径流过程,进而获得与实测径流序列的统计特性非常逼近的单站模拟径流序列。受时间和精力的限制,本书未开展此研究。

5.5.2.2 单站月径流随机模拟结果分析

对比 4 种方法分析在保持各站点月径流序列统计特性上的均方根误差和确定系数指标,见图 5.10 和图 5.11。图 5.12 展示了宜昌站模拟月径流序列与实测月径流序列各截口的统计参数。从图 5.10、图 5.11 和图 5.12 可以看出:①GMM-SRS 方法可以较好地保持实测月径流序列各截口的 μ、SD、CS 和 CK,但显然不能有效保持各截口的自相关系数 RP^1、RK^1 和 RS^1,原因依然是 GMM-SRS 方法在原理上存在不足;②SGMM-SRS 方法在保留各站点月径流序列统计特性上的确定系数指标均在 0.96 以上,表明该方法可以有效保持实测旬径流序列的所有统计参数 μ、SD、CS、CK、RP^1、RK^1、RS^1;③SAR-SRS 方法可以较好地保持实测月径流序列各截口的 1~3 阶统计参数 μ、SD 和 CS,在保留 RP^1、RK^1 和 RS^1 上也较好,但不能有效保持高阶统计参数 CK;④SCM-SRS 方法可以较好地保持实测月径流

序列各截口的 μ、SD、CS、RK^1 和 RS^1，但不能有效保留各截口的峰度系数 CK 以及截口间的线性相关系数 RP^1。由以上分析可知，在单站月径流随机模拟应用中，SGMM-SRS 方法的综合性能最优，SCM-SRS 方法次之，SAR-SRS 方法再次之，GMM-SRS 方法的综合性能最差。5.5.2.1 节已分析 GMM-SRS 方法综合性能最差的原因，并给出了可行的改进建议，此处不再赘述。

		μ	SD	CS	CK	RP^1	RK^1	RS^1
屏山	SM1	19.820	8.999	0.022	0.069	0.257	0.220	0.265
	SM2	27.631	19.999	0.056	0.123	0.025	0.016	0.020
	SM3	18.198	18.291	0.057	0.871	0.061	0.094	0.086
	SM4	19.643	6.340	0.052	0.788	0.080	0.008	0.015
高场	SM1	10.376	10.979	0.039	0.132	0.124	0.093	0.127
	SM2	26.136	10.436	0.079	0.384	0.016	0.016	0.018
	SM3	16.060	5.119	0.030	0.680	0.026	0.022	0.032
	SM4	11.044	6.418	0.068	1.008	0.046	0.009	0.024
北碚	SM1	30.144	25.679	0.052	0.391	0.219	0.196	0.244
	SM2	49.228	37.289	0.086	0.515	0.027	0.027	0.033
	SM3	7.561	28.917	0.114	1.476	0.066	0.084	0.079
	SM4	18.708	12.652	0.111	1.426	0.122	0.010	0.015
武隆	SM1	8.472	6.368	0.026	0.079	0.193	0.130	0.173
	SM2	14.498	18.551	0.051	0.118	0.020	0.015	0.017
	SM3	9.704	9.933	0.068	1.118	0.067	0.036	0.044
	SM4	15.409	9.142	0.055	0.772	0.119	0.009	0.017
宜昌	SM1	87.648	71.639	0.019	0.057	0.151	0.109	0.158
	SM2	67.019	68.419	0.044	0.121	0.028	0.023	0.027
	SM3	74.169	32.354	0.030	0.653	0.032	0.033	0.049
	SM4	30.893	55.359	0.058	0.980	0.080	0.010	0.020

图 5.10　4 种单站径流随机模拟方法在模拟各站点月径流序列统计特性上的均方根误差

		μ	SD	CS	CK	RP^1	RK^1	RS^1
屏山	SM1	1.000	1.000	0.997	0.996	−0.533	0.127	−0.078
	SM2	1.000	1.000	0.981	0.988	0.986	0.996	0.994
	SM3	1.000	1.000	0.980	0.413	0.913	0.841	0.886
	SM4	1.000	1.000	0.983	0.520	0.853	0.999	0.997
高场	SM1	1.000	1.000	0.998	0.999	0.202	0.291	0.200
	SM2	1.000	1.000	0.991	0.992	0.987	0.978	0.984
	SM3	1.000	1.000	0.999	0.976	0.965	0.961	0.949
	SM4	1.000	1.000	0.993	0.947	0.893	0.994	0.971
北碚	SM1	1.000	0.999	0.995	0.989	0.045	−0.029	−0.142
	SM2	0.999	0.998	0.987	0.981	0.986	0.981	0.979
	SM3	1.000	0.999	0.978	0.841	0.913	0.812	0.881
	SM4	1.000	1.000	0.979	0.852	0.707	0.998	0.996
武隆	SM1	1.000	1.000	0.996	0.997	−0.251	−0.047	−0.081
	SM2	1.000	0.999	0.986	0.993	0.986	0.985	0.990
	SM3	1.000	1.000	0.975	0.384	0.847	0.922	0.929
	SM4	1.000	1.000	0.984	0.706	0.520	0.995	0.989
宜昌	SM1	1.000	0.999	0.997	0.996	0.085	0.250	0.164
	SM2	1.000	0.999	0.983	0.982	0.968	0.966	0.976
	SM3	1.000	1.000	0.992	0.469	0.958	0.931	0.921
	SM4	1.000	1.000	0.970	−0.197	0.744	0.994	0.986

图 5.11　4 种单站径流随机模拟方法在模拟各站点月径流序列统计特性上的确定系数指标

至此,综合本节和 5.5.2.1 节的讨论与分析可知,无论是模拟单站旬径流序列还是模拟单站月径流序列,本章提出的 SGMM-SRS 方法都是适用且实用的,均能有效保持实测径流序列的主要统计特性(μ、SD、CS、CK、RP^1、RK^1 和 RS^1),与 SCM-SRS 方法、SAR-SRS 方法和 GMM-SRS 方法比较,其性能更优。尽管提出的 GMM-SRS 方法在原理上先天不足,实用性较低,但其在保持实测径流序列的 1~4 阶统计参数(μ、SD、CS 和 CK)以及年内自相关特性上具有非常好的性能表现(图 5.9 和图 5.12),在不要求模拟径流序列年际连序的情况下,可以首选 GMM-SRS 方法生成模拟径流序列。

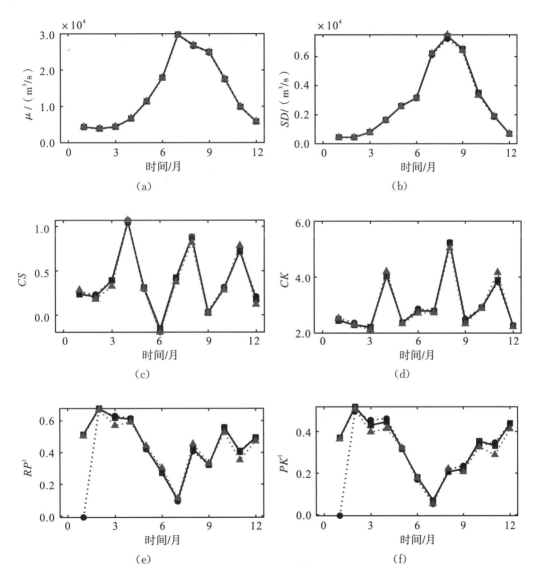

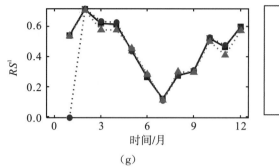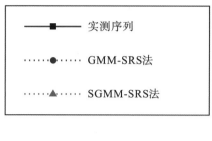

（g）

图5.12　宜昌站模拟月径流序列与实测月径流序列各截口的统计参数（单站模拟）

5.5.3　多站径流随机模拟方法的应用与结果分析

采用 4 种多站径流随机模拟方法（包括本章提出的 GMM-MRS、SGMM-MRS 和 SGMM-MRS-KS 3 种新方法以及 SR-MRS-KS 一种对比方法）随机生成李庄、北碚、武隆和宜昌 4 个水文站 5000 年的多站旬径流序列和月径流序列。在本节，SR-MRS-KS 方法的核心模型是 1 阶随机模型，即模型只考虑了各站点径流序列的 1 阶自相关特性和主从站径流序列之间的 0 阶互相关特性。另外，在应用 SR-MRS-KS 和 SGMM-MRS-KS 两种主站法时，宜昌站为主站，其余各站为从站。

首先，采用 5.3.2 节所列公式计算各站点模拟径流序列和实测径流序列的基本统计参数（μ、SD、CS、CK、RP^1、RK^1、RS^1）以及不同站点模拟径流序列之间以及实测径流序列之间的 0 阶互相关系数（0 阶 Pearson 互相关系数 $RP_0^{(A-B)}$、0 阶 Kendall 互相关系数 $RK_0^{(A-B)}$ 和 0 阶 Spearman 互相关系数 $RS_0^{(A-B)}$，A 和 B 泛指水文站点）。在此基础上，采用 5.3.3 节所列公式计算 4 种方法的适用性评价指标，即均方根误差和确定系数指标。最后，检验 GMM-MRS 方法、SGMM-MRS 方法和 SGMM-MRS-KS 方法在多站径流随机模拟中的适用性和优越性。

5.5.3.1　多站旬径流随机模拟结果分析

图 5.13 和图 5.14 分别给出了 3 种多站径流随机模拟方法在保持各站点旬径流序列统计特性上的均方根误差和确定系数指标，图 5.15 展示了 3 种方法在保持多站点旬径流序列之间的 0 阶互相关特性上的均方根误差和确定系数指标。在图 5.13、图 5.14 和图 5.15 中，MM2、MM3 和 MM4 分别对应 SGMM-MRS、SGMM-MRS-KS 和 SR-MRS-KS 方法；有色数据条的长短表示各方法均方根误差和确定系数指标的大小。在图 5.15 中，"李—北"是 "李庄—北碚"的简写，其他简写同理。之所以 GMM-MRS 方法没有应用于多站旬径流序列随机模拟，是因为多站（李庄、北碚、武隆和宜昌）旬径流序列的高斯混合模型维度太高，达 4×36 维（见 5.2.3.3 节），本书掌握的 62 年实测旬径流数据无法对其进行有效训练。

		μ	SD	CS	CK	RP^1	RK^1	RS^1
李庄	MM2	159.515	119.122	0.155	0.548	0.040	0.050	0.047
	MM3	109.846	136.227	0.179	0.649	0.106	0.099	0.118
	MM4	86.167	300.730	0.212	1.282	0.055	0.071	0.060
北碚	MM2	108.945	145.904	0.304	1.011	0.047	0.075	0.079
	MM3	112.967	123.495	0.197	1.209	0.072	0.067	0.084
	MM4	65.056	154.831	0.273	3.306	0.086	0.077	0.076
武隆	MM2	79.787	73.963	0.284	0.800	0.042	0.071	0.080
	MM3	49.276	82.457	0.260	1.209	0.089	0.066	0.077
	MM4	40.450	102.075	0.250	2.658	0.087	0.082	0.088
宜昌	MM2	281.370	198.311	0.126	0.332	0.038	0.038	0.042
	MM3	127.234	99.007	0.046	0.152	0.014	0.019	0.018
	MM4	58.247	59.296	0.051	0.781	0.034	0.037	0.043

图 5.13　3 种多站径流随机模拟方法在保持各站点旬径流序列统计特性上的均方根误差

		μ	SD	CS	CK	RP^1	RK^1	RS^1
李庄	MM2	0.999	0.995	0.826	0.753	0.912	0.880	0.892
	MM3	1.000	0.993	0.766	0.654	0.401	0.525	0.317
	MM4	1.000	0.966	0.672	−0.349	0.838	0.758	0.822
北碚	MM2	0.996	0.988	0.848	0.935	0.942	0.794	0.818
	MM3	0.996	0.991	0.936	0.907	0.864	0.839	0.797
	MM4	0.999	0.986	0.877	0.308	0.808	0.785	0.832
武隆	MM2	0.994	0.989	0.775	0.938	0.940	0.737	0.766
	MM3	0.998	0.986	0.812	0.859	0.727	0.769	0.784
	MM4	0.999	0.978	0.826	0.320	0.739	0.649	0.715
宜昌	MM2	0.999	0.996	0.898	0.949	0.924	0.912	0.925
	MM3	1.000	0.999	0.986	0.989	0.990	0.979	0.986
	MM4	1.000	1.000	0.984	0.718	0.938	0.918	0.921

图 5.14　3 种多站径流随机模拟方法在保持各站点旬径流序列统计特性上的确定系数指标

首先分析 SGMM-MRS、SGMM-MRS-KS 和 SR-MRS-KS 方法在保持各站点旬径流序列统计特性上的性能表现。由图 5.13 和图 5.14 可以看出：①3 种方法随机生成的模拟旬径流序列较好地保持了各站点实测旬径流序列的均值 μ 和标准差 SD，确定系数指标都在 0.97 以上，具体而言，在保持径流序列的均值特性上，SR-MRS-KS 法的总体性能最优，而在保持标准差上，3 种方法总体上互为非劣；②3 种方法在保持各站点实测旬径流序列偏态特性 CS 上的性能表现尚好，总体来看，各方法的性能相近；③SR-MRS-KS 法生成的各站点的模拟旬径流序列基本不能保持实测径流序列的峰度特性 CK，而 SGMM-MRS 和 SGMM-MRS-KS 方法的均方根误差和确定系数指标明显更优，即在保持径流序列的峰度特性上表现较好；④SGMM-MRS 方法可以较好地保持各站点实测旬径流序列的 1 阶线性自相关特性 RP^1，确定系数指标都在 0.91 以上，与之相比，SR-MRS-KS 法次之，SGMM-MRS-KS 方法第三；⑤在保持各站点实测旬径流序列的 1 阶非线性自相关特性 RK^1 和 RS^1 上，SGMM-MRS 和 SR-MRS-KS 两种方法的总体性能表现尚可，SGMM-MRS-KS 方法的总体性能表现较差。

接下来，讨论分析 SGMM-MRS、SGMM-MRS-KS 和 SR-MRS-KS 方法在保持各站点旬径流序列之间的 0 阶互相关特性（$RP_0^{(A-B)}$、$RK_0^{(A-B)}$ 和 $RS_0^{(A-B)}$）上的性能表现。观察图 5.15 可以发现，SGMM-MRS 方法的确定系数指标和均方根误差显著优于另外两种方法，其随机生成的多站模拟旬径流序列较好且全面地保持了多站实测旬径流序列的 0 阶互相关特性，包括李庄—北碚、李庄—武隆、李庄—宜昌、北碚—武隆、北碚—宜昌和武隆—宜昌的 0 阶互相关特性。从 SGMM-MRS-KS 方法和 SR-MRS-KS 方法的原理来看，两种方法能够较好地保持主从站径流序列之间的互相关特性，图 5.15 显示，与保持从站间的互相关特性比较，两种方法确实在保持主从站径流序列之间的互相关特性上具有更好的性能表现，但无论是保持从站间互相关特性还是保持主从站之间的互相关特性，两种方法的性能指标都很差，目前仍未探明导致此结果的原因，后续将对其开展进一步研究。

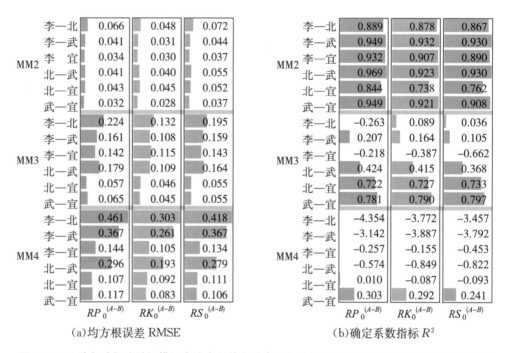

（a）均方根误差 RMSE　　　　　　　　（b）确定系数指标 R^2

图 5.15　3 种多站径流随机模拟方法在保持多站点旬径流序列间互相关特性上的 RMSE 和 R^2

综上分析可知，SGMM-MRS 方法的综合性能最优，其能够较好地保持站点旬径流序列各截口的均值、标准差、偏态系数和峰度系数，站点旬径流序列的一阶线性和非线性自相关特性，以及站点旬径流序列之间的 0 阶互相关特性，适用于多站旬径流随机模拟；SR-MRS-KS 方法的综合性能次之，其在保持站点旬径流序列各截口的低阶统计参数（均值、标准差和偏态系数）以及旬径流序列的一阶线性和非线性自相关特性上性能尚好，但在保持其他统计特性尤其是 0 阶互相关特性上存在明显不足，适用性相对较差；SGMM-MRS-KS 方法的综合性能最差，很难认为其适用于多站旬径流随机模拟。

为更直观地证实 SGMM-MRS 方法的有效性，绘制了模拟旬径流序列各截口统计参数与实测旬径流序列各截口统计参数的对比图（篇幅限制，仅以宜昌站为例），如图 5.16 所示。另外，还绘制了多站模拟旬径流序列（SGMM-MRS 方法生成的）的 0 阶互相关特性与多站实测旬径流序列的 0 阶互相关特性的对比图,如图 5.17 所示。在图 5.17(a)中,纵坐标标签 $RP_0^{(李一北)}$ 表示李庄站和北碚站旬径流序列的 0 阶 Pearson 互相关系数;在图 5.17(g)中, $RK_0^{(李一北)}$ 表示李庄站和北碚站旬径流序列的 0 阶 Kendall 互相关系数;在图 5.17(m)中, $RS_0^{(李一北)}$ 表示李庄和北碚两站旬径流序列的 0 阶 Spearman 互相关系数。同理,可以理解图 5.17 中其他子图的纵坐标标签。由图 5.16 和图 5.17 可以直观地看出,SGMM-MRS 方法随机生成的多站模拟旬径流序列较好地保持了宜昌站实测旬径流序列各截口的 μ、SD、CS、CK、RP^1、RK^1、RS^1,以及 4 个水文站点间滞时为 0 的互相关特性,表明 SGMM-MRS 方法适用于多站旬径流随机模拟的结论是可靠的。

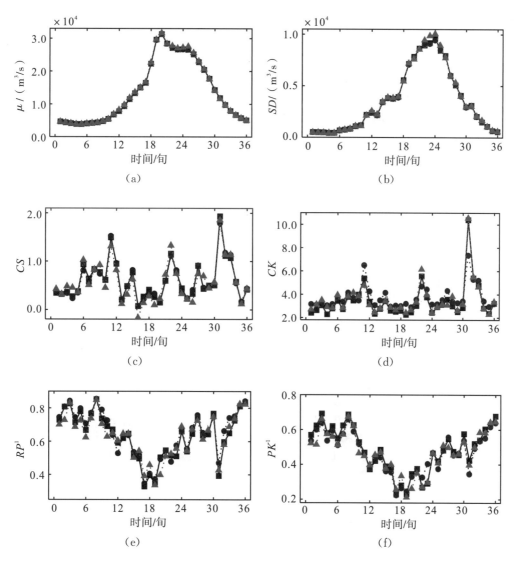

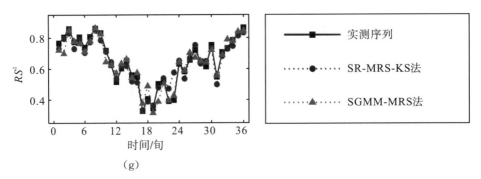

图 5.16　宜昌站模拟旬径流序列与实测旬径流序列的各旬流量的统计参数对比（多站模拟）

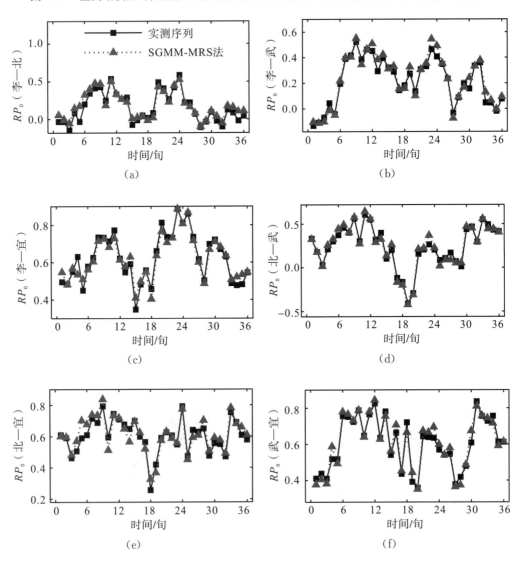

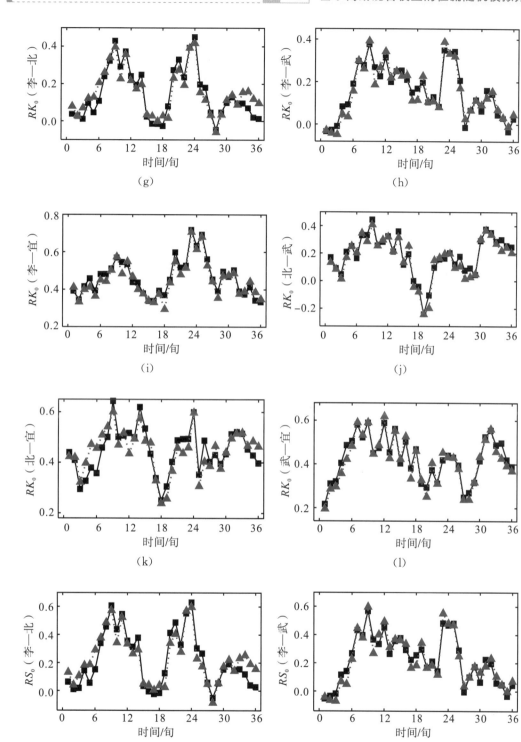

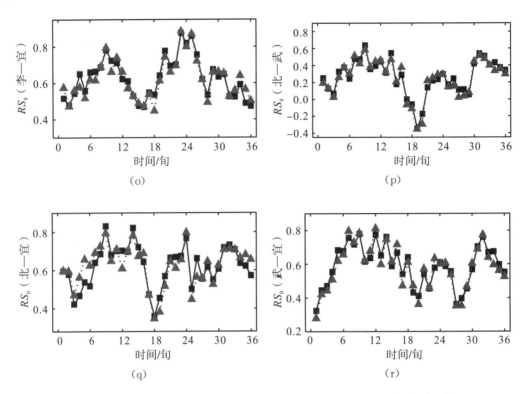

图 5.17   多站模拟旬径流序列与多站实测旬径流序列的 0 阶互相关系数对比

5.5.3.2   多站月径流随机模拟结果分析

对比 GMM-MRS 方法、SGMM-MRS 方法、SGMM-MRS-KS 方法和 SR-MRS-KS 方法在保持各站点月径流序列基本统计特性（μ、SD、CS、CK、RP^1、RK^1、RS^1）上的均方根误差和确定系数指标，如图 5.18 和图 5.19 所示，图 5.20 为 4 种方法在保持各站点月径流序列间 0 阶互相关特性上的均方根误差 RMSE 和确定系数指标 R^2。在图 5.18、图 5.19 和图 5.20 中，MM1、MM2、MM3 和 MM4 分别对应 GMM-MRS、SGMM-MRS、SGMM-MRS-KS 和 SR-MRS-KS 方法。之所以 GMM-MRS 方法能够应用于多站月径流序列随机模拟，是因为多站（李庄、北碚、武隆和宜昌）月径流序列的高斯混合模型的维度适中，为 4×12 维，本书掌握的 62 年实测月径流数据可以对其进行较好的训练。

首先分析 4 种方法在保持各站点月径流序列的基本统计特性上的性能表现。从图 5.18 和图 5.19 可以看出：①4 种方法随机生成的月径流序列较好地保持了各站点实测月径流序列各时段流量的 μ、SD 和 CS，确定系数指标基本都在 0.9 以上，具体而言，在保持均值 μ 和标准差 SD 上，4 种方法的总体性能比较接近，而在保持偏态系数 CS 上，GMM-MRS 方法的性能最优，另外 3 种方法的性能次之；②在保持各站点月径流序列各截口的峰度系数 CK 上，GMM-MRS 方法的总体性能最优，其确定系数指标都在 0.98 以上，SGMM-MRS 方法的性能次之，但总体上仍能较好地保持实测月径流序列各月流量的峰度系数，与前两种方法相比，SGMM-MRS-KS 和 SR-MRS-KS 方法的总体表现明显不够理想；③从性能指标来看，

GMM-MRS 方法不能有效保持各站点实测月径流序列各截口的 1 阶线性和非线性自相关系数 RP^1、RK^1 和 RS^1，与之相反，另外 3 种方法能够较好地保持实测径流序列的 RP^1、RK^1 和 RS^1。

		μ	SD	CS	CK	RP^1	RK^1	RS^1
李庄	MM1	29.961	16.383	0.035	0.055	0.231	0.186	0.236
	MM2	104.338	34.783	0.089	0.259	0.058	0.049	0.067
	MM3	60.695	82.709	0.151	0.682	0.076	0.054	0.068
	MM4	67.300	112.384	0.137	1.078	0.042	0.054	0.049
北碚	MM1	16.565	19.366	0.027	0.205	0.218	0.196	0.244
	MM2	86.043	52.497	0.205	0.697	0.053	0.053	0.069
	MM3	35.206	56.167	0.259	0.675	0.048	0.045	0.055
	MM4	26.907	41.227	0.201	1.918	0.054	0.073	0.062
武隆	MM1	9.713	10.725	0.032	0.109	0.187	0.127	0.171
	MM2	48.052	58.712	0.107	0.216	0.047	0.045	0.058
	MM3	20.806	24.360	0.139	0.540	0.044	0.030	0.042
	MM4	15.733	18.355	0.086	1.191	0.063	0.056	0.072
宜昌	MM1	47.000	26.538	0.026	0.056	0.148	0.108	0.156
	MM2	257.979	76.528	0.117	0.267	0.045	0.040	0.051
	MM3	84.559	119.177	0.053	0.150	0.027	0.028	0.035
	MM4	91.034	43.771	0.045	0.719	0.031	0.038	0.054

图 5.18　4 种多站径流随机模拟方法在保持各站点月径流序列统计特性上的均方根误差

		μ	SD	CS	CK	RP^1	RK^1	RS^1
李庄	MM1	1.000	1.000	0.990	0.986	−0.512	0.029	−0.164
	MM2	1.000	0.999	0.931	0.697	0.905	0.932	0.906
	MM3	1.000	0.996	0.802	−1.091	0.836	0.917	0.902
	MM4	1.000	0.993	0.836	−4.228	0.951	0.919	0.951
北碚	MM1	1.000	1.000	0.999	0.997	0.040	−0.037	−0.181
	MM2	0.997	0.997	0.926	0.963	0.944	0.924	0.907
	MM3	1.000	0.996	0.882	0.965	0.954	0.946	0.940
	MM4	1.000	0.998	0.929	0.721	0.941	0.854	0.924
武隆	MM1	1.000	1.000	0.995	0.994	−0.215	−0.051	−0.090
	MM2	0.998	0.985	0.939	0.977	0.922	0.870	0.874
	MM3	1.000	0.997	0.897	0.857	0.932	0.943	0.935
	MM4	1.000	0.999	0.960	0.306	0.864	0.796	0.809
宜昌	MM1	1.000	1.000	0.994	0.996	0.129	0.287	0.214
	MM2	0.999	0.999	0.885	0.914	0.920	0.904	0.917
	MM3	1.000	0.998	0.976	0.973	0.972	0.953	0.961
	MM4	1.000	1.000	0.983	0.377	0.961	0.911	0.905

图 5.19　4 种多站径流随机模拟方法在保持各站点月径流序列统计特性上的确定系数指标

接下来，讨论分析 4 种方法在保持多站点月径流序列之间 0 阶互相关特性上的性能表现。从图 5.20 给出的均方根误差和确定系数指标可以看出：①GMM-MRS 方法和 SGMM-MRS 方法生成的多站模拟月径流序列很好地保持了多站实测月径流序列的 0 阶互相关特性；②SGMM-MRS-KS 和 SR-MRS-KS 方法无法全面地保持多站实测月径流序列的 0 阶互相关特性，仅能基本保持主从站（李庄—宜昌、北碚—宜昌和武隆—宜昌）月径流序列之间的

0阶互相关特性,两种方法的总体性能表现明显劣于 GMM-MRS 和 SGMM-MRS 方法。

(a)均方根误差 RMSE

		$RP_0^{(A-B)}$	$RK_0^{(A-B)}$	$RS_0^{(A-B)}$
MM1	李一北	0.009	0.020	0.010
	李一武	0.008	0.018	0.011
	李一宜	0.011	0.020	0.013
	北一武	0.013	0.020	0.015
	北一宜	0.009	0.023	0.013
	武一宜	0.010	0.019	0.015
MM2	李一北	0.038	0.027	0.039
	李一武	0.052	0.044	0.056
	李一宜	0.035	0.030	0.033
	北一武	0.050	0.055	0.077
	北一宜	0.020	0.022	0.024
	武一宜	0.031	0.036	0.047
MM3	李一北	0.287	0.176	0.260
	李一武	0.181	0.108	0.157
	李一宜	0.100	0.083	0.106
	北一武	0.213	0.146	0.214
	北一宜	0.029	0.036	0.044
	武一宜	0.049	0.044	0.053
MM4	李一北	0.438	0.273	0.387
	李一武	0.334	0.213	0.300
	李一宜	0.096	0.062	0.082
	北一武	0.245	0.173	0.249
	北一宜	0.066	0.069	0.084
	武一宜	0.068	0.053	0.064

(b)确定系数指标 R^2

		$RP_0^{(A-B)}$	$RK_0^{(A-B)}$	$RS_0^{(A-B)}$
MM1	李一北	0.998	0.981	0.998
	李一武	0.998	0.973	0.995
	李一宜	0.992	0.965	0.989
	北一武	0.998	0.989	0.997
	北一宜	0.993	0.961	0.991
	武一宜	0.994	0.967	0.988
MM2	李一北	0.964	0.965	0.966
	李一武	0.917	0.837	0.868
	李一宜	0.928	0.923	0.931
	北一武	0.965	0.910	0.914
	北一宜	0.968	0.965	0.972
	武一宜	0.943	0.885	0.876
MM3	李一北	−1.049	−0.500	−0.523
	李一武	0.004	−0.001	−0.030
	李一宜	0.418	0.402	0.296
	北一武	0.364	0.354	0.334
	北一宜	0.931	0.905	0.904
	武一宜	0.863	0.826	0.843
MM4	李一北	−3.760	−2.598	−2.378
	李一武	−2.417	−2.868	−2.783
	李一宜	0.470	0.673	0.572
	北一武	0.160	0.096	0.093
	北一宜	0.656	0.657	0.660
	武一宜	0.734	0.747	0.769

图 5.20　4 种方法在保持各站点月径流序列间 0 阶互相关特性上的均方根误差 RMSE 和确定系数指标 R^2

综上分析可知,仅有本章提出的 SGMM-MRS 方法能够较好且全面地保持多站实测月径流序列的统计特性,其他方法或不能有效保持径流序列各截口的峰度系数(如 SGMM-MRS-KS 和 SR-MRS-KS 方法),或不能有效保持径流序列各截口的 1 阶线性和非线性自相关系数(如 GMM-MRS 方法),或不能有效保持多站径流序列间的 0 阶互相关特性(如 SGMM-MRS-KS 和 SR-MRS-KS 方法)。

为更直观地证实 SGMM-MRS 方法的有效性和进一步探索 GMM-MRS 方法在保持径流序列的自相关特性上性能指标较差的原因,绘制了模拟月径流序列各截口统计参数与实测月径流序列各截口统计参数的对比图(以宜昌站为例),如图 5.21 所示,另外,还绘制了多站模拟月径流序列(SGMM-MRS 生成的)的 0 阶互相关特性与多站实测月径流序列的 0 阶互相关特性的对比图,如图 5.22 所示。

从图 5.21 和图 5.22 可以看出,SGMM-MRS 方法生成的多站模拟月径流序列较好地保持了宜昌站实测月径流序列各截口的 μ、SD、CS、CK、RP^1、RK^1、RS^1,以及 4 个水文站点的实测月径流序列之间的 0 阶互相关特性。此结果表明,SGMM-MRS 方法在多站月径流随机模拟中确实是适用且有效的。

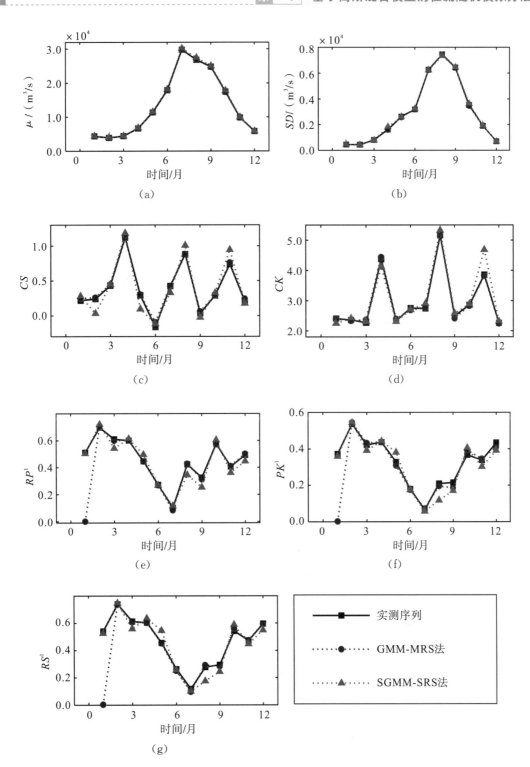

图 5.21 模拟月径流序列各截口统计参数与实测月径流序列各截口统计参数的对比(以宜昌站为例)

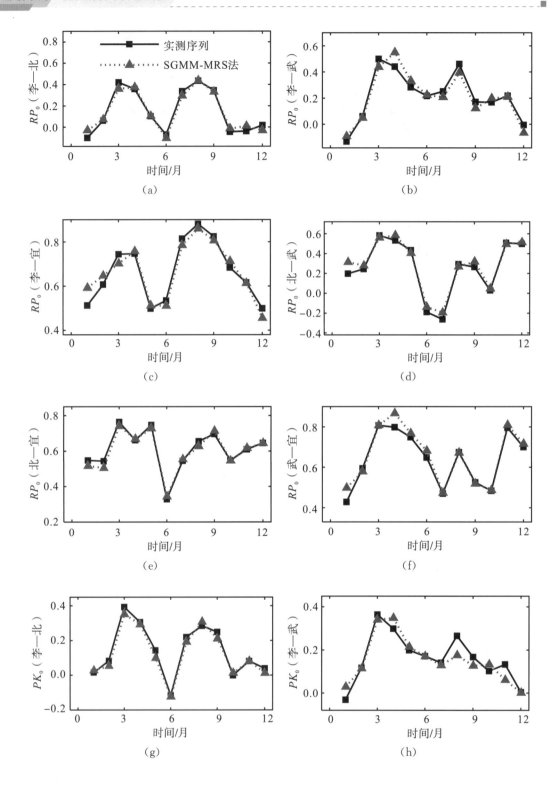

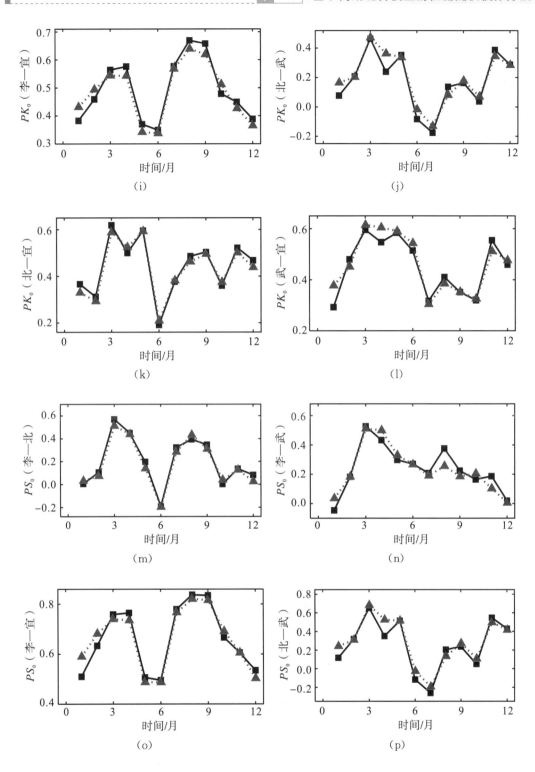

（i）

（j）

（k）

（l）

（m）

（n）

（o）

（p）

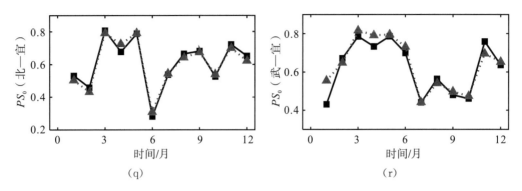

**图 5.22　多站模拟月径流序列(SGMM-MRS 生成的)的 0 阶互相关特性与
多站实测月径流序列的 0 阶互相关特性的对比**

观察图 5.21 可以发现,之所以 GMM-MRS 方法在保持各站点月径流序列的自相关特性上性能表现较差,直接原因在于 GMM-MRS 方法生成的多站模拟月径流序列的年与年之间不连序,即模拟的第 i 年的逐月径流过程与第 $i+1$ 年的逐月径流序列过程之间没有相关性,如图 5.21(e)、图 5.21(f) 和图 5.21(g) 中的蓝色点线所示;根本原因在于 GMM-MRS 方法在原理上只考虑了多站月径流序列的年内自互相关结构,而没有考虑月径流序列的年际自相关性,详见 5.2.3.3 节。进一步分析图 5.18、图 5.19、图 5.20 和图 5.21 还可以发现,除无法保持各站点实测月径流序列的第 1 个截口的自相关特性外,GMM-MRS 方法在保持实测月径流序列的其他统计特性上具有很好的性能表现。此结果表明,GMM-MRS 方法有很好的改进潜力,后续可尝试开展基于条件重采样与高斯混合模型的多站径流随机模拟方法研究,具体研究思路与改进 GMM-SRS 方法的思路基本一致,此处不再赘述。受时间和精力的限制,本书未开展此研究。

至此,综合本节和 5.5.3.1 节的讨论与分析可知,无论是模拟多站旬径流序列还是模拟多站月径流序列,本章提出的 SGMM-MRS 方法都是适用且有效的,该方法生成的多站模拟径流序列可以较全面地保持多站实测径流序列的均值、标准差、偏态系数、峰度系数、1 阶线性和非线性自相关特性以及 0 阶线性和非线性互相关特性,与 GMM-MRS、SGMM-MRS-KS 和 SR-MRS-KS 方法比较,其明显占优。尽管提出的 GMM-MRS 方法在原理上先天不足,实用性较低,但其在保持多站实测径流序列的 1~4 阶统计参数(μ、SD、CS 和 CK)以及年内自互相关特性上具有很好的性能表现,因此,在不要求多站模拟径流序列年际连序的情况下,可以首选 GMM-MRS 方法生成多站模拟径流序列,但应注意维数灾问题,即时间尺度太小且站点数太多时,该方法可能不实用。

5.6　本章小结

本章针对高斯混合模型在径流随机模拟中的应用进行了较深入的研究,旨在提出性能相对更优的单站和多站径流随机模拟方法。研究工作构建了单站径流序列、多站径流序列的高斯混合模型和季节性高斯混合模型,提出了基于高斯混合模型 GMM、季节性高斯混合模型 SGMM 的单站径流随机模拟方法(GMM-SRS 和 SGMM-SRS 方法)和多站径流随机模拟方法(GMM-MRS 和 SGMM-MRS 方法),并以屏山、高场、李庄、北碚、武隆和宜昌水文站的旬径流和月径流序列为实例研究对象,以基于季节性自回归模型的单站径流随机模拟方法(SAR-SRS)、基于季节性 Copula 模型的单站径流随机模拟方法(SCM-SRS)和基于季节性回归模型的多站径流随机模拟主站法(SR-MRS-KS)为对比方法,对提出的新方法的适用性和有效性进行检验。研究工作得到了以下几点结论:

①高斯混合模型具备准确描述站点径流序列的 1 阶自相关特性以及站点径流序列间 0~1 阶互相关特性的能力,将其作为径流随机模拟方法的模型基础是合理可靠的。此结论与高斯混合模型能够以任意精度逼近任何连续分布的特性是匹配的。

②提出的 SGMM-SRS 方法适用于单站旬、月径流随机模拟,能有效保持实测径流序列的主要统计特性(μ、SD、CS、CK、RP^1、RK^1 和 RS^1),与 SCM-SRS 方法、SAR-SRS 方法和 GMM-SRS 方法比较,其性能更胜一筹。

③提出的 GMM-SRS 方法在原理上存在不足,无法有效保持单站旬、月径流序列的年际自相关特性,但在保持实测径流序列的 1~4 阶统计参数(μ、SD、CS 和 CK)以及年内自相关特性上性能很好,因此,在不要求模拟径流序列年际连序的情况下,推荐采用 GMM-SRS 方法生成模拟径流序列。

④提出的 SGMM-MRS 方法适用于多站旬、月径流随机模拟,其生成的多站模拟径流序列可以较全面地保持多站实测径流序列的均值、标准差、偏态系数、峰度系数、1 阶线性和非线性自相关特性以及 0 阶线性和非线性互相关特性,与 GMM-MRS、SGMM-MRS-KS 和 SR-MRS-KS 方法比较,其性能明显更优。

⑤与 GMM-SRS 方法相似,提出的 GMM-MRS 方法在原理上也存在类似的缺陷,其无法有效保持各站点实测径流序列的年际自相关特性,但在保持多站实测径流序列的 1~4 阶统计参数(μ、SD、CS 和 CK)以及年内自互相关特性上具有很好的性能表现。因此,在不要求多站模拟径流序列年际连序的情况下,推荐采用 GMM-MRS 方法生成多站模拟径流序列,但应注意维数灾问题,即时间尺度太小且站点数太多时,该方法可能无法使用。

第 6 章 考虑多步径流预报信息的水电站水库隐随机优化调度方法

6.1 引言

在水电站水库运行管理阶段,对其中长期发电运行工作进行控制调度的方法可分为两种:一种是直接利用优化计算结果进行调度(即确定性优化调度方法),另一种是利用调度图或调度函数进行调度(即随机性优化调度方法)[21]。确定性优化调度计算结果是相应于已知来水过程的理论最优方案,然而,在现有预报技术尚无法准确提供长预见期径流预报信息的条件下,未考虑来水不确定性的确定性优化计算结果往往过于理想而偏离工程实际,无法、难以或不便用于指导水库实际运行调度[173]。与确定性优化方法相比,考虑来水不确定性的随机性优化调度方法明显更具有实际指导意义。随机性优化调度方法可分为显随机优化方法、隐随机优化方法和参数模拟优化方法[124]。本章主要针对现有隐随机优化方法存在的问题开展创新性研究工作。

隐随机优化调度方法通过长期实测径流序列或模拟径流序列隐式地描述入库径流过程的随机性,是一种以确定性优化调度计算结果为样本,采用数据挖掘、回归分析、曲线拟合、机器学习等方法提取水库优化调度函数的随机型调度计算方法。隐随机优化方法由 Young于 1967 年首次提出[148],此后学者们对其进行了广泛而深入的研究,研究的总体趋势是,从线性调度函数发展到非线性调度函数,从单一调度函数发展到集成调度函数,从未考虑不确定性的调度函数发展到考虑不确定性的调度函数,从参数固定的调度函数发展到参数时变的调度函数,水库隐随机优化调度模型与方法体系日臻完善。然而,仍然存在的矛盾是具有较高精度、较长预见期预报水平的水文预报模型的不断提出和当前隐随机优化调度函数尚未充分利用多步径流预报信息之间的矛盾。为解决此问题,本章尝试提出一种能够有效并充分地利用多步径流预报信息,更好地协调水电站面临时段与余留期发电效益,可以直接用于指导水库发电运行调度实践的调度函数。

首先,构建水库确定性发电优化调度模型,并采用动态规划算法进行求解,为调度函数推求提供最优样本数据集。其次,提出基于最小二乘提升决策树的水库发电优化调度函数推求方法,根据最优样本数据集推求以面临时段、面临时段初水位、未来多步径流信息为决策输入,面临时段水库下泄流量为输出的调度决策函数,即考虑未来多步径流信息的调度函数,由于应用此调度函数进行调度决策时必须依赖径流预报,也可称其为考虑多步径流预报信息的调度函数。然后,提出基于最小二乘提升决策树的中长期径流预报方法,并构建多步径流预报误差序列的高斯混合模型,以量化中长期径流预报不确定性,为调度函数决策提供径流预报及其不确定性信息。最后,以三峡水库和二滩水库为实例研究对象,检验考虑多步径流预报信息的调度函数的理想决策性能(有效性)、实际决策性能(实用性),并探究径流预报不确定性对调度函数决策输出的影响。

6.2 水库确定性发电优化调度模型及其动态规划求解算法

水库隐随机发电优化调度方法的核心是调度函数构建,而调度函数构建依赖于水库确定性发电优化调度模型提供的训练样本集。确定性发电优化调度模型以历史入库流量序列为输入(或以随机生成的模拟径流序列为输入),以最大化多年平均发电量和发电保证率为目标,在满足水位、流量、出力等约束条件下,输出水库的多年最优运行结果,为水库优化调度函数推求提供隐含水库最优发电运行规律、反映径流随机变化规律的样本数据集。本节对确定性发电优化调度模型的目标函数、约束条件、求解算法进行阐述。

(1)目标函数

1)最大化多年平均发电量

$$\max E = \frac{1}{T} \sum_{i=1}^{T} \sum_{j=1}^{M} N_{i,j} \Delta t_{i,j} \tag{6.1}$$

式中:E——水电站的多年平均发电量;

M 和 T——每年的计算时段数和总年数;

$\Delta t_{i,j}$——第 i 年第 j 时段的时间长度;

$N_{i,j}$——水电站在第 i 年第 j 时段的时段平均出力,其计算公式如下:

$$N_{i,j} = \min[K_{i,j} Q_{i,j} H_{i,j}, N_{i,j}^{\max}(H_{i,j})] \quad \text{或} \quad \min[\frac{Q_{i,j}}{C_{i,j}}, N_{i,j}^{\max}(H_{i,j})]$$

$$\text{或} \min(f_N(Q_{i,j}, H_{i,j}), N_{i,j}^{\max}(H_{i,j})) \tag{6.2}$$

式中:$K_{i,j}$——水电站第 i 年第 j 时段的出力系数;

$H_{i,j}$——水电站第 i 年第 j 时段的水头;

$Q_{i,j}$——水电站第 i 年第 j 时段的发电流量;

$C_{i,j}$——水电站第 i 年第 j 时段的耗水率;

$N_{i,j}^{\max}(H_{i,j})$——水头为 $H_{i,j}$ 时水电站的最大出力(预想出力)限制,或由水轮机过流能力限制,或由发电机出力限制;

$f_N(Q_{i,j}, H_{i,j})$——水电站功率特性曲面模型。

式(6.2)给出了 3 种出力计算方式,第 3 章已对这 3 种出力计算方法进行了较深入的探讨。

2）最大化水电站发电保证率

$$\max P_\gamma = \frac{1}{T \times M} \sum_{i=1}^{T} \sum_{j=1}^{M} \Delta m_{i,j}(N_{i,j}) \tag{6.3}$$

$$\Delta m_{i,j}(N_{i,j}) = \begin{cases} 1, N_{i,j} \geqslant N_g \\ 0, N_{i,j} < N_g \end{cases} \tag{6.4}$$

式中：P_γ——水电站发电的历时保证率；

N_g——水电站的保证出力；

其他符号同上。

（2）约束条件

1）水量平衡约束

$$V_{i,j} = \begin{cases} V_{i,j-1} + (I_{i,j-1} - R_{i,j-1})\Delta t_{i,j-1}, j = 2,3,\cdots,M \\ V_{i-1,M} + (I_{i-1,M} - R_{i-1,M})\Delta t_{i-1,M}, j = 1 \end{cases} \tag{6.5}$$

式中：$V_{i,j}$——水库第 i 年第 j 时段初的库容；

$I_{i,j}$——第 i 年第 j 个时段的入库流量，可为实测流量，也可为模拟流量；

$R_{i,j}$——第 i 年第 j 时段的水库出库流量。

2）水头计算方程

$$H_{i,j} = (Z_{i,j} + Z_{i,j+1})/2 - Z_{i,j}^d \tag{6.6}$$

$$Z_{i,j}^d = f_{Z_d}(\bullet) \tag{6.7}$$

$$Z_{i,j} = f_{mi}(V_{i,j}) \tag{6.8}$$

式中：$Z_{i,j}$——水电站第 i 年第 j 时段初的上游水位（坝前水位）；

$Z_{i,j+1}$——水电站第 i 年第 j 时段末的上游水位；

$Z_{i,j}^d$——水电站第 i 年第 j 个时段的平均下游水位（尾水位）；

$f_{Z_d}(\bullet)$——以一定可用信息为输入的尾水位计算模型，可为多项式拟合模型或其他机器学习模型，第 4 章已对此进行了较深入的研究；

$f_{mi}(V_{i,j})$——水库的幂函数型容积特性曲线，第 2 章已对此进行了较深入的研究。

3）水库水位约束

$$Z_{i,j}^{\min} \leqslant Z_{i,j} \leqslant Z_{i,j}^{\max} \tag{6.9}$$

$$|Z_{i,j} - Z_{i,j+1}| \leqslant \Delta Z_{i,j} \tag{6.10}$$

式中：$Z_{i,j}^{\min}$ 和 $Z_{i,j}^{\max}$——水库发电调度运行的最小、最大水位限制；

$\Delta Z_{i,j}$——第 i 年第 j 个时段的水位变幅约束。

4）水电站出力约束

$$N_{i,j}^{\min} \leqslant N_{i,j} \leqslant N_{i,j}^{\max}(H_{i,j}) \tag{6.11}$$

式中：$N_{i,j}^{\min}$——水电站第 i 年第 j 时段的最小出力限制，一般等于水电站的保证出力 N_g；

$N_{i,j}^{\max}(H_{i,j})$——以水头 $H_{i,j}$ 为输入的预想出力计算模型，可为基于水头—预想出力离散点的插值计算模型,也可为基于水头—预想出力多项式曲线的函数计算模型。

5)水库下泄流量约束

$$R_{i,j} = Q_{i,j} + S_{i,j} \tag{6.12}$$

$$R_{i,j}^{\min} \leqslant R_{i,j} \leqslant R_{i,j}^{\max}(Z_{i,j}) \tag{6.13}$$

式中:$S_{i,j}$ ——水库第 i 年第 j 个时段的弃水流量,这部分流量未被用于发电,即未流经水轮机;

$R_{i,j}^{\min}$ ——水库第 i 年第 j 个时段的最小下泄流量限制;

$R_{i,j}^{\max}(Z_{i,j})$ ——以水位 $Z_{i,j}$ 为输入的水库泄流能力计算模型,通常为基于水位—水库泄流能力离散点的插值计算模型。

6)发电流量约束

$$Q_{i,j}^{\min} \leqslant Q_{i,j} \leqslant Q_{i,j}^{\max}(H_{i,j}) \tag{6.14}$$

式中:$Q_{i,j}^{\min}$ ——水电站第 i 年第 j 时段的最小发电流量限制;

$Q_{i,j}^{\max}(H_{i,j})$ ——以水头 $H_{i,j}$ 为输入的水轮机过流能力计算模型,通常为基于水头—水轮机过流能力离散点的插值计算模型。

7)水库水位边界约束

$$Z_{1,1} = Z^{\text{begin}}, Z_{T,M+1} = Z^{\text{end}} \tag{6.15}$$

式中:Z^{begin} ——水库的起调水位;

Z^{end} ——水库在调度期末的控制水位。

（3）求解算法

为求解上述双目标问题,采用惩罚函数法将其转换为单目标问题,如下所示:

$$\begin{cases} \max F = \dfrac{1}{T} \sum_{i=1}^{T} \sum_{j=1}^{M} \left[N_{i,j} - \Delta m_{i,j}(N_{i,j})\beta \right] \Delta t_{i,j} \\ \beta = \lambda \mid N_{i,j} - N_g \mid^{\gamma} \end{cases} \tag{6.16}$$

式中:F ——计入惩罚量的总效益;

λ 和 γ ——惩罚系数;

β ——惩罚量。

水库发电优化调度问题是典型的无后效性（亦称马尔科夫性）多阶段决策问题,因此本章采用最经典的动态规划（DP）算法求解式(6.16)给出的单目标问题。按时间划分阶段,以水位 $Z_{i,j}$ 为状态变量,以水库下泄流量 $R_{i,j}$ 为决策变量(等价于以水位 $Z_{i,j+1}$ 为决策变量),推导出 DP 求解此问题的递推(逆推)关系式,如下所示:

$$\begin{cases} F_{i,j}^*(Z_{i,j}) = \begin{cases} \max\limits_{Z_{i,j+1}} \{ f_{i,j}(Z_{i,j}, Z_{i,j+1}, I_{i,j}) + F_{i,j+1}^*(Z_{i,j+1}) \}, j \neq M \\ \max\limits_{Z_{i+1,1}} \{ f_{i,j}(Z_{i,j}, Z_{i+1,1}, I_{i,j}) + F_{i+1,1}^*(Z_{i+1,1}) \}, j = M \end{cases} \\ F_{T+1,1}^*(Z_{T+1,1}) = 0 \end{cases} \tag{6.17}$$

式中：$f_{i,j}(Z_{i,j},Z_{i,j+1},I_{i,j})$——水电站在第 i 年第 j 个时段的计算效益,等于该时段发电量减去惩罚量;

$F_{i,j+1}^{*}(Z_{i,j+1})$——余留期(第 i 年第 $j+1$ 时段初到调度期末)的最优累积效益;

$F_{i,j}^{*}(Z_{i,j})$——第 i 年第 j 时段初到整个调度期末的最优累积效益。

6.3 考虑多步径流预报信息的水库优化调度函数及其推求方法

逐步分析调度函数的确定性优化方法、显随机优化方法、隐随机优化方法,推理得出考虑多步径流预报信息的水库隐随机优化调度函数的一般表达式,在此基础上,提出基于最小二乘提升决策树的水库发电优化调度函数推求方法,最后,阐述水库优化调度函数的理想决策性能检验方法。

6.3.1 考虑多步径流预报信息的水库优化调度函数

为便于阐述,将确定性优化调度问题的动态规划递推关系式(6.17)重写为式(6.18),并假设调度期为 N 年,每年有 M 个时段。

$$\begin{cases} F_t^{*}(Z_t) = \max_{Z_{t+1}}[f_t(Z_t,Z_{t+1},I_t) + F_{t+1}^{*}(Z_{t+1})] \\ F_{N\times M+1}^{*}(Z_{N\times M+1})=0 \end{cases}, t=1,2,\cdots,N\times M \quad (6.18)$$

由式(6.18)可知,在第 t 时段末,水库运行水位 Z_{t+1} 的最优取值为 Z_{t+1}^{*}:

$$Z_{t+1}^{*} = \arg \max_{Z_{t+1}}[f_t(Z_t,Z_{t+1},I_t) + F_{t+1}^{*}(Z_{t+1})] \quad (6.19)$$

由式(6.19)可知,Z_{t+1}^{*} 本质上是水库水位 Z_t 和入库流量过程 $\{I_i\}_{i=t}^{N\times M}$ 的函数,即为:

$$Z_{t+1}^{*} = f_t^d(Z_t,\{I_i\}_{i=t}^{N\times M}), t=1,2,\cdots,N\times M \quad (6.20)$$

式(6.20)中,$f_t^d(\bullet)$ 是确定性来水条件下水库发电运行的最优调度函数,每次调用此函数进行调度决策时,将执行两个步骤:①输入面临时段初水库水位 Z_t 以及面临时段初至调度期末的水库入流过程 $\{I_i\}_{i=t}^{N\times M}$;②执行确定性动态规划的递推关系式(6.18),推求得到面临时段末水库的最优运行水位 Z_{t+1}^{*}。

以上讨论建立在入库流量过程 $\{I_i\}_{i=t}^{N\times M}$ 已知的基础上,然而这显然是不现实的。实际调度工作是一个逐时段确定决策变量(水库下泄流量、时段末水位、时段发电量等)的过程,在这一过程中,过去时段的信息是确定已知的,而面临时段及其后续时段的水库入流信息是未知的。随着水文预报技术的发展,借助水文预报技术获知预见期以内的水库入流信息成为可能。然而,受水文预报技术的限制,入库流量预报的有效预见期往往短于水库优化运行计算的调度期,导致预见期以外至调度期末的入流信息仍然是未知的。

考虑来水不确定性,并假设在每年的同一个时段调度函数是相同的,将式(6.20)改写为以下3种数学表达式:

$$\hat{Z}_{t+1}^{*} = \hat{f}_t^d(Z_t,\{\hat{I}_i\}_{i=t}^{\text{end}}), t=1,2,\cdots,M \quad (6.21)$$

$$\hat{Z}_{t+1}^* = \hat{f}_t^d(Z_t), t = 1, 2, \cdots, M \tag{6.22}$$

$$\hat{Z}_{t+1}^* = \hat{f}_t^d(Z_t, \{\hat{I}_i\}_{i=t}^{t+m}), t = 1, 2, \cdots, M \tag{6.23}$$

在式(6.21)至式(6.23)中，$\hat{f}_t^d(\bullet)$ 是考虑预见期以外来水不确定性的水库发电优化调度函数，可由随机性动态规划推求得到，这是一种显随机优化方法。式(6.21)表达的是，在每年的第 t 时段，以时段初的水库水位 Z_t 以及当前时段至调度期末的来水预报信息 $\{\hat{I}_i\}_{i=t}^{end}$ 为输入，采用调度函数 $\hat{f}_t^d(\bullet)$ 制定调度决策。同理，可以理解式(6.22)和式(6.23)。式(6.21)尝试利用面临时段至调度期末的来水预报信息 $\{\hat{I}_i\}_{i=t}^{end}$，式(6.22)不利用来水预报信息，式(6.23)尝试利用面临时段 t 及其后续 m 个时段的来水预报信息 $\{\hat{I}_i\}_{i=t}^{t+m}$。在水库发电运行调度决策过程中，具体采用哪一种调度函数，应视预见期以内的径流预报不确定性与预见期以外的径流随机性对调度决策的影响而定。当不利用来水预报信息时，采用调度函数进行调度决策仅受径流随机性的影响；当利用预见期短于调度期的来水预报信息时，调度决策既受预见期以内的水文预报不确定性的影响，也受预见期以外的径流随机性的影响；当利用预见期等于调度期的来水预报信息时，调度决策完全受水文预报不确定性影响。由以上分析可以判断，利用径流预报信息进行调度决策时，存在一个有效预见期[16]，预见期过长或过短，都可能导致额外的不确定性，不利于调度决策。

虽然采用随机性动态规划模型能够推求显式地考虑来水不确定性的调度决策函数，但经常遇到高维问题求解上的困难，即"维数灾"问题，因此采用确定性动态规划法推求隐式地考虑来水不确定性的调度决策函数更可行。在确定性发电优化调度模型提供的水库优化运行要素的 NS 年样本数据 $\{\{(Z_{i,t}^*, I_{i,t})\}_{i=1}^{NS}\}_{t=1}^M$ 的基础上，采用神经网络、支持向量机、随机森林、梯度提升决策树等模型进行回归分析，即可获得隐式地考虑预见期以外来水不确定性的调度函数 $\overline{f}_t^d(\bullet)$，即

$$\overline{Z}_{t+1}^* = \overline{f}_t^d(Z_t, \{\hat{I}_i\}_{i=t}^{end}), t = 1, 2, \cdots, M \tag{6.24}$$

$$\overline{Z}_{t+1}^* = \overline{f}_t^d(Z_t), t = 1, 2, \cdots, M \tag{6.25}$$

$$\overline{Z}_{t+1}^* = \overline{f}_t^d(Z_t, \{\hat{I}_i\}_{i=t}^{t+m}), t = 1, 2, \cdots, M \tag{6.26}$$

由于样本数据 $\{\{(Z_{i,t}^*, I_{i,t})\}_{i=1}^{NS}\}_{t=1}^M$ 在一定程度上隐式地反映了水库最优发电运行规律、径流随机变化规律，调度函数 $\overline{f}_t^d(\bullet)$ 可以较好地为来水不确定性条件下水库发电优化调度提供决策依据，上述的推求发电优化调度函数 $\overline{f}_t^d(\bullet)$ 的方法也称为隐随机优化方法。当决策变量为第 t 时段水库下泄流量时，式(6.26)可改写为式(6.27)：

$$\overline{R}_t^* = \overline{f}_t^d(Z_t, \{\hat{I}_i\}_{i=t}^{t+m}), t = 1, 2, \cdots, M \tag{6.27}$$

由式(6.5)和式(6.8)可知，$\overline{R}_t^* = \overline{f}_t^d(Z_t, \{\hat{I}_i\}_{i=t}^{t+m})$ 和 $\overline{Z}_{t+1}^* = \overline{f}_t^d(Z_t, \{\hat{I}_i\}_{i=t}^{t+m})$ 是等价的。

在水文预报技术已获得长足发展，但也仍然存在诸多局限的大环境下，完全不利用径流

预报信息、利用预见期等于调度期的径流预报信息进行调度决策,都不是与现实匹配的做法。而考虑多步径流预报信息的水库隐随机发电优化调度函数 $\bar{Z}^*_{t+1}=\bar{f}^d_t(Z_t,\{\hat{I}_i\}^{t+m}_{i=t})$ 和 $\bar{R}^*_t=\bar{f}^d_t(Z_t,\{\hat{I}_i\}^{t+m}_{i=t})$ 是一种现实且可行的选择。目前,关于 $\bar{Z}^*_{t+1}=\bar{f}^d_t(Z_t,\{\hat{I}_i\}^{t+m}_{i=t})$ 和 $\bar{R}^*_t=\bar{f}^d_t(Z_t,\{\hat{I}_i\}^{t+m}_{i=t})$ 的研究较少,大多研究提出的调度函数或没有考虑利用径流预报信息,或只利用单步径流预报信息。

6.3.2 基于最小二乘提升决策树的水库优化调度函数推求方法

遵循 6.3.1 节给出的水库发电运行的隐随机优化调度函数的一般表达式 $\bar{R}^*_t=\bar{f}^d_t(Z_t,\{\hat{I}_i\}^{t+m}_{i=t})$,其中 $t=1,2,\cdots,M$,以水库确定性发电优化调度模型提供的样本数据集为基础,采用最小二乘提升决策树推求考虑多步径流预报信息的水库发电优化调度函数。

6.3.2.1 最小二乘提升决策树的基本原理

梯度提升决策树(Gradient Boosting Decision Tree,GBDT)模型由 Friedman 于 2000 年提出[202],被认为是统计机器学习方法中性能最好的模型之一,其训练算法为梯度提升算法。通过对学习能力较弱的决策树进行提升集成,梯度提升算法能够产生拟合能力强、泛化能力好的 GBDT 模型。当 GBDT 模型应用于回归问题时,其损失函数一般为平方损失函数,弱学习器为二叉回归树,此时该模型也被称为最小二乘提升决策树(Least-squares Boosting Decision Tree,LSBoost)模型[202],可以表示为回归树的加法模型,即

$$f_P(x)=\sum_{p=1}^{P}T_p(x;\theta_p) \tag{6.28}$$

式中:P——树的个数;

$T_p(x;\theta_p)$——回归决策树[203];

θ_p——回归树的参数。

构建最小二乘提升决策树模型的梯度提升算法非常简单,具体步骤为:

步骤 1:令 LSBoost 模型的回归树个数为 P,P 是 LSBoost 模型的一个超参数,并输入容量为 N 的样本数据集 $D=\{(x_i,y_i)\}^N_{i=1}$。

步骤 2:初始化变量 $p=1$,并确定初始提升树 $f_0(x_i)=0$;

步骤 3:按式(6.29)计算残差 $\tilde{y}_i$:

$$\tilde{y}_i=y_i-f_{p-1}(x_i),i=1,2,\cdots,N \tag{6.29}$$

步骤 4:通过拟合残差 $\tilde{y}_i$,训练一棵回归树 $T_p(x;\theta_p)$,进而获得第 p 步的提升树模型 $f_p(x_i)=f_{p-1}(x_i)+T_p(x;\theta_p)$;

步骤 5:令 $p=p+1$,并执行步骤 3 和步骤 4;

步骤 6:重复执行步骤 5,直到 p 等于 P 为止,最终获得回归问题的 LSBoost 模型

$$f_P(x) = \sum_{p=1}^{P} T_p(x; \theta_p)。$$

LSBoost 模型的性能好坏与超参数 P 有密切关系，为了最大化 LSBoost 模型的拟合性能，同时避免过拟合问题以保证 LSBoost 模型具有较高的外延精度，本章以 5 折交叉验证的均方误差的平均值为目标函数，采用贝叶斯优化算法对 LSBoost 模型的超参数进行优化。在超参数优化过程中，LSBoost 模型超参数 P 的取值范围为 10～500。

6.3.2.2 考虑多步径流预报信息的水库发电优化调度函数推求

本章采用最小二乘提升决策树推求考虑多步径流预报信息的水库发电优化调度函数，有两种表达形式：

$$\bar{R}_t^* = \bar{f}_t^{d\_\text{LSboost}}(Z_t, \{\hat{I}_i\}_{i=t}^{t+m}), t = 1, 2, \cdots, M \tag{6.30}$$

$$\bar{R}_t^* = \bar{f}^{d\_\text{LSboost}}(t, Z_t, \{\hat{I}_i\}_{i=t}^{t+m}), t \in \{1, 2, \cdots, M\} \tag{6.31}$$

$\bar{f}_t^{d\_\text{LSboost}}(Z_t, \{\hat{I}_i\}_{i=t}^{t+m})$ 和 $\bar{f}^{d\_\text{LSboost}}(t, Z_t, \{\hat{I}_i\}_{i=t}^{t+m})$ 的本质相同，都由 LSboost 模型拟合确定性发电优化调度提供的样本数据集得到，不同点在于，$\bar{f}^{d\_\text{LSboost}}(t, Z_t, \{\hat{I}_i\}_{i=t}^{t+m})$ 将时段 t 也作为调度函数的输入变量。本章采用式（6.31）给出的调度函数形式，因为这种形式的调度函数的推求工作更简便一些。

采用最小二乘提升决策树推求调度函数 $\bar{R}_t^* = \bar{f}^{d\_\text{LSboost}}(t, Z_t, \{\hat{I}_i\}_{i=t}^{t+m}), t \in \{1, 2, \cdots, M\}$ 的具体步骤为（以 $m=1$ 为例进行说明）：

步骤 1：构建样本数据集。将连续 NS 年的水库确定性优化调度过程 $\{\{(t, Z_{i,t}^*, I_{i,t}, R_{i,t}^*)\}_{i=1}^{NS}\}_{t=1}^{M}$ 重构为模型训练需要的数据格式：

$$\begin{cases} (x_k, y_k)_{k=1}^{(NS-1)\times M} = \begin{bmatrix} 1 & 2 & \cdots & M & 1 & 2 & \cdots & M & \cdots & 1 & 2 & \cdots & M \\ Z_{1,1}^* & Z_{1,2}^* & \cdots & Z_{1,M}^* & Z_{2,1}^* & Z_{2,2}^* & \cdots & Z_{2,M}^* & \cdots & Z_{NS-1,1}^* & Z_{NS-1,2}^* & \cdots & Z_{NS-1,M}^* \\ I_{1,1} & I_{1,2} & \cdots & I_{1,M} & I_{2,1} & I_{2,2} & \cdots & I_{2,M} & \cdots & I_{NS-1,1} & I_{NS-1,2} & \cdots & I_{NS-1,M} \\ I_{1,2} & I_{1,3} & \cdots & I_{2,1} & I_{2,2} & I_{2,3} & \cdots & I_{3,1} & \cdots & I_{NS-1,2} & I_{NS-1,3} & \cdots & I_{NS,1} \\ R_{1,1}^* & R_{1,2}^* & \cdots & R_{1,M}^* & R_{2,1}^* & R_{2,2}^* & \cdots & R_{2,M}^* & \cdots & R_{NS-1,1}^* & R_{NS-1,2}^* & \cdots & R_{NS-1,M}^* \end{bmatrix}^T \\ x_1 = [1, Z_{1,1}^*, I_{1,1}, I_{1,2}] \\ y_1 = R_{1,1}^* \end{cases}$$

$$\tag{6.32}$$

式中：$Z_{i,t}^*$、$I_{i,t}$ 和 $R_{i,t}^*$——第 i 年第 t 时段初水位、第 t 时段入库流量和第 t 时段出库流量。

本章采用随机划分方法将样本数据集 $\{(x_k, y_k)\}_{k=1}^{(NS-1)\times M}$ 划分为训练集和测试集，训练集占 80%，测试集占 20%。

步骤 2：数据预处理。时间 t、水位 Z 以及流量 I 3 个变量的量纲不同且量级上也相差较大，可能会对模型训练过程、最终训练结果产生较大影响，因此对样本数据进行归一化处理非常必要。以归一化 $\{(x_k, y_k)\}_{k=1}^{(NS-1)\times M}$ 的第 1 列为例说明归一化公式，如下所示：

$$\hat{x}_i^{(1)} = \frac{x_i^{(1)} - \min(x^{(1)})}{\max(x^{(1)}) - \min(x^{(1)})} \tag{6.33}$$

式中：$\hat{x}_i^{(1)}$ ——归一化之后的结果；

$x_i^{(1)}$ ——第 i 个输入向量 x_i 的第 1 个元素；

$\max(x^{(1)})$ 和 $\min(x^{(1)})$ ——矩阵 $\{(x_k, y_k)\}_{k=1}^{(NS-1)\times M}$ 第 1 列的最大值和最小值。

步骤 3：调度函数推求。利用训练集对 LSboost 模型进行训练，训练过程中，LSboost 模型的超参数由贝叶斯优化算法确定，最终获得基于 LSboost 模型的调度函数 $\overline{R}_t^* = \overline{f}^{d\_\text{LSboost}}(t, Z_t, \{\hat{I}_i\}_{i=t}^{t+m})$，$t \in \{1, 2, \cdots, M\}$。

步骤 4：调度函数的拟合优度检验。利用训练集和测试集检验调度函数的拟合优度，拟合优度指标包括平均绝对误差 MAE、平均相对误差 MRE、均方根误差 RMSE 和确定系数 R^2，具体计算公式已在 2.3.2 节给出，此处不再赘述。

6.3.3 水库优化调度函数的理想决策性能检验方法

水库发电优化调度函数建立后，除需要检验其拟合优度性能外，还需对其理想决策性能进行检验。理想决策性能是指完美径流预报条件下调度函数的决策性能。具有较好的理想决策性能是调度函数可用于实际调度决策的必要条件。理想决策性能检验的总体思路是，以多年径流序列（历史实测的或随机模拟的）为基础，以调度函数为决策工具，进行水库发电模拟调度，在此基础上，统计水库模拟调度的多年平均发电量和发电历时保证率，以检验调度函数的理想决策性能。

基于优化调度函数的水库发电模拟调度的具体步骤为：

步骤 1：设置水库发电调度模拟的约束条件，输入 Y 年的实测入库流量序列，设置水库的初始水位，初始化时段变量 $t=1$、年份变量 $i=1$。

步骤 2：以时段 t、第 i 年第 t 个时段初的水库水位、第 i 年第 t 时段及其后续 m 个时段的实测入库流量为输入，采用优化调度函数获得当前时段的出库流量决策 $\overline{R}_{i,t}^* = \overline{f}^{d\_\text{LSboost}}(t, Z_{i,t}, \{I_{i,j}\}_{j=t}^{t+m})$；在此基础上，根据式（6.2）和式（6.5）至式（6.14）计算当前时段末水位、当前时段出力、当前时段发电量等水库运行要素。

步骤 3：令 $t=t+1$，并执行步骤 2；重复此步骤，直到 t 等于一年中的计算时段数 M，完成第 i 年的水库模拟调度为止。

步骤 4：令 $i=i+1$，$t=1$，并依次执行步骤 2 和步骤 3；重复此步骤，直到 i 等于入库流量序列的年数 Y，完成连续 Y 年的水库模拟调度为止。

在执行步骤 2 的过程中，可能会面临当前时段的出库流量决策不能满足约束条件（即式(6.5)至式(6.14))的情况,此时应对调度决策进行调整,尽可能实现水电站的安全、可靠运行。调整策略为,优先使调度决策满足水位上限、出力上限、下泄流量上限、发电流量上限等安全约束,在满足安全性约束的基础上,可进一步调整调度决策满足下泄流量下限、发电流量下限、最小出力等可靠性约束。

6.4 中长期径流预报模型及多步径流预报误差序列的高斯混合模型

为实现多步径流预报并探明径流预报不确定性,进而为考虑多步径流预报信息的水库优化调度函数提供径流预报及其不确定性信息,本章提出了基于最小二乘提升决策树的中长期径流预报方法,并构建了多步径流预报误差序列的高斯混合分布模型。

6.4.1 基于最小二乘提升决策树的中长期径流预报方法

降雨径流预报模型与数据驱动模型都可以用于实现中长期径流预报,但受天气预报技术的限制,降雨径流预报模型在中长期径流预报中难以取得较好的效果,为此,本章采用数据驱动的水文模型进行中长期径流预报,提出了基于 LSboost 模型的中长期径流预报方法。为尽可能提升中长期径流预报模型的预报精度,本书不仅考虑降水、气温、径流等气象水文因子对流域水文过程的影响,而且还考虑了大气环流指数、海温指数和太阳黑子等遥相关因子对流域水文过程的影响。

本章采用各时段独立预报的策略,构建多步旬径流预报的 LSboost 模型。各时段独立预报的策略是指对每一个预报时段建立单独的旬径流预报模型,表达式如下:

$$\hat{I}_{S,h} = f_{S,h}^{\text{LSboost}}(f_{\text{atmo}}, f_{\text{ocean}}, f_{\text{land}}, f_{\text{tcf}}) \tag{6.34}$$

式中:f_{atmo}、f_{ocean}、f_{land} 和 f_{tcf} ——大气环流指数、海温指数、气象水文要素和其他遥相关因子;

$f_{S,h}^{\text{LSboost}}(\bullet)$ ——水文站点 S 的预见期为 h 个时段(旬)的中长期径流预报模型;

$\hat{I}_{S,h}$ ——水文站点 S 未来第 h 旬的预报流量值。

基于 LSboost 模型的多步旬径流预报方法的具体步骤如下:

步骤1:收集整理旬累积降水、旬平均气温、旬径流等气象水文因子以及 88 项大气环流指数、26 项海温指数和 16 项其他指数等遥相关因子的历史观测数据,并根据已有研究成果从 88 项大气环流指数、26 项海温指数和 16 项其他指数中初选出对水文过程影响较大的若干遥相关因子[204,205]。中国国家气候中心已对这 130 个指数的定义进行了详细说明,本书不再赘述。

步骤2:构建备选输入因子集。对于旬径流预报,完整的水文周期为 36 个旬,因此将前推(相对于预报起始时刻)1~36 旬的降水、气温、径流以及初选的遥相关因子作为备选预报(输入)因子。

步骤3:确定中长期径流预报的预见期长度,在此基础上,针对预见期内的第 h 个时段,采用随机森林算法计算备选输入因子的重要性评分,并依据重要性评分对备选输入因子的重要性进行排序[205],筛选出对第 h 个时段预报效果影响较大的排序前 10(经验值)的预报因子,构建用于训练模型 $f_{S,h}^{\text{LSboost}}(\cdot)$ 的输入输出样本集。

步骤 4:按 3∶1 的比例将不同预见期的输入输出样本集划分为训练样本数据集和测试样本数据集。

步骤 5:针对预见期内的第 h 时段,利用训练数据集构建旬径流预报模型 $\hat{I}_{S,h}=f_{S,h}^{\text{LSboost}}(\cdot)$,并利用训练数据集和测试数据集对训练后的预报模型进行检验,采用确定系数指标、平均相对误差、均方根误差对预报结果准确性进行评价。

6.4.2 多步径流预报误差序列的高斯混合分布模型及其随机模拟方法

有两种方法可以获知径流预报的不确定性,一是可以直接通过径流概率预报获得径流的概率分布,二是可以在径流点预报的基础上通过预报误差模拟间接获知径流预报不确定性。本章采用第二种方法分析径流预报不确定性。

6.4.2.1 多步径流预报误差序列的高斯混合模型

假设在起始时刻 $n(i)$,对未来第 j 个时段的流量进行预报的误差为 $e_{n(i)f(j)}$,$n(i)$ 表示第 i 次预测的起始时刻,$f(j)$ 表示以 $n(i)$ 为起始时刻的未来第 j 个时段的时刻值。$e_{n(i)f(j)}$ 的计算公式为:

$$e_{n(i)f(j)}=\frac{\hat{I}_{n(i)f(j)}-I_{n(i)f(j)}}{I_{n(i)f(j)}} \tag{6.35}$$

式中:$\hat{I}_{n(i)f(j)}$ ——流量的点预测值;

$I_{n(i)f(j)}$ ——流量的观测值。

采用基于 LSboost 模型的中长期径流预报方法进行 s 次预见期为 r 个时段的入库流量预报后,可以得到以下多步径流预报误差序列组成的误差矩阵:

$$M_{\text{error}}=\begin{bmatrix} e_{n(1)f(1)} & e_{n(1)f(2)} & \cdots & e_{n(1)f(r)} \\ e_{n(2)f(1)} & e_{n(2)f(2)} & \cdots & e_{n(2)f(r)} \\ \cdots & \cdots & \ddots & \cdots \\ e_{n(s)f(1)} & e_{n(s)f(2)} & \cdots & e_{n(s)f(r)} \end{bmatrix} \tag{6.36}$$

矩阵 M_{error} 中,第 1 列表示预见期为 1 个时段(或一个步长)的流量预报误差,第 2 列表示预见期为 2 个时段的预报误差,最后 1 列表示预见期为 r 个时段的预报误差。针对多步径流预报误差序列 $x=[e_{n(i)f(1)},e_{n(i)f(2)},\cdots,e_{n(i)f(r)}]$,本章采用高斯混合模型构建其联合概率分布 $P(x)$,可表示为:

$$\begin{cases} P(x)=\int p(x\mid\theta)\mathrm{d}x \\ p(x\mid\theta)=\sum_{k=1}^{K}\pi_k\mathrm{N}(x\mid\mu_k,\sum_k) \\ x=[e_{n(i)f(1)},e_{n(i)f(2)},\cdots,e_{n(i)f(r)}] \end{cases} \tag{6.37}$$

关于高斯混合模型的基本原理、参数优化方法已在 5.2 节详细介绍,此处不再赘述。

6.4.2.2 多步径流预报误差序列的随机模拟方法

多步径流预报误差序列的高斯混合分布模型建成后用于多步径流预报误差随机模拟。在当前时刻 $n(i)$,采用高斯混合分布模型随机生成多步径流预报误差序列矩阵 $SM_{error}^{n(i)}$ 的具体步骤如下所示:

$$SM_{error}^{n(i)} = \begin{bmatrix} se_{n(i)f(1)}^1 & se_{n(i)f(2)}^1 & \cdots & se_{n(i)f(r)}^1 \\ se_{n(i)f(1)}^2 & se_{n(i)f(2)}^2 & \cdots & se_{n(i)f(r)}^2 \\ \cdots & \cdots & \ddots & \cdots \\ se_{n(i)f(1)}^L & se_{n(i)f(2)}^L & \cdots & se_{n(i)f(r)}^L \end{bmatrix} \quad (6.38)$$

步骤 1:令 $k = k+1$(k 的初始值为 0),生成服从 $[0,1]$ 均匀分布的随机数 ε_k;

步骤 2:将随机数 ε_k 代入 $P(x)$ 的逆函数 $P^{-1}(\varepsilon_k)$,获得模拟的多步径流预报误差序列 $[se_{n(i)f(1)}^k, se_{n(i)f(1)}^k, \cdots, se_{n(i)f(r)}^k]$;

步骤 3:重复步骤 1 和步骤 2,直到 k 等于 L(L 越大越好,本章将 L 设置为 100)为止,最终生成如式(6.38)所示的模拟预报误差序列矩阵 $SM_{error}^{n(i)}$。

随机生成预报起始时刻为 $n(i)$ 的多步径流预报误差序列矩阵 $SM_{error}^{n(i)}$ 后,结合中长期径流预报模型式(6.34)提供的多步径流点预报结果,根据式(6.35)可获得反映多步径流预报不确定性的 r 步径流预报序列矩阵 $SM_Q^{n(i)}$:

$$SM_Q^{n(i)} = \begin{bmatrix} \hat{I}_{n(i)f(1)}/(se_{n(i)f(1)}^1+1), & \hat{I}_{n(i)f(2)}/(se_{n(i)f(2)}^1+1), & \cdots, & \hat{I}_{n(i)f(r)}/(se_{n(i)f(r)}^1+1) \\ \hat{I}_{n(i)f(1)}/(se_{n(i)f(1)}^2+1), & \hat{I}_{n(i)f(2)}/(se_{n(i)f(2)}^2+1), & \cdots, & \hat{I}_{n(i)f(r)}/(se_{n(i)f(r)}^2+1) \\ \cdots & \cdots & \cdots & \cdots \\ \hat{I}_{n(i)f(1)}/(se_{n(i)f(1)}^L+1), & \hat{I}_{n(i)f(2)}/(se_{n(i)f(2)}^L+1), & \cdots, & \hat{I}_{n(i)f(r)}/(se_{n(i)f(r)}^L+1) \end{bmatrix}$$

$$(6.39)$$

6.5 水库调度函数实际决策性能检验及决策输出不确定性分析方法

在运用调度函数进行实际调度决策时,可利用的径流预报信息往往不是完美的,总是存在预报误差。因此,仅检验调度函数的理想决策性能不足以说明调度函数的实用性,还需对调度函数的实际决策性能(即现实径流预报条件下调度函数的决策效果)进行检验。此外,由于径流预报存在不确定性,调度函数的决策输出必然也存在不确定性,需要探究径流预报不确定性对调度决策的影响。

6.5.1 水库优化调度函数的实际决策性能检验方法

假设实际调度工作是按径流的概率预报结果进行调度决策的,具体为:在面临时段初,通过径流概率预报获得面临时段及其后续若干时段的具有不同概率的入库流量,以此作为水库调度函数的输入,获得多个输出结果,最终以输出结果的中位数作为面临时段的调度决策。这种方法比直接采用径流点预报结果获得决策输出更合理、更实际。本章采用径流点预报与预报误差随机模拟相结合的方法获得具有不同概率的入库流量过程,具体为:在面临时段初,首先采用基于最小二乘提升决策树的径流预报模型获得未来若干时段的径流点预报值,然后采用径流预报误差序列的高斯混合分布模型随机生成多步径流预报误差序列,最后结合径流点预报值和模拟预报误差序列,可获得具有不同概率的若干时段入库流量,如矩阵(6.39)所示。

基于上述假设,检验调度函数实际决策性能的总体思路是,以径流概率预报结果为依据,以水库调度函数为决策工具,进行水库发电模拟调度,在此基础上,统计水库模拟调度的多年平均发电量和发电历时保证率,以检验调度函数的实际决策性能。具体方法步骤与检验调度函数理想决策性能的方法步骤相似,仅需修改 6.3.3 节中的步骤 2 即可,步骤 2 修改如下:

令 $l = l+1$(l 的初始值为 0),采用 6.4.2.2 节所述方法生成 $m+1$ 步入库流量预报序列(即某一概率的第 i 年第 t 时段及其后续 m 个时段的入库流量预报值),作为入库流量预报序列矩阵的第 l 行。以时段 t、第 i 年第 t 时段初的水库水位、入库流量预报序列矩阵的第 l 行为输入,采用水库优化调度函数获得当前时段的出库流量决策 $\bar{R}^*_{l,i,t} = \bar{f}^{d\_LSboost}(t, Z_{i,t}, \{\hat{I}_{i,j}\}_{j=t}^{t+m})$。重复前述过程,直到 l 等于 L(本书设置 $L=100$)为止。最终以 $\{\bar{R}^*_{l,i,t}\}_{l=1}^L$ 的中位数 $\bar{R}^*_{i,t} = \mathrm{Median}(\{\bar{R}^*_{l,i,t}\}_{l=1}^L)$ 作为第 i 年第 t 个时段的决策出库流量,并结合第 i 年第 t 个时段的实际入库流量 $I_{i,t}$,根据式(6.2)和式(6.5)式(6.14)计算当前时段末水位、当前时段出力、当前时段发电量等水库运行要素。

6.5.2 水库优化调度函数决策输出不确定性分析方法

由于径流预报存在不确定性(入库径流预报误差是其具体表现之一),以预报径流(具有不确定性,本质是随机变量,点预报模型给出的预报值是其某一可能值,一般为其均值、中位数或众数)为输入时,调度函数的输出必然也存在不确定性。本章通过分析调度函数 $\bar{R}^*_t = \bar{f}^{d\_LSboost}(t, Z_t, \{\hat{I}_i\}_{i=t}^{t+m}), t \in \{1,2,\cdots,M\}$ 的决策输出不确定性,来探究径流预报不确定性对调度决策的影响。总体思路是:以径流概率预报结果为依据,以水库调度函数为决策工具,进行水库发电模拟调度,获取多场水库发电模拟调度过程,在此基础上,分析水库发电模拟调度水位过程、流量过程的不确定性,进而获知径流预报不确定性对调度函数决策输出的影响。具体方法步骤为:

假设根据调度函数对水库进行 Y 年的模拟运行调度,每年 M 个时段,共 $Y \times M$ 时段。以径流概率预报信息为决策依据的水库发电模拟运行调度的具体步骤为:

步骤 1:采用基于 LSboost 模型的中长期径流预报方法和多步径流预报误差序列的高斯

混合模型,生成 $Y \times M$ 个大小为 $L \times r$ 的 r 步($r = m + 1$)径流预报序列矩阵 $SM_Q^{n(i)}$,进而构建 r 步径流预报序列矩阵集 $\{SM_Q^{n(i)}\}_{i=1}^{YM}$ 。

步骤 2:设置水库发电模拟运行调度的约束条件,输入 Y 年的实测入库流量序列,设置水库的初始水位,初始化时段变量 $t = 1$ ($t \in \{1, 2, \cdots, M\}$),年数 $j = 1$ ($j \in \{1, 2, \cdots, Y\}$),迭代变量 $k = 1$ ($k \in \{1, 2, \cdots, L\}$)、 $i = 0$ ($i \in \{0, 1, 2, \cdots, Y \times M\}$)。

步骤 3:令 $i = i + 1$,以第 j 年时段 t 、第 j 年第 t 时段初的水库水位、 $SM_Q^{n(i)}$ 的第 k 行第 1 列至第 $m + 1$ 列流量序列为输入,采用优化调度函数获得当前时段 t 的出库流量决策 $\bar{R}_{j,t}^* = \bar{f}^{d\_LSboost}(t, Z_{j,t}, SM_Q^{n(i)}(k, 1:(m+1)))$,在此基础上,将当前时段(第 j 年第 t 时段)的实测流量 $I_{j,t}$ 作为水库的入库流量,根据式(6.2)和式(6.5)至式(6.14)计算当前时段末水位、当前时段出力、当前时段发电量等水库运行要素。

步骤 4:结合水位、流量、出力等约束,对步骤 3 给出的决策 $\bar{R}_{j,t}^*$ 进行修正,使其满足水库运行调度的约束条件,并重新计算当前时段末水位、当前时段出力、当前时段发电量等要素,修正后的决策出库流量才是调度函数的最终决策输出。

步骤 5:令 $t = t + 1$,并依次执行步骤 3 和步骤 4;重复此步骤,直到 t 等于 M ,完成第 k 轮第 j 年的水库模拟运行调度为止。

步骤 6:令 $j = j + 1$ 和 $t = 1$,并依次执行步骤 3、步骤 4、步骤 5;重复此步骤,直到 j 等于 Y ,完成第 k 轮的连续 Y 年的水库发电模拟运行调度为止。

步骤 7:令 $k = k + 1$, $j = 1$ 和 $t = 1$,并依次执行步骤 3 至步骤 6;重复此步骤,直到 k 等于 L ,完成 L 轮的连续 Y 年的水库模拟调度为止, $L = 100$ 。

水库模拟调度结束后,将获得 L 种水库运行过程,每种运行过程的入库流量都是相同的。这 L 种水库运行过程反映了调度函数决策输出的不确定性,是径流预报不确定性影响下的必然结果。

6.6 实例研究

6.6.1 实例研究对象与数据

本章以三峡水库和二滩水库为实例研究对象开展考虑多步径流预报信息的水库隐随机发电优化调度方法研究。图 6.1 给出了雅砻江二滩水库和长江干流三峡水库的地理位置示意图。

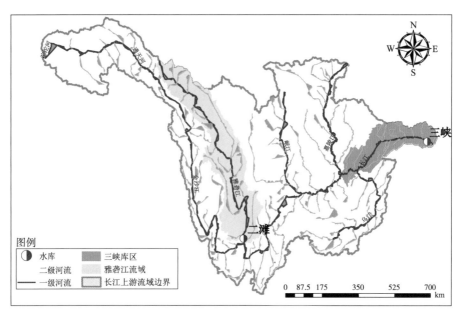

图 6.1 雅砻江二滩水库和长江干流三峡水库的地理位置示意图

三峡水电站位于湖北省宜昌市境内,距离长江上游流域出口处 40km 左右。三峡水电站的地下、右岸、左岸电厂分别装有 6 台、12 台和 14 台单机容量为 70 万 kW 的发电机组,电源电厂装有 2 台单机容量为 5 万 kW 的发电机组,总装机容量达 2250 万 kW,是世界上规模最大的水电站。电站的保证出力为 499 万 kW,设计多年平均发电量为 882 亿 kW·h。三峡水库为季调节水库,正常蓄水位为 175m,死水位为 145m,防洪限制水位为 145m,日水位变幅限制为 0.6m,最小下泄流量要求为 6000m³/s。在汛期(6 月 10 日至 9 月 10 日),三峡水库水位按防洪限制水位 145m 控制运行,在非汛期,三峡水库水位控制在 145～175m 运行。

二滩水电站位于雅砻江下游,坝址距雅砻江与金沙江的交汇口 33km 左右,是雅砻江梯级开发的第一个水电站。电站装有 5 台单机容量为 55 万 kW 的发电机组,总装机容量为 330 万 kW,保证出力为 102.8 万 kW,多年平均发电量为 170 亿 kW·h。二滩水库为季调节水库,正常蓄水位为 1200m,死水位为 1155m,防洪限制水位为 1190m,日水位变幅限制为 2m,最小下泄流量要求为 401m³/s。在 6 月 1 日至 7 月 31 日,二滩水库水位控制在 1155～1190m 运行,在其他时间段,水库水位控制在 1155～1200m 运行。

本章将宜昌站 1882—2011 年的旬尺度天然流量(还原得到的)作为三峡水库的入库流量,将二滩坝址 1958—2018 年的旬尺度天然流量(还原得到的)作为二滩水库的入库流量。为开展多步旬径流预报工作,还利用了 1961—2018 年长江上游流域 96 个气象站点的日累积降水、日平均气温资料(来源于中国气象网提供的中国地面气候资料日值数据集(V3.0)),以及 130 项大尺度遥相关气候因子的月尺度资料(包括 88 项大气环流指数、26 项海温指数和 16 项其他指数,由中国气象局国家气候中心网站提供)。为获得与旬尺度入库流量匹配的气象数据,首先对缺失值进行插值处理,然后采用泰森多边形法将点降雨、点气温转化为面均降雨和面均气温,最后分别采用累加法和平均法计算旬累积降水和旬平均气温。为获得与旬尺度入库流量匹配的气候数据,首先对缺失值进行插值处理,然后采用月内各旬气候因子与当月气候因子相等的策略将 130 项月尺度气候因子资料转换成旬尺度气候因子资料。因个别气象站设立于 1964 年以后,同时为保持数据时间范围的一致性,采用1961—2018 年的数据开展二滩入库流量预报研究工作,采用 1964—2011 年的数据开展三峡入库流量预报研究工作。

6.6.2 三峡和二滩水库优化调度和模拟调度计算中的关键环节

在三峡和二滩水库优化运行调度、模拟运行调度计算中,涉及水位库容转换、出力计算、尾水位计算等关键环节。水位库容转换指已知库容推求水位或已知水位推求库容。依据第 2 章研究成果,本章采用幂函数型容积特性曲线实现三峡和二滩水库的水位库容转换,如图 6.2 所示。出力计算指根据水头、发电流量等动力指标计算水电站的功率。式(6.2)给出了基于效率特性、耗水率特性以及功率特性的 3 种出力计算方式。第 3 章研究指出,为保证出力计算精度,应优先采用水电站效率特性、耗水率特性和功率特性曲面模型计算水电站出力。为此,对于三峡水电站,本章采用耗水率特性多项式曲面模型计算出力,如图 6.3(a)所示,而对于二滩水电站,由于缺乏实际运行数据,无法构建其动力特性曲面模型,故退而求其次,采用基于变出力系数即参数随时段(旬尺度)而变化的方法[206]计算二滩水电站出力,如图 6.3(b)所示。尾水位计算指根据水电站下泄流量、下游水电站坝前水位等要素计算水电站的尾水位。由于本章仅研究单一水库的调度函数,因此直接采用水电站下泄流量—尾水位曲线模型(即第 4 章的 M1 模型)计算三峡和二滩水电站的尾水位。对于三峡水电站,模型参数由实测数据率定,如图 6.4(a)所示,而对于二滩水电站,由于缺乏实测数据,模型参数由调度规程提供的参考数据进行率定,如图 6.4(b)所示。

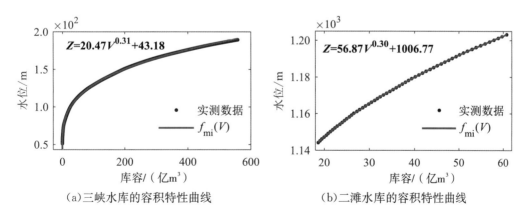

（a）三峡水库的容积特性曲线　　　　（b）二滩水库的容积特性曲线

图 6.2　三峡和二滩水库的幂函数型容积特性曲线

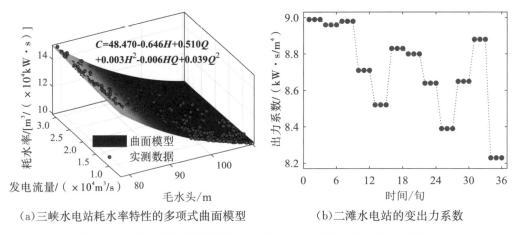

(a)三峡水电站耗水率特性的多项式曲面模型　　(b)二滩水电站的变出力系数

图 6.3　三峡水电站的耗水率特性曲面模型和二滩水电站的变出力系数

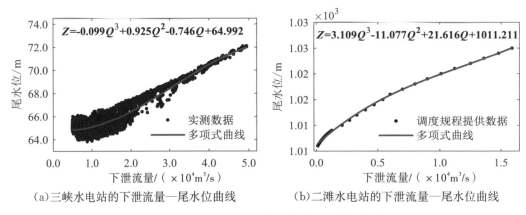

(a)三峡水电站的下泄流量—尾水位曲线　　(b)二滩水电站的下泄流量—尾水位曲线

图 6.4　三峡和二滩水电站的尾水位计算模型

6.6.3　三峡和二滩水库的模拟入库流量序列及确定性优化调度结果

确定性优化调度模型既可以根据历史来水流量序列生成水库最优运行过程,也可以根据模拟入库流量序列生成水库最优运行过程。为克服历史来水流量序列较短,导致确定性优化调度模型无法产生足量水库最优运行过程样本的问题,本章采用后者。以三峡水库1882—2011 年和二滩水库 1958—2018 年的历史来水流量为依据,采用第 5 章提出的单站径流随机模拟方法(SGMM-SRS 法),随机生成三峡水库和二滩水库 1000 年的旬尺度模拟入库流量序列,如图 6.5 和图 6.6 所示。

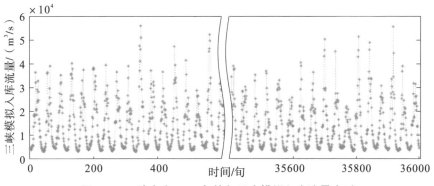

图 6.5 三峡水库 1000 年的旬尺度模拟入库流量序列

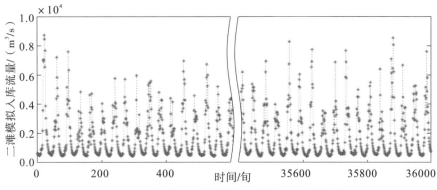

图 6.6 二滩水库 1000 年的旬尺度模拟入库流量序列

以模拟生成的 1000 年入库流量为输入，采用动态规划算法求解三峡水库和二滩水库的旬尺度确定性优化调度模型，获得三峡和二滩水库 1000 年的最优调度运行过程，为优化调度函数推求提供样本数据。图 6.7 和图 6.8 分别给出了三峡水库和二滩水库前 4 年的确定性优化调度结果，包括入库流量过程、出库流量过程和水位过程。

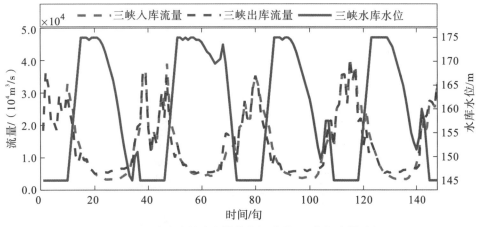

图 6.7 三峡水库的确定性优化调度结果（水位流量过程）

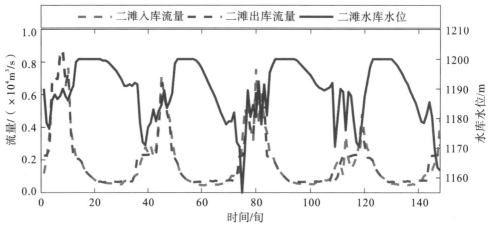

图 6.8　二滩水库的确定性优化调度结果(水位流量过程)

6.6.4　三峡和二滩水库调度函数的拟合优度分析与理想决策性能检验

采用 LSboost 模型拟合 6.6.3 节给出的二滩水库和三峡水库的 1000 年最优运行过程，可获得考虑多步径流预报信息的水库发电优化调度函数。本节构建了 9 种调度函数，它们的区别在于，利用了不同预见期的径流预报信息，如利用预见期为 1 旬(面临时段)的径流预报信息的调度函数为 $\overline{R}_t^* = \overline{f}_{xun\_1}^{d\_LSboost}(t, Z_t, \{\hat{I}_i\}_{i=t}^{t+0}), t \in \{1, 2, \cdots, 36\}$，利用预见期为 2 旬的径流预报信息的调度函数为 $\overline{R}_t^* = \overline{f}_{xun\_2}^{d\_LSboost}(t, Z_t, \{\hat{I}_i\}_{i=t}^{t+1}), t \in \{1, 2, \cdots, 36\}$，利用预见期为 3 旬的径流预报信息的调度函数为 $\overline{R}_t^* = \overline{f}_{xun\_3}^{d\_LSboost}(t, Z_t, \{\hat{I}_i\}_{i=t}^{t+2}), t \in \{1, 2, \cdots, 36\}$，同理可以理解剩余几种调度函数。

6.6.4.1　水库优化调度函数的拟合优度分析结果

本节分析三峡水库和二滩水库的 9 种优化调度函数的拟合优度，检验调度函数从样本数据(1000 年的最优运行过程)中捕捉水库发电最优运行规律的能力。图 6.9 和图 6.10 分别给出了三峡水库和二滩水库的 9 种优化调度函数的拟合性能指标。图中 F1 表示调度函数 $\overline{f}_{xun\_1}^{d\_LSboost}(\cdot)$，F2 表示调度函数 $\overline{f}_{xun\_2}^{d\_LSboost}(\cdot)$，同理可以理解其他符号。

	RMSE	MAE	MRE	R^2	RMSE	MAE	MRE	R^2
F1	172.68	96.82	0.0115	0.9997	210.82	113.82	0.0133	0.9996
F2	239.33	154.04	0.0160	0.9994	275.55	177.28	0.0180	0.9992
F3	233.56	151.46	0.0157	0.9995	283.16	179.01	0.0181	0.9992
F4	250.51	164.79	0.0169	0.9994	286.88	188.98	0.0193	0.9992
F5	240.66	161.98	0.0167	0.9994	308.90	194.14	0.0197	0.9991
F6	250.05	164.56	0.0169	0.9994	312.45	196.12	0.0196	0.9990
F7	246.73	165.73	0.0170	0.9994	309.68	197.61	0.0196	0.9990
F8	247.72	168.99	0.0175	0.9994	302.01	193.70	0.0194	0.9991
F9	262.12	177.30	0.0180	0.9993	314.46	204.12	0.0202	0.9990
		训练集上的性能指标				测试集上的性能指标		

图 6.9　三峡水库的 9 种优化调度函数的拟合性能指标

	RMSE	MAE	MRE	R^2	RMSE	MAE	MRE	R^2
F1	251.84	125.55	0.0709	0.9730	279.85	137.88	0.0774	0.9670
F2	152.23	75.32	0.0421	0.9901	206.61	97.12	0.0523	0.9824
F3	97.56	44.80	0.0242	0.9959	181.04	75.79	0.0373	0.9864
F4	92.33	43.32	0.0228	0.9964	172.87	73.14	0.0352	0.9876
F5	91.35	43.67	0.0230	0.9965	169.22	74.15	0.0352	0.9879
F6	87.66	41.14	0.0216	0.9967	165.43	71.40	0.0331	0.9885
F7	87.27	50.82	0.0287	0.9968	171.10	79.24	0.0400	0.9874
F8	126.68	68.43	0.0376	0.9932	169.50	81.56	0.0429	0.9877
F9	115.73	63.20	0.0350	0.9943	169.18	79.22	0.0410	0.9877
	RMSE	MAE	MRE	R^2	RMSE	MAE	MRE	R^2
	训练集上的性能指标				测试集上的性能指标			

图 6.10　二滩水库的 9 种优化调度函数的拟合性能指标

从图 6.9 和图 6.10 可以看出,在拟合三峡和二滩水库的最优发电运行过程上,基于 LSboost 模型的 9 种调度函数具有不错的性能表现,尤其在拟合三峡水库的最优运行过程上,9 种调度函数的性能表现非常突出,平均相对误差指标都在 0.02 以内,确定系数指标都在 0.999 以上。一个有趣的现象是,随着径流信息的增加,三峡水库的调度函数的拟合性能总体呈下降趋势,而二滩水库的调度函数的拟合性能总体呈先上升而后下降的趋势。经过分析,导致此现象的可能原因是:①三峡水库面临时段的最优调度决策仅对面临时段入库流量敏感,而对其后若干时段的入库流量响应微弱,这种情况下,更多径流信息的引入一方面会导致模型结构复杂,另一方面也会引入非关键(或冗余)径流信息,从而影响调度函数模型对水库最优运行规律的有效捕捉;事实上,在当前水文预报技术仍有较大进步空间的情况下,三峡水库的这一特性是水库运行管理工作者喜闻乐见的,因为这可以降低他们对更长预见期径流预报信息的依赖;②二滩水库面临时段的最优调度决策对面临时段乃至后续若干时段的径流信息都比较敏感,但也存在一个临界点,临界点以后的径流信息对最优调度决策影响很小,在这种情况下,适当引入更多关键径流信息有利于提升调度函数模型的拟合性能,增强调度函数模型对水库最优运行规律的描述能力,但不宜过多地引入径流信息,否则会影响调度函数模型对水库最优运行规律的准确提取。

综上分析可知,9 种调度函数模型具有从样本数据中捕捉水库发电最优运行规律的能力,但应注意合理利用径流预报信息,过多利用非关键径流信息或过少利用关键径流信息都会导致调度函数的拟合性能不足。

6.6.4.2　水库优化调度函数的理想决策性能检验

本节采用 6.4.2.2 所述方法检验三峡水库和二滩水库的 9 种优化调度函数的理想决策性能。在水库发电模拟调度过程中(从汛初开始调度),将宜昌站 1882 年 6 月至 2011 年 5 月的历史来水流量作为三峡水库的入库流量,将二滩坝址 1958 年 6 月至 2018 年 5 月的历史来水流量作为二滩水库的入库流量,即在模拟调度过程中,三峡水库和二滩水库的调度函数是基于完美径流预报信息进行调度决策的。另外,本节还计算了三峡水库连续 129 年以及二滩水库连续 60 年的确定性优化调度结果,得出三峡水库的多年平均发电量和保证率分别为 918.67 亿 kW·h 和 98.26％,二滩水库分别为 186.69 亿 kW·h 和 99.95％。由于确定性优化调度采用整个调度期的实测流量为输入,其调度结果是理论最优的,因此本节将确定性优化调度结果作为评价调度函数理想决策性能的基准。

图 6.11 给出了基于 9 种优化调度函数的三峡水库发电模拟调度的多年平均发电量和保证率。经分析可以发现,首先,三峡水库 9 种优化调度函数的多年平均发电量之间相差很小,最大差距仅为 0.25 亿 kW·h 左右,各调度函数的发电保证率之间相差也不大,最大差距仅为 1％ 左右,此结果与三峡水库 9 种优化调度函数具有相近的拟合性能是匹配的;其次,三峡水库 9 种优化调度函数的多年平均发电量与理论最优值 918.67 亿 kW·h 的比值为 99.42％～99.45％,保证率与理论最优值 98.26％ 的比值为 96.56％～97.39％,表明 9 种优化调度函数均具有较好的理想决策性能,可以有效地给出调度决策,此结果与三峡水库 9 种优化调度函数均具有良好的拟合性能是匹配的;最后,随着径流信息的增加,三峡水库调度函数的理想决策性能的变化没有比较明显的规律性,这可能与各调度函数的拟合性能都较好且相近有关。

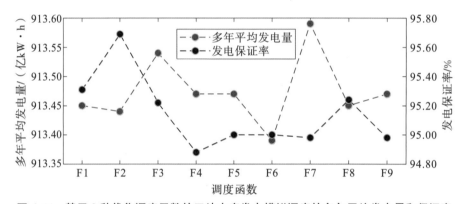

图 6.11　基于 9 种优化调度函数的三峡水库发电模拟调度的多年平均发电量和保证率

图 6.12 给出了基于 9 种优化调度函数的二滩水库发电模拟调度的多年平均发电量和保证率。分析图 6.12 可以得到,二滩水库 9 种调度函数的多年平均发电量与理论最优值 186.69 亿 kW·h 的比值为 97.25％～99.37％,保证率与理论最优值 99.95％ 的比值为 97.04％～99.58％,表明二滩水库的 9 种调度函数都具有较好的理想决策性能,均能有效地给出较优的调度决策,产生不错的发电效益。另外,从图 6.12 中不难发现,随着径流信息的增加,二滩水库调度函数的理想决策性能变化呈现明显的规律性,即多年平均发电量和发电保证率总体上呈现先增长而后下降的变化规律,产生这一现象的原因或可由图 6.10 给出的结果解释,表明多步径流信息的引入有利于提升二滩水库调度函数的理想决策性能,但不宜过多地引入径流信息,否则不仅不能提升调度函数的理想决策性能,反而会使其理想决策性能变差。

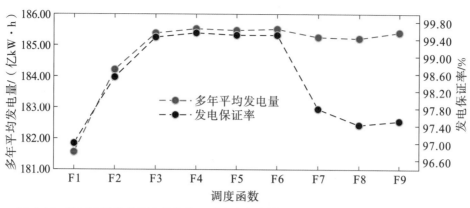

图 6.12　基于 9 种优化调度函数的二滩水库发电模拟调度的多年平均发电量和保证率

综合 6.6.4.1 节和 6.6.4.2 节的讨论与分析可知：①本章提出的基于 LSboost 模型的调度函数具有从最优样本数据中提取水库发电最优运行规律的能力；②为促进调度函数模型对水库发电最优运行规律的准确描述，进而提升调度函数的理想决策性能，应充分利用面临时段及其后续若干时段的入库流量信息，但应避免引入非关键径流信息（指对面临时段最优调度决策影响较小的径流信息，如对于三峡水库面临时段（旬）t 的最优调度决策，$t+1$ 时段及其后续时段的径流信息就是非关键信息，而对于二滩水库面临时段 t 的最优调度决策，$t+4$ 时段及其后续时段的入库流量信息就是非关键信息），否则会出现调度函数拟合性能不足，从而导致调度函数理想决策性能欠佳的问题。

6.6.5　三峡和二滩水库调度函数的实际决策性能检验及输入与输出不确定性分析

如 6.6.4.2 节所述，充分并合理利用径流信息可以有效提升调度函数的理想决策性能。但在实际调度工作中，准确的径流信息往往是难以获取的，只能以较准确的预报流量作为调度函数的输入来进行调度决策。然而，径流预报总是存在不确定性的，径流预报信息的引入必然会使调度函数的输出具有不确定性。针对此问题，本节首先分析入库流量预报的不确定性，在此基础上，检验调度函数的实际决策性能，探究径流预报不确定性对调度决策的影响。

6.6.5.1　三峡和二滩水库入库流量预报及其不确定性分析

（1）三峡和二滩水库入库流量预报

按 3∶1 的比例，分别将宜昌站断面以上流域（长江上游流域）1964—2011 年和二滩坝址断面以上流域（以下简称二滩流域）1961—2018 年的水文、气象、气候数据资料划分为训练集和测试集，在此基础上，采用 6.4.1 节所述方法建立三峡水库和二滩水库的入库流量预报模型。根据 6.6.4.2 节可知，三峡水库调度函数利用入库流量信息的最佳时段数是 1，而二滩水库调度函数利用入库流量信息的最佳时段数是 4。因此，本节构建了预见期为 1 旬的三峡入库流量预报模型 $\hat{I}_{\mathrm{sx},1}=f_{\mathrm{sx},1}^{\mathrm{LSboost}}(\bullet)$，以及预见期为 1 旬、2 旬、3 旬和 4 旬的二滩入库流

量预报模型 $\hat{I}_{\text{et},1} = f_{\text{et},1}^{\text{LSboost}}(\bullet)$、$\hat{I}_{\text{et},2} = f_{\text{et},2}^{\text{LSboost}}(\bullet)$、$\hat{I}_{\text{et},3} = f_{\text{et},3}^{\text{LSboost}}(\bullet)$ 和 $\hat{I}_{\text{et},4} = f_{\text{et},4}^{\text{LSboost}}(\bullet)$。5 个模型的输入输出如表 6.1 至表 6.5 所示。

表 6.1　　**预见期为 1 旬的三峡入库流量预报模型 $\hat{I}_{\text{sx},1} = f_{\text{sx},1}^{\text{LSboost}}(\bullet)$ 的输入和输出**

序号	输入变量	输出变量
1	前推第 1 旬的长江上游流域平均气温	
2	前推第 1 旬的三峡入库流量	
3	前推第 1 旬的东亚槽强度指数	
4	前推第 4 旬的北半球极涡强度指数	
5	前推第 2 旬的三峡入库流量	三峡水库未来第 1 旬
6	前推第 2 旬的东亚槽强度指数	的入库流量 I_t
7	前推第 36 旬的长江上游流域累积降水	
8	前推第 3 旬的长江上游流域平均气温	
9	前推第 2 旬的长江上游流域平均气温	
10	前推第 36 旬的三峡入库流量	

表 6.2　　**预见期为 1 旬的二滩入库流量预报模型 $\hat{I}_{\text{et},1} = f_{\text{et},1}^{\text{LSboost}}(\bullet)$ 的输入和输出**

序号	输入变量	输出变量
1	前推第 1 旬的二滩流域累积降水	
2	前推第 1 旬的二滩入库流量	
3	前推第 2 旬的二滩入库流量	
4	前推第 5 旬的北半球极涡强度指数	
5	前推第 2 旬的东亚槽强度指数	二滩水库未来第 1 旬
6	前推第 3 旬的二滩入库流量	的入库流量 I_t
7	前推第 1 旬的东亚槽强度指数	
8	前推第 36 旬的二滩流域平均气温	
9	前推第 3 旬的西藏高原－1 指数	
10	前推第 6 旬的北半球极涡强度指数	

表 6.3　　**预见期为 2 旬的二滩入库流量预报模型 $\hat{I}_{\text{et},2} = f_{\text{et},2}^{\text{LSboost}}(\bullet)$ 的输入和输出**

序号	输入变量	输出变量
1	前推第 36 旬的东亚槽强度指数	二滩水库未来第 2 旬
2	前推第 1 旬的东亚槽强度指数	的入库流量 I_{t+1}
3	前推第 1 旬的二滩入库流量	

序号	输入变量	输出变量
4	前推第 2 旬的东亚槽强度指数	
5	前推第 1 旬的二滩流域累积降水	
6	前推第 4 旬的北半球极涡强度指数	二滩水库未来第 2 旬的入库流量 I_{t+1}
7	前推第 5 旬的北半球极涡强度指数	
8	前推第 2 旬的二滩入库流量	
9	前推第 3 旬的北半球极涡强度指数	
10	前推第 2 旬的北大西洋涛动指数	

表 6.4 预见期为 3 旬的二滩入库流量预报模型 $\hat{I}_{et,3} = f_{et,3}^{LSboost}(\cdot)$ 的输入和输出

序号	输入变量	输出变量
1	前推第 36 旬的东亚槽强度指数	
2	前推第 1 旬的北大西洋涛动指数	
3	前推第 2 旬的东亚槽强度指数	
4	前推第 1 旬的二滩入库流量	
5	前推第 36 旬的二滩流域累积降水	二滩水库未来第 3 旬的入库流量 I_{t+2}
6	前推第 3 旬的北半球极涡强度指数	
7	前推第 2 旬的北大西洋涛动指数	
8	前推第 1 旬的二滩流域累积降水	
9	前推第 1 旬的北半球极涡中心强度指数	
10	前推第 2 旬的北半球极涡强度指数	

表 6.5 预见期为 4 旬的二滩入库流量预报模型 $\hat{I}_{et,4} = f_{et,4}^{LSboost}(\cdot)$ 的输入和输出

序号	输入变量	输出变量
1	前推第 36 旬的二滩流域平均气温	
2	前推第 1 旬的北大西洋涛动指数	
3	前推第 3 旬的北半球极涡强度指数	
4	前推 36 旬的亚洲纬向环流指数	
5	前推第 2 旬的北半球极涡强度指数	二滩水库未来第 4 旬的入库流量 I_{t+3}
6	前推第 1 旬的北半球极涡强度指数	
7	前推第 36 旬的东亚槽强度指数	
8	前推第 7 旬的东亚槽强度指数	
9	前推第 36 旬的北半球极涡强度指数	
10	前推第 1 旬的二滩入库流量	

对比 5 个入库流量预报模型(1 个三峡入库流量预报模型和 4 个二滩入库流量预报模型)在训练集和测试集上的预报效果,如图 6.13 所示,各模型在训练集和测试集上的平均相对误差 MRE 都在 0.2 以内,确定系数指标都在 0.8 以上,即各模型的预报精度等级都达到了乙级,满足作业预报要求。此结果表明,三峡和二滩水库的入库流量预报模型能够为其调度函数提供比较准确可靠的径流预报信息,同时也说明将多步径流预报信息引入到调度函数的输入中是现实可行的。进一步分析可以发现,随着预见期的延长,二滩入库流量预报模型的预报精度在逐渐下降。此结果是容易理解的,因为预见期越长,预报起始时刻已知的气象、水文、气候等已知量对预报量的形成、演化与发展的物理作用越微弱,依据这些已知物理量预测与之物理联系较弱的预报量自然难以有较好的预报精度。

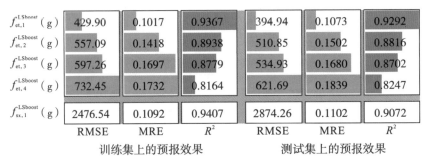

图 6.13 5 个入库流量预报模型在训练集和测试集上的预报效果

(2)入库径流预报不确定性分析

为直观地展示入库径流预报的不确定性,采用式(6.35)计算不同预见期的入库径流预报误差,并绘制径流预报误差序列的概率密度直方图。预见期为 1 旬的三峡入库流量预报误差的概率密度直方图与分布曲线如图 6.14 所示,不同预见期(1 旬、2 旬、3 旬和 4 旬)的二滩入库流量预报误差的概率密度直方图与分布曲线如图 6.15 所示。在图 6.14 和图 6.15 中,径流预报误差序列的标准差反映了径流预报的不确定性程度,标准差越大,预报不确定性越强,反之,预报不确定性越小;偏态系数反映了径流预报误差的非正态特性,偏态系数的绝对值越大,预报误差的非正态性越强,反之,预报误差的正态性越强。分析图 6.14 和图 6.15 可知,三峡入库径流预报误差和二滩入库径流预报误差的概率分布都是正(右)偏的,且随着预见期的增加,二滩入库径流预报误差的偏态特性在逐渐增强。此外,由图 6.15 还可以发现,随着预见期的延长,二滩入库径流预报误差的标准差逐渐增大,表明径流预报不确定性随预见期的延长而逐渐增大,符合径流预报不确定性的演化规律。

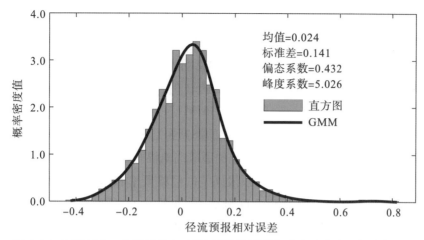

图 6.14   预见期为 1 旬的三峡入库流量预报误差的概率密度直方图与分布曲线

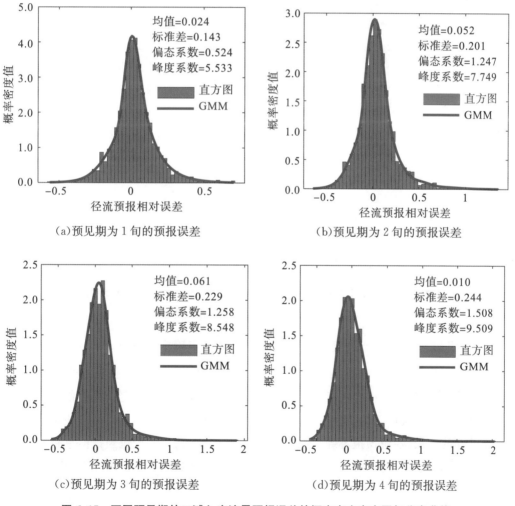

（a）预见期为 1 旬的预报误差

（b）预见期为 2 旬的预报误差

（c）预见期为 3 旬的预报误差

（d）预见期为 4 旬的预报误差

图 6.15   不同预见期的二滩入库流量预报误差的概率密度直方图与分布曲线

以上结果分析表明，随着预见期的延长，入库流量预报模型的预报精度会逐渐下降，预报不确定性会逐渐增强。因此,在引入更长预见期的径流预报信息丰富调度函数输入信息的同时,调度函数的输入不确定性必然会增大。

接下来,采用 6.4.2.1 节所述方法,构建预见期为 1 旬的三峡入库径流预报误差的 1 维高斯混合分布模型(GMM-SX),以及不同预见期(1 旬、2 旬、3 旬和 4 旬)的二滩入库径流预报误差之间的 4 维联合高斯混合分布模型(GMM-ET),用于描述入库径流预报的不确定性。预见期为 1 旬的三峡入库径流预报误差的高斯混合密度函数如图 6.14 中的蓝色曲线所示,不同预见期的二滩入库径流预报误差的边缘高斯混合密度函数如图 6.15 中的红色曲线所示。另外,还绘制了三峡入库径流预报误差的经验概率和理论概率以及二滩入库径流预报误差序列的经验联合概率和理论联合概率,如图 6.16 所示。由图 6.14、图 6.15 和图 6.16 可以看出,GMM-SX 模型准确地拟合了预见期为 1 旬的三峡入库径流预报误差的经验分布,确定系数指标约等于 1;GMM-ET 模型准确地拟合了预见期为 4 旬的二滩入库径流预报误差序列的经验联合分布,确定系数同样逼近 1。此结果表明,采用 GMM-SX 模型和 GMM-ET 模型描述入库径流预报的不确定性是合理可行的。

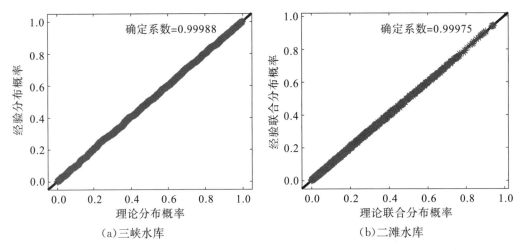

（a）三峡水库　　　　　　　　　　（b）二滩水库

图 6.16　三峡入库径流预报误差的经验概率和理论概率以及二滩入库径流预报误差序列的经验联合概率和理论联合概率

6.6.5.2　调度函数的实际决策性能检验与决策输出不确定性分析

通过前面几个小节的分析,获得了以下几点认知:未来多步径流信息的适量引入,可丰富调度函数输入,改善其拟合性能,进而提升其理想决策性能;在一定长度的预见期内,径流预报信息是比较准确可靠的,将此作为确定性径流信息的替代以供调度函数使用现实可行;随着预见期的增长,径流预报不确定性会逐渐增强,因此,利用的径流预报信息越多,调度函数的输入不确定性会更大。接下来,将进一步检验调度函数的实际决策性能,并探究径流预报不确定性对调度决策的影响。

（1）调度函数的实际决策性能检验

本节采用 6.5.1 所述方法分析三峡水库调度函数(利用未来 1 旬的径流信息)和二滩水

库 4 种调度函数(分别利用未来 1 旬、2 旬、3 旬、4 旬的径流信息)的实际决策性能。三峡和
二滩水库的调度函数的应用时间范围分别为 1991 年 6 月至 2011 年 5 月和 2008 年 6 月至
2018 年 5 月。图 6.17 给出了不同调度方案下三峡水库的多年平均发电量和发电保证率,
图 6.18 和图 6.19 分别展示了不同调度方案下二滩水库的多年平均发电量和发电保证率。
在图 6.17、图 6.18 和图 6.19 中,DP 表示确定性动态规划优化调度方案;F1-D 表示以实测
来水(理想径流预测)为决策依据的调度函数方案,即调度函数以未来第 1 旬的实测来水为
输入进行面临时段的水库调度决策,F2-D 与 F1-D 类似,不同点在于,在 F2-D 方案下,调度
函数依据未来第 1 旬和第 2 旬的实测来水进行调度决策,同理可以理解方案 F3-D 和 F4-D;
F1-P 表示考虑径流预报信息的调度函数方案,即调度函数以未来第 1 旬的径流概率预报结
果为输入进行水库调度决策,同理可以理解方案 F2-P、F3-P 和 F4-P。

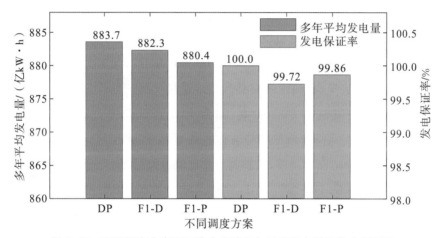

图 6.17　不同调度方案下三峡水库的多年平均发电量和发电保证率

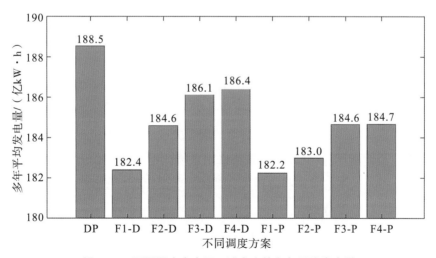

图 6.18　不同调度方案下二滩水库的多年平均发电量

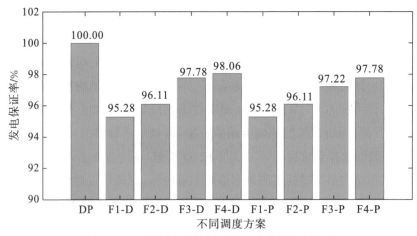

图 6.19　不同调度方案下二滩水库的发电保证率

从图 6.17、图 6.18 和图 6.19 可以看出,在 DP 方案下,三峡水库和二滩水库的发电效益最大、发电可靠性最好,这是容易理解的,因为确定性优化调度采用了整个调度周期的确定性实测来水进行调度决策,其调度结果必然是理论最优的。其次,图中还显示 F1-D 方案优于 F1-P 方案、F2-D 方案优于 F2-P 方案、F3-D 方案优于 F3-P 方案以及 F4-D 方案优于 F4-P 方案,表明在利用相同长度预见期径流信息的情况下,采用确定性实测来水进行调度决策优于采用预报来水进行调度决策,这是符合实际调度经验的。此外,由图 6.18 和图 6.19 还可以发现,F4-D 方案＞F3-D 方案＞F2-D 方案＞F1-D 方案,以及 F4-P 方案＞F3-P 方案＞F2-P 方案＞F1-P 方案,"＞"表示前面的方案优于后面的方案,表明在一定长度的预见期内,利用径流信息越多,无论是预报的(满足作业预报要求的)还是实测的,调度函数给出的调度决策会更优。最后,以 DP 方案的调度结果为基准,其他方案的发电效益和发电可靠性都较好,各方案的多年平均发电效益与理论最优值之比都在 0.96 以上,发电保证率也都在 95%以上。

综上分析可知,在径流预报模型满足作业预报要求的前提下,将径流预报信息引入调度函数确实是现实可行的,且利用的径流预报信息越多,调度函数的实际决策性能越好。尽管调度函数依据确定性实测来水进行调度决策的理想决策性能优于依据径流预报信息进行调度决策的实际决策性能,但依据确定性实测来水进行调度决策的方法与实际调度工作不匹配,是不实用的。至此,考虑多步径流预报信息的调度函数的有效性(理想决策性能)和实用性(实际决策性能)已被充分论证。

(2)调度函数的决策输出不确定性分析

本节以二滩水库的 4 种调度函数($\bar{R}_t^* = \bar{f}_{\text{xun\_1}}^{d\_\text{LSboost}}(\cdot)$、$\bar{R}_t^* = \bar{f}_{\text{xun\_2}}^{d\_\text{LSboost}}(\cdot)$、$\bar{R}_t^* = \bar{f}_{\text{xun\_3}}^{d\_\text{LSboost}}(\cdot)$ 和 $\bar{R}_t^* = \bar{f}_{\text{xun\_4}}^{d\_\text{LSboost}}(\cdot)$,简写为 F1、F2、F3 和 F4)为例,采用 6.5.2 节所述方法获

知调度函数的决策输出不确定性,探究径流预报不确定性对调度决策的影响。2017 年 6 月至 2018 年 5 月被选作为研究时段。图 6.20 给出了二滩水库 4 种调度函数的决策流量过程与区间及相应的水位过程与区间。图 6.21 给出了二滩水库 4 种调度函数基于径流概率预报信息决策的流量过程的各截口的极差,而图 6.22 给出了相应于 4 种决策流量过程的二滩水库水位过程的各截口的极差。

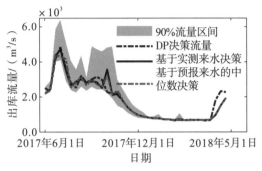

（a）调度函数 F1 的决策流量过程

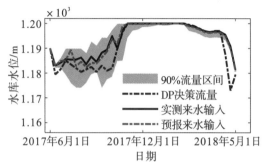

（b）相应于 F1 决策流量过程的水位过程

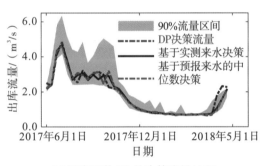

（c）调度函数 F2 的决策流量过程

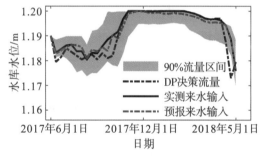

（d）相应于 F2 决策流量过程的水位过程

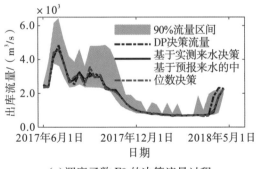

（e）调度函数 F3 的决策流量过程

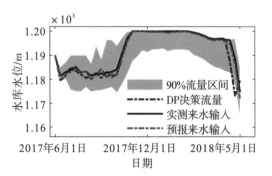

（f）相应于 F3 决策流量过程的水位过程

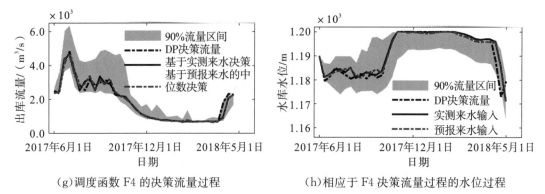

（g）调度函数 F4 的决策流量过程　　　　　　（h）相应于 F4 决策流量过程的水位过程

图 6.20　二滩水库 4 种调度函数的决策流量过程与区间及相应的水位过程与区间

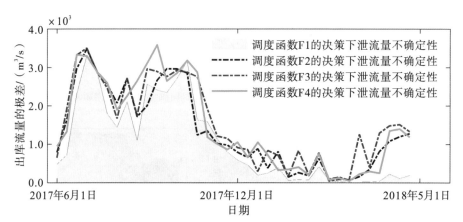

图 6.21　二滩水库 4 种调度函数基于来水概率预报信息决策的流量过程的各截口的极差

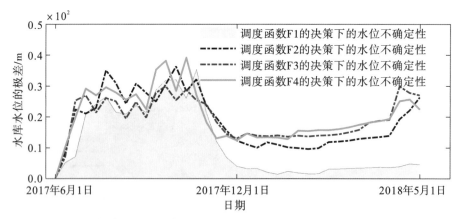

图 6.22　相应于 4 种决策流量过程的二滩水库水位过程的各截口的极差

在图 6.20（a）中，黑色点划线是确定性动态规划优化调度方案给出的流量过程，蓝色实线是调度函数 F1 以确定性实测来水为输入给出的决策流量过程，红色点划线是调度函数 F1 以径流概率预报信息为输入给出的中位数决策流量过程，灰色区域是调度函数 F1 以径流概率预报信息为输入给出的 90% 流量区间；在图 6.20（b）中，黑色点划线表示的水位过程与图 6.20(a)中 DP 决策流量过程相对应,蓝色实线表示的水位过程与图 6.20(a)中蓝色实线表示的流量过程相对应,红色点划线表示的水位过程与图 6.20(a)中红色点划线表示的流量过程相对应,灰色区域表示的 90%水位区间与图 6.20(a)中灰色区域表示的 90%流量区间相对应;同理可以理解图 6.20 中的其他子图。在图 6.21 中,面积图、蓝色点划线、红色点划线、青色实线分别表示的是调度函数 F1、F2、F3 和 F4 以径流概率预报信息为输入给出的决策流量过程的各截口的极差。

首先,从图 6.20 可以看出,受径流预报不确定性的影响,各调度函数的决策输出存在较大的不确定性,如图中 90%流量区间和水位区间所示,换言之,如果将径流点预报结果作为调度函数的输入,其决策输出将在较大的范围内取值,贴近最优决策或近似最优决策的可能性很低,由此启发的新认知是,依据径流点预报信息采用调度函数进行调度决策大概率是不可靠的,尤其是在径流点预报精度水平较低的情况下,可靠性更加难以保证。图 6.20 显示,基于径流概率预报信息的调度函数决策流量过程与基于实测来水的调度函数决策流量过程甚至是 DP 决策流量过程都比较接近,如图中红色点划线所示,换言之,依据径流概率预报结果,按调度函数输出的中位数进行调度决策可以较好地弱化径流预报不确定性的影响,获得更逼近最优决策或近似最优决策的下泄流量过程。

其次,对比分析图 6.20(a)、图 6.20(c)、图 6.20(e)和图 6.20(g)中的 90%决策流量区间,以及图 6.20(b)、图 6.20(d)、图 6.20(f)和图 6.20(h)中的 90%决策水位区间可以发现,调度函数 F1 的决策输出不确定性最小,而另外 3 种调度函数的决策输出不确定性虽有区别但相差不大,换言之,随着利用的径流预报信息的增加,调度函数决策输出的不确定性总体上呈不显著增加趋势,图 6.21 和图 6.22 更直观地说明了这一点。一般而言,径流预报信息引入越多,调度函数的输入不确定性会越大,但其输出不确定性是否会更大取决于调度函数模型是否具有较强的鲁棒性,调度函数模型的鲁棒性指调度函数在径流预报不确定性扰动下仍能保持良好的实际调度决策性能(低不确定性及最优性)的能力。由前面的分析可知,本章提出的基于最小二乘提升决策树的考虑多步径流预报信息的调度函数具有较强的鲁棒性,能够在充分利用径流预报信息的同时,有效降低多步径流预报不确定性的影响,进而给出良好的调度决策。

至此,考虑多步径流预报信息的调度函数的有效性(理想决策性能)、实用性(实际决策性能)及其输出不确定性(鲁棒性)都已被充分讨论与分析。

6.7　本章小结

近年来,水文预报技术获得了长足发展,利用较长时期的径流预报信息进行调度决策已成为可能。然而,已有研究多聚焦在仅利用单步径流预报信息的调度函数的构建算法上。

为此，本章开展了考虑多步径流预报信息的水库隐随机发电优化调度方法研究，推导了考虑多步径流预报信息的水库隐随机优化调度函数的一般表达式，提出了基于最小二乘提升决策树的水库发电优化调度函数推求方法，建立了基于最小二乘提升决策树的遥相关因子和区域气象水文要素联合驱动的中长期径流预报模型，同时为量化径流预报不确定性构建了多步径流预报误差序列的高斯混合模型。研究工作以三峡水库和二滩水库为实例研究对象，检验了考虑多步径流预报信息的调度函数的有效性、实用性，并探究了径流预报不确定性对调度函数决策输出的影响。研究结果表明：

①基于最小二乘提升决策树的调度函数具有从最优样本数据中提取水库发电最优运行规律的能力。对面临时段及其后续若干时段入库流量信息的充分、合理利用，能够有效促进调度函数模型对水库发电最优运行规律的准确描述，进而提升调度函数的理想决策性能。

②在一定长度的预见期内，本章提出的基于最小二乘提升决策树的中长期径流预报模型能够满足作业预报要求，将其提供的径流预报信息引入调度函数现实可行，且利用的径流预报信息越多，调度函数的实际决策性能越好。在调度函数的实际应用中，应以径流概率预报结果为输入，按调度函数输出的中位数进行水库调度决策。这种方法可以减小径流预报不确定性对调度决策的影响，是一种与实际调度工作匹配而实用的方法。

③本章提出的考虑多步径流预报信息的调度函数具有较强的鲁棒性，能够在充分利用径流预报信息的同时，较好地弱化多步径流预报不确定性的影响，为调度决策者提供可靠的决策参考值和决策区间。

仍然存在的问题是，本章仅研究了如何在应用调度函数的过程中减小多步径流预报不确定性对调度决策的影响，而没有研究如何在构建调度函数的过程中考虑多步径流预报的不确定性。针对后者开展研究，对进一步降低调度函数的决策输出不确定性具有重要意义。

第 7 章 总结与展望

7.1 本书主要内容及结论

在水电能源开发利用已初具规模，工作重心正逐步从工程规划建设向调度运行管理转移的背景下，考虑来水不确定性影响，开展水库发电精细化调度，深层次挖掘正在运行的水电站潜力，对促进能源结构改善、现代能源体系建设、"双碳"目标实现具有重要意义。为此，研究工作围绕来水不确定性条件下水库发电精细化调度面临的关键科学问题和技术难题，以长江上游部分水电站水库为研究对象，运用随机水文学、水电能源学、运筹学、概率统计学、机器学习等多学科理论与方法，在水电站水库特性解析与建模、单站和多站径流随机模拟、中长期入库径流预报、水库隐随机发电优化调度等方面开展了较为深入的研究，取得了一些有价值的成果。研究工作总结如下：

（1）水库容积特性解析与建模研究

针对水库容积特性函数化表征缺乏物理意义的问题，本书对水库的形态特征进行抽象，构建了描述水库一般性形态特征的三棱锥模型和不规则锥体模型，并依据锥体模型导出了幂函数型容积特性曲线，同时根据水库容积特性的数学性质，给出了幂函数型容积特性曲线的参数取值范围。为验证幂函数型容积特性曲线的适用性、可靠性和优越性，应用其拟合 37 座水库的实测库容—水位离散数据点，从拟合优度角度对其适用性和可靠性进行评价，同时将其应用于两座水电站的中长期发电模拟调度和优化调度中，从调度应用角度对其可靠性和优越性进行评价。经过合理性分析、拟合优度评价和调度应用验证，幂函数型容积特性曲线被证明是一种适用性广、可靠性高、物理意义明确的水库容积特性表征线型。

（2）水电站动力特性解析与建模研究

为实现水电站动力特性的准确描述，进而为水电站水能精确计算提供模型支撑，本书首先基于水电站历史运行数据对水电站动力特性进行深入分析，发现其不仅具有一定程度的时间尺度效应，即不同时间尺度下水电站动力指标间的映射关系存在差异，而且对单一自变量（水头或发电流量）具有多值性，表明在构建水电站动力特性数学模型时，应尽可能考虑水头和发电流量的双重作用以及时间尺度影响。基于此，考虑时间尺度影响，依赖于水电站历史运行数据,分别采用多项式和神经网络,构建了描述水电站效率特性的曲线模型和曲面模型,描述水电站耗水率特性的曲线模型和曲面模型,以及描述水电站功率特性的曲面模型。然后,将各模型应用于溪洛渡、向家坝、三峡和葛洲坝4座水电站,拟合优度分析结果表明,效率特性曲面模型优于其曲线模型,耗水率特性曲面模型优于其曲线模型,即考虑水头和发电流量的曲面模型能够更准确地描述水电站动力特性。最后,将各模型应用于4座水电站的出力计算中,评价各模型的出力计算精度,结果表明,水电站效率特性曲面模型、耗水率特性曲面模型和功率特性曲面模型最优,效率特性曲线模型和耗水率特性曲线模型次之,效率特性常数模型最差。因此,本书建议,为保证一定的出力计算精度,应尽可能采用曲面模型,至少采用曲线模型,避免使用常数模型。

(3)水电站尾水位特性解析与建模研究

为实现水电站尾水位特性的准确描述,进而为尾水位、水头、水能精确计算提供模型支撑,本书首先依据水电站历史运行数据,采用定性与定量相结合的方法深入分析水电站尾水位变化过程,发现受水电站非恒定出库水流的激励作用及下游水电站水位或下游支流来水的顶托作用,水电站尾水位变化过程具有明显后效性特征,即滞后于相应的下泄流量过程。在此基础上,采用 Pearson 相关性分析方法探明了水电站尾水位的关键影响因子为:当前和前一时段的下游水电站水位、下游支流来水、水电站下泄流量,以及前一时段的水电站尾水位。同时,进一步构建了水电站尾水位特性的5种多项式拟合模型(M1、M2、M3、M4、M5,见表4.1)和1种支持向量回归模型(svm-M4,和M4模型的输入相同),并基于拟合优度指标对比分析了各模型的性能表现。结果表明,以所有关键影响因子为输入的M5模型具有最优的单步尾水位预测精度,但由于引入了前一时段尾水位,该模型只能通过滚动向前的方式计算未来多步尾水位值,无法避免时间累积误差问题,实用性和可靠性明显不足,与之相比,输入不包含前一时段尾水位的M4模型实用性更好;在输入相同的条件下,通过改善模型结构可以进一步提高模型性能,svm-M4模型的综合性能较M4模型更优,是一种实用性、可靠性和准确性均衡的具有一定应用价值的尾水位预测模型。最后,探究了水电站尾水位特性的时间尺度效应,发现其不显著,表明在构建尾水位特性数学模型时考虑时间尺度影响并非必要,除非对尾水位预测精度有更高要求。

(4)基于高斯混合模型的径流随机模拟方法研究

围绕单站、多站径流随机模拟问题,研究工作引入能够以任意精度逼近任何连续分布的高斯混合模型,提出了基于高斯混合模型、季节性高斯混合模型的单站径流随机模拟方法(GMM-SRS 和 SGMM-SRS 方法)和多站径流随机模拟方法(GMM-MRS 和 SGMM-MRS 方法),并通过单站、多站旬径流和月径流随机模拟实验,对所提方法的适用性和有效性进行检验。实验结果表明,提出的 SGMM-SRS 方法适用于单站旬径流和月径流随机模拟,能有效保持实测径流序列的1~4阶统计参数(即均值、标准差、偏度系数和峰度系数)、1阶线性和非线性年际年内自相关特性;提出的 GMM-SRS 方法在保持单站旬径流和月径流序列的年际自相关特性上表现较差,但在保持实测径流序列的 1～4 阶统计参数和年内自相关特性上性能很好;提出的 SGMM-MRS 方法适用于多站旬径流和月径流随机模拟,其生成的多站模拟径流序列可以较全面地保持多站实测径流序列的 1～4 阶统计参数、1 阶线性和非线性年际年内自相关特性以及 0 阶线性和非线性互相关特性;提出的 GMM-MRS 方法无法较好地保持多站实测径流序列的年际自相关特性,但在保持多站实测径流序列的 1～4 阶统计参数和年内自互相关特性上性能很好。最后,本书建议,在不要求单站和多站模拟径流序列年际连序的情况下,推荐采用 GMM-SRS 和 GMM-MRS 方法进行单站和多站径流随机模拟,否则采用 SGMM-SRS 和 SGMM-MRS 方法。

(5)考虑多步径流预报信息的水电站水库隐随机优化调度方法研究

围绕来水不确定性条件下的水库发电优化调度问题,本书提出了基于最小二乘提升决策树的水库发电优化调度函数推求方法,根据水库确定性优化调度模型提供的最优样本数据集,推求以面临时段、面临时段初水位和未来多步(多时段)径流信息为决策输入,面临时段水库下泄流量为决策输出的调度函数。然后,建立了基于最小二乘提升决策树的遥相关因子和区域气象水文要素联合驱动的中长期径流预报模型,并构建了多步径流预报误差序列的高斯混合模型,以量化中长期径流预报不确定性,进而为使用调度函数进行决策提供径流预报及其不确定性信息。最后,以三峡水库和二滩水库为实例研究对象,检验了考虑多步径流预报信息的调度函数的有效性和实用性,并探究了径流预报不确定性对调度函数决策输出的影响。研究结果表明,对面临时段及其后续若干时段入库流量信息的充分、合理利用能够有效促进调度函数模型对水库发电最优运行规律的准确描述,提升调度函数的理想决策性能;在一定长度的预见期内,提出的径流预报模型可以满足作业预报要求,将其提供的径流预报信息引入调度函数现实可行,且利用的径流预报信息越多,调度函数的实际决策性能越好;提出的考虑多步径流预报信息的调度函数具有较强的鲁棒性,能够在充分利用径流预报及其不确定性信息的同时,有效降低多步径流预报不确定性的影响,为调度决策者提供可靠的决策参考值和决策参考区间。

7.2　本书的主要创新点

本书取得的研究成果可为来水不确定性条件下水电站水库发电精细化调度提供模型与方法支撑,研究工作的主要创新点总结如下:

(1)推导出具有明确物理意义的幂函数型水库容积特性曲线,并通过分析挖掘水电站历史运行数据,初步实现了水电站动力特性、尾水位特性的精确数学描述

首先,对水库形态进行简化抽象,构建了描述水库一般性形态特征的不规则锥体模型,并据此导出了适用性广、可靠性高、物理意义明确的幂函数型容积特性曲线,实现了水库容积特性的具有物理意义的函数化表征。其次,通过分析水电站历史运行数据,揭示了水电站动力特性不仅具有一定程度的时间尺度效应,而且对单一自变量(水头或发电流量)具有多

值性,基于此,考虑时间尺度影响及水头和发电流量双重作用,建立了基于多项式结构、神经网络结构的水电站动力特性曲面模型,初步实现了水电站动力特性的精确数学描述。此外,基于水电站的实测尾水位过程,解析了水电站尾水位变化的后效性特征,明确了水电站尾水位的关键影响因子,进而构建了水电站尾水位特性的多项式拟合模型和支持向量回归模型,初步实现了水电站尾水位特性的精确数学描述,在此基础上还探究了水电站尾水位特性的时间尺度效应,发现尾水位特性的时间尺度效应不显著(第2、3、4章)。

(2)克服传统方法需对水文变量概率分布、径流序列相依形式等进行假设的不足,提出了基于高斯混合模型的单站和多站径流随机模拟新方法

针对传统方法需对水文变量概率分布、径流序列相依形式等进行假设的不足,引入能够以任意精度逼近任何连续分布的高斯混合模型,考虑径流时间序列的非平稳性,提出了基于高斯混合模型的单站和多站径流随机模拟新方法,所提单站与多站方法能够有效保持实测径流序列的主要统计特性,可用于生成隐含地反映径流随机特性的大量模拟径流序列,为水库优化调度函数推求提供数据支撑(第5章)。

(3)提出了考虑多步径流预报信息的水库发电优化调度函数及其推求方法,并建立了遥相关因子和区域气象水文要素联合驱动的中长期径流预报模型

构建了考虑多步径流预报信息的水库发电优化调度函数,提出了基于最小二乘提升决策树的水库发电优化调度函数推求方法;建立了基于最小二乘提升决策树的遥相关因子和区域气象水文要素联合驱动的中长期径流预报模型,并构建了多步径流预报误差序列的高斯混合模型,以量化中长期径流预报不确定性,进而为使用调度函数进行调度决策提供径流预报及其不确定性信息。提出的考虑多步径流预报信息的调度函数具有良好有效性(理想决策性能)、实用性(实际决策性能)和鲁棒性,能够在充分利用径流预报及其不确定性信息的同时,有效降低多步径流预报不确定性影响,为调度决策者提供可靠的决策参考值和决策参考区间(第6章)。

7.3　展望

本书围绕来水不确定性条件下水库发电精细化调度面临的水能精确计算、径流随机模拟、径流精准预报、预报调度耦合等关键问题开展了探索性研究,取得了一些研究成果,但受作者理论水平和实践经验限制,部分研究工作仍然存在不足,需在今后的研究中进一步丰富、改进和完善,主要包括以下几个方面:

(1)水库动水容积特性解析与建模研究

本书仅针对水库的静水容积特性开展了研究,推导了能够准确刻画水库静水容积特性的幂函数型容积特性曲线,而尚未对水库的动水容积特性进行研究,在完备性上存在不足。一般情况下,使用静水容积特性可以满足要求,但在防洪调度期间,尤其是调度决策需要考虑库区淹没时,必须依据水库的动水容积特性。因此,有必要进一步开展水库动水容积特性

解析与建模研究,建立能够准确描述水库动水容积特性的数学模型,为水库动库容精确计算提供模型支撑。

（2）模拟径流序列的后处理方法研究

本书提出的基于高斯混合模型的单站径流随机模拟方法（GMM-SRS 方法）和多站径流随机模拟方法（GMM-MRS 方法）虽然可以很好地保持单站、多站实测径流序列的大部分统计特性,但在原理上存在不足,无法保持实测径流序列的年际自相关特性。针对这两种方法生成的初始模拟径流序列年际不连序的问题,亟须提出一种能够有效处理初始模拟径流序列,进而给出较好地保留了实测径流序列统计特性的模拟径流序列的后处理方法。

（3）考虑多步径流预报信息的水库群发电优化调度函数研究

本书提出了考虑多步径流预报信息的水库发电优化调度函数及其推求方法,但仅适用于来水不确定性条件下的单库发电调度。与单库发电调度比较,水库群联合发电调度能够获得更多的发电效益。因此,将本书所提方法推广至水库群联合发电调度中,提出一种考虑多步径流预报信息的水库群优化调度函数及其推求方法是未来需要进一步开展的研究工作。

（4）考虑多步径流预报信息及其不确定性的水库发电优化调度函数研究

本书提出的考虑多步径流预报信息的调度函数具有良好有效性（理想决策性能）、实用性（实际决策性能）和鲁棒性,能够在充分利用径流预报及其不确定性信息的同时,较好地降低多步径流预报不确定性的影响,为调度决策者提供可靠的决策参考值和决策参考区间。然而,本书仅探索了如何在应用调度函数的过程中利用多步径流预报信息和减小多步径流预报不确定性对调度决策的影响,没有研究如何在构建调度函数的过程中考虑多步径流预报不确定性。针对后者开展研究,提出考虑多步径流预报信息及其不确定性的水库发电优化调度函数及其推求方法,对进一步降低调度函数的决策输出不确定性具有重要意义。

主要参考文献

[1] 周建平,杜效鹄,周兴波. 新阶段中国水电开发新形势、新任务[J]. 水电与抽水蓄能,2021,7(4):1-6.

[2] 新华社. 中华人民共和国国民经济和社会发展第十四个五年规划和2035年远景目标纲要[J]. 中国水利,2021(6):1-38.

[3] 张振东. 多重不确定性下风光水多能互补系统优化调度研究[D]. 武汉:华中科技大学,2021.

[4] 全国水力资源复查工作领导小组办公室. 中华人民共和国水力资源复查成果正式发布[J]. 水力发电,2006,32(1):12.

[5] 龚一. 流域梯级滚动综合开发的实践与探索[J]. 湖北水力发电,1996(4):19-23.

[6] 何中政. 梯级水库群中长期发电调度优化方法研究[D]. 武汉:华中科技大学,2020.

[7] 孙宏亮,王东,吴悦新,等. 长江上游水能资源开发对生态环境的影响分析[J]. 环境保护,2017,45(15):37-40.

[8] 周小谦. 我国"西电东送"的发展历史、规划和实施[J]. 电网技术,2003,27(5):1-5.

[9] 国家统计局. 中华人民共和国2021年国民经济和社会发展统计公报[M]. 北京:中国统计出版社,2021.

[10] 贾本军,周建中,陈潇,等. 水电站尾水位特性解析与建模[J]. 水力发电学报,2021,40(10):45-59.

[11] 赵遵廉. 中国电网的发展与展望[J]. 中国电力,2004,37(1):5-10.

[12] 孙卫,邱立军,张园园. 水资源统一调度工作进展及有关考虑[J]. 中国水利,2020(21):8-10.

[13] 张濛,戴昌军,唐纯喜. 统一调度谋发展,水尽其用显实干[J]. 人民长江,2021:1-2.

[14] 戴领. 梯级水库群调度运行对下游水库防洪发电影响分析[D]. 武汉:华中科技大学,2021.

[15] 王超. 金沙江下游梯级水电站精细化调度与决策支持系统集成[D]. 武汉:华中科

技大学,2016.

[16] 赵铜铁钢.考虑水文预报不确定性的水库优化调度研究[D].北京:清华大学,2013.

[17] 徐炜.考虑中期径流预报及其不确定性的水库群发电优化调度模型研究[D].大连:大连理工大学,2014.

[18] 张勇传.水电站经济运行原理[M].北京:中国水利水电出版社,1998.

[19] 贾本军,周建中,陈潇,等.水库容积特性曲线定线及其在调度中的应用[J].水力发电学报,2021,40(2):89-99.

[20] 郑瓛.大河沿梯级水电站 AGC 系统开发与研究[D].武汉:华中科技大学,2013.

[21] 陈森林.水电站水库运行与调度[M].北京:中国电力出版社,2008.

[22] 薛金淮.关于水能计算中 K 值的探讨[J].电网与水力发电进展,2008,24(3):27-29.

[23] 王超,张诚,周建中,等.金沙江下游梯级电站中长期调度精细化出力计算方法[J].水电能源科学,2016,34(5):55-59.

[24] W. Xu, P. Liu, S. Guo, et al. Optimizing the reservoir operation for hydropower generation by using the flexibility index to consider inflow uncertainty[J]. Journal of Water Resources Planning and Management,2021,147(8):06021008.

[25] K. L. Chong, S. H. Lai, A. N. Ahmed, et al. Optimization of hydropower reservoir operation based on hedging policy using Jaya algorithm[J]. Applied Soft Computing,2021,106:107325.

[26] G. Yang, B. Zaitchik, H. Badr, et al. A Bayesian adaptive reservoir operation framework incorporating streamflow non-stationarity[J]. Journal of Hydrology, 2021,594:125959.

[27] Z. He, C. Wang, Y. Wang, et al. Dynamic programming with successive approximation and relaxation strategy for long-term joint power generation scheduling of large-scale hydropower station group[J]. Energy,2021,222:119960.

[28] 陈森林,梁斌,李丹,等.水库中长期发电优化调度解析方法及应用[J].水利学报,2018,49(2):168-177.

[29] T. Zhao, J. Zhao, D. Yang. Improved dynamic programming for hydropower reservoir operation[J]. Journal of Water Resources Planning and Management,2014,140(3):365-374.

[30] 赵铜铁钢,雷晓辉,蒋云钟,等.水库调度决策单调性与动态规划算法改进[J].水

利学报,2012,43(4):414-421.

[31] X. Zhang,P. Liu,C. Xu,et al. Derivation of hydropower rules for multireservoir systems and Its application for optimal reservoir storage allocation[J]. Journal of Water Resources Planning and Management,2019,145(5):04019010.

[32] 王小旭. 利用 VBA 对水库水位～库容曲线计算[J]. 水科学与工程技术,2018(2):31-33.

[33] 席元珍,段勋年. 利用 Excel 软件拟合黄河三门峡水库库容曲线[J]. 山西水利,2015(2):45-46.

[34] 杨德祥. 用 Excel 求解水库静库容曲线的拟合函数[J]. 人民珠江,2010,31(3):4-5.

[35] 邹响林. Excel 在拟合水位库容曲线中的应用[J]. 长江职工大学学报,1999,16(4):3-5.

[36] 尚宪锋,李斌. 水位库容曲线计算与拟合[J]. 吉林水利,2011(10):31-33.

[37] J. Liebe,N. Giesen,M. Andreini. Estimation of small reservoir storage capacities in a semi-arid environment[J]. Physics and Chemistry of the Earth,2005,30(6):448-454.

[38] J. Mohammadzadeh-Habili, M. Heidarpour, S. Mousavi, et al. Derivation of reservoir's area-capacity equations[J]. Journal of Hydrologic Engineering,2009,14(9):1017-1023.

[39] K. Kaveh, H. Hosseinjanzadeh, K. Hosseini. A new equation for calculation of reservoir's area-capacity curves[J]. KSCE Journal of Civil Engineering, 2013, 17(5):1149-1156.

[40] 赵娟. 基于耗水率动态规划模型的水电站水库优化调度[J]. 吉林水利,2014(8):24-29.

[41] 杨春花,许继军. 金沙江下游梯级与三峡梯级水库联合发电调度[J]. 水电能源科学,2011,29(5):142-144.

[42] Z. Yang, K. Yang, Y. Wang, et al. Long-term multi-objective power generation operation for cascade reservoirs and risk decision making under stochastic uncertainties[J]. Renewable Energy,2021,164:313-330.

[43] 夏燕,冯仲恺,牛文静,等. 基于混合量子粒子群算法的梯级水电站群调度[J]. 水力发电学报,2018,37(11):24-35.

[44] Q. Tan, X. Wen, G. Fang, et al. Long-term optimal operation of cascade hydropower stations based on the utility function of the carryover potential energy[J].

Journal of Hydrology,2020,580:124359.

[45] J. Li,Z. Wang,X. Wu,et al. Evident response of future hydropower generation to climate change[J]. Journal of Hydrology,2020,590:125385.

[46] Y. Gong,P. Liu,B. Ming,et al. Identifying the effect of forecast uncertainties on hybrid power system operation:a case study of Longyangxia hydro-photovoltaic plant in China[J]. Renewable Energy,2021,178:1303-1321.

[47] 贾本军,周建中,陈潇,等. 水电站变出力系数的神经网络估计方法[J]. 水力发电学报,2021,40(1):88-96.

[48] 刘荣华,魏加华,李想. 电站枢纽综合出力系数计算及对调度过程模拟的影响[J]. 南水北调与水利科技,2012,10(1):14-17.

[49] 林志强,王雨雨,王宗志,等. 龙江水电站动态出力系数计算及其合理性分析[J]. 水电能源科学,2014,32(2):64-67.

[50] 王洪心,王必新. 三峡电站综合出力系数分析[J]. 湖北水利水电职业技术学院学报,2011,7(4):5-7.

[51] 唐明,马光文,陶春华,等. 水电站短期优化调度模型的探讨[J]. 水力发电,2007,33(5):88-90.

[52] 苟露,陈森林,胡志鹏. 水电站综合出力系数变化规律及应用研究[J]. 中国农村水利水电,2017(6):181-183.

[53] 方洪斌,王梁,周翔南,等. 水库优化调度与厂内经济运行耦合模型研究[J]. 水力发电,2017,43(3):1-4.

[54] 王永强,周建中,莫莉,等. 基于机组综合状态评价策略的大型水电站精细化日发电计划编制方法[J]. 电网技术,2012,36(7):94-99.

[55] 丁小玲,周建中,李纯龙,等. 基于精细化模拟的溪洛渡—向家坝梯级电站最优控制水位[J]. 武汉大学学报(工学版),2015,48(1):45-53.

[56] 陈尧,马光文,杨道辉,等. 水电站综合耗水率参数在水库优化调度中的应用[J]. 2016,4(1):1-23.

[57] 李力. 复杂水力联系下梯级水库短期联合优化调度研究[D]. 武汉:华中科技大学,2021.

[58] 纪昌明,俞洪杰,阎晓冉,等. 考虑后效性影响的梯级水库短期优化调度耦合模型研究[J]. 水利学报,2018,49(11):1346-1356.

[59] 徐杨,樊启祥,尚毅梓,等. 非弃水期葛洲坝水电站下游水位变化过程预测新方法[J]. 水利水电科技进展,2019,39(3):50-55.

［60］刘俊伟，王建军.葛洲坝水电站下游水位经验计算方法探索［J］.水电自动化与大坝监测，2011，35(4)：77-80.

［61］徐鼎甲.进行日调节时水电站下游水位的计算［J］.水利水电技术，1995(4)：2-4.

［62］冯雁敏，赵连辉，梁连生.基于水位指数计算的下游不稳定流对水电站优化调度的影响［J］.华北水利水电大学学报(自然科学版)，2015，36(6)：15-19.

［63］Y. Shang，Y. Xu，L. Shang，et al. A method of direct，real-time forecasting of downstream water levels via hydropower station reregulation：a case study from Gezhouba hydropower plant，China［J］. Journal of Hydrology，2019，573：895-907.

［64］穆守胜，何贞俊，吕文斌.梯级水电站尾水水位对下游库区壅水响应之研究［J］.人民珠江，2015，36(2)：23-25.

［65］李同青.水电站利用下游消落水位发电时厂房水位流量关系探讨［J］.黑龙江水利科技，2019，47(10)：105-106.

［66］黄文玉.梯级水电站受下游回水影响的水位—流量关系曲线分析研制［J］.水利科技，1996(3)：18-21.

［67］华小军，汪芸，刘志武.多河流顶托情况下水库下游水位计算方法探讨［J］.人民长江，2016，47(7)：34-36.

［68］邝建平，范可旭，徐高洪.下游支流顶托影响下的银江水电站坝址处水位流量关系［J］.水电能源科学，2014，32(8)：43-47.

［69］B. D. Saint-Venant. Théorie du mouvement non-permanent des eaux avec application aux crues des rivières et à lintroduction des marées dans leur lit［J］. Comptes rendus hebdomadaires des séances de l'Académie des sciences，1871，73：147-154.

［70］冯德光.戈兰滩水电站水位流量关系分析［J］.水利水电工程设计，2006，25(3)：32-33.

［71］蒋发正，刘春林.浮石水电站坝址下游水位流量关系的研究［J］.红色河，1997，16(3)：50-52.

［72］Z. Zhang，H. Qin，L. Yao，et al. Downstream water level prediction of reservoir based on convolutional neural network and long short-term memory network［J］. Journal of Water Resources Planning and Management，2021，147(9)：04021060.

［73］刘亚新，樊启祥，尚毅梓，等.基于LSTM神经网络的水电站短期水位预测方法［J］.水利水电科技进展，2019，39(2)：56-60.

［74］王权森.长江上游水库群防洪系统全景调度及风险评估与决策方法［D］.武汉：华中科技大学，2021.

[75] 王文圣,金菊良,李跃清. 水文随机模拟进展[J]. 水科学进展,2007,18(5):768-775.

[76] 王文圣,金菊良,丁晶. 随机水文学:第三版[M]. 北京:中国水利水电出版社,2016.

[77] S. Medda,K. K. Bhar. Comparison of single-site and multi-site stochastic models for streamflow generation[J]. Applied Water Science,2019,9(3):1-14.

[78] V. V. Srinivas, K. Srinivasan. Hybrid moving block bootstrap for stochastic simulation of multi-site multi-season streamflows[J]. Journal of Hydrology,2005,302:307-330.

[79] B. Jia,J. Zhou,X. Chen,et al. Deriving operating rules of hydropower reservoirs using Gaussian process regression[J]. IEEE Access,2019,7:158170-158182.

[80] J. Zhou,B. Jia,X. Chen,et al. Identifying efficient operating rules for hydropower reservoirs using system dynamics approach-a case study of Three Gorges reservoir[J]. China Water,2019,11(12):2448.

[81] K. Huang,L. Ye,L. Chen,et al. Risk analysis of flood control reservoir operation considering multiple uncertainties[J]. Journal of Hydrology,2018,565:672-684.

[82] Q. Wang, J. Zhou, K. Huang, et al. A procedure for combining improved correlated sampling methods and a resampling strategy to generate a multi-site conditioned streamflow process[J]. Water Resources Management,2021,35(3):1011-1027.

[83] Q. Wang,J. Zhou,K. Huang,et al. Risk assessment and decision-making based on mean-CVaR-entropy for flood control operation of large scale reservoirs[J]. Water,2019,11(4):649.

[84] A. Sharma,R. O' Neill. A nonparametric approach for representing interannual dependence in monthly streamflow sequences[J]. Water Resources Research,2002,38(7):501-510.

[85] A. Thomas,M. Fiering. Mathematical synthesis of streamflow sequences for the analysis of river basins by simulation[J]. Boston:Harvard University Press,2013.

[86] V. M. Yevjevich. Structural analysis of hydrologic time series [D]. Colorado:Colorado State University,1972.

[87] 丁晶,邓育仁. 随机水文学[M]. 成都:成都科技大学出版社,1988.

[88] Z. Hao,V. P. Singh. Single-site monthly streamflow simulation using entropy theory[J]. Water Resources Research,2011,47(9):1-14.

［89］ B. Jia, J. Zhou, Z. Tang, et al. Effective stochastic streamflow simulation method based on Gaussian mixture model[J]. Journal of Hydrology, 2022, 605: 127366.

［90］ D. R. Kendall, J. A. Dracup. A comparison of index-sequential and AR(1) generated hydrologic sequences[J]. Journal of Hydrology, 1991, 122: 335-352.

［91］ K. Boukharouba. Annual stream flow simulation by ARMA processes and prediction by Kalman filter[J]. Arabian Journal of Geosciences, 2013, 6(7): 2193-2201.

［92］ A. Montanari, R. Rosso, M. S. Taqqu. Fractionally differenced ARIMA models applied to hydrologic time series: identification, estimation, and simulation[J]. Water Resources Research, 1997, 33(5): 1035-1044.

［93］ X. Zhao, X. Chen, Q. Huang. Trend and long-range correlation characteristics analysis of runoff in upper Fenhe river basin[J]. Water Resources, 2017, 44(1): 31-42.

［94］ D. R. Valencia, J. L. Schaake. Disaggregation processes in stochastic hydrology[J]. Water Resources Research, 1973, 9(3): 580-585.

［95］ J. R. Stedinger, R. M. Vogel. Disaggregation procedures for generating serially correlated flow vectors[J]. Water Resources Research, 1984, 20(1): 47-56.

［96］ G. C. Oliveira, J. Kelman, M. V. F. Pereire. A representation of spatial cross correlations in large stochastic seasonal streamflow models[J]. Water Resources Research, 1988, 24(5): 781-785.

［97］ D. Koutsoyiannis, T. Xanthopoulos. A dynamic model for short-scale rainfall disaggregation[J]. Hydrological Sciences Journal, 1990, 35(3): 303-322.

［98］ E. G. Santos, J. D. Salas. Stepwise disaggregation scheme for synthetic hydrology[J]. Journal of Hydraulic Engineering, 1992, 118(5): 765-784.

［99］ 王文圣, 丁晶, 袁鹏. 非参数解集模型及其在水文随机模拟中的应用[J]. 四川水力发电, 1999, 18(1): 7-10.

［100］ D. G. Tarboton, A. Sharma, U. Lall. Disaggregation procedures for stochastic hydrology based on nonparametric density estimation[J]. Water Resources Research, 1998, 34(1): 107-119.

［101］ 袁鹏, 王文圣, 丁晶. 非参数解集模型在汛期日径流随机模拟中的应用[J]. 四川大学学报(工程科学版), 2000, 32(6): 11-14.

［102］ 赵太想, 王文圣, 丁晶. 基于小波消噪的改进的非参数解集模型[J]. 四川大学学报(工程科学版), 2005, 37(5): 1-4.

［103］ 王文圣, 向红莲. 非参数解集模型再探[J]. 成都工业学院院报, 2015, 18(4):

47-49.

［104］吴昊昊,宋松柏. 基于可变核的月径流改进非参数解集模型研究[J]. 水力发电学报,2021,40(2):100-110.

［105］A. Sharma, D. G. Tarboton, U. Lall. Streamflow simulation: a nonparametric approach[J]. Water Resources Research,1997,33(2):291-308.

［106］王文圣,丁晶,袁鹏. 单变量核密度估计模型及其在径流随机模拟中的应用[J]. 水科学进展,2001,12(3):367-372.

［107］王文圣,丁晶. 基于核估计的多变量非参数随机模型初步研究[J]. 水利学报,2003(2):9-14.

［108］U. Lall, A. Sharma. A nearest neighbor bootstrap for resampling hydrologic time series[J]. Water Resources Research,1996,32(3):679-693.

［109］袁鹏,王文圣,丁晶. 洪水随机模拟的非参数扰动最近邻自展模型[J]. 四川大学学报(工程科学版),2000,32(1):84-88.

［110］肖义,郭生练,熊立华,等. 一种新的洪水过程随机模拟方法研究[J]. 四川大学学报(工程科学版),2007,39(2):55-60.

［111］张涛,赵春伟,雒文生. 基于 Copula 函数的洪水过程随机模拟[J]. 武汉大学学报(工学版),2008,41(4):2-5.

［112］闫宝伟,郭生练,刘攀,等. 基于 Copula 函数的径流随机模拟[J]. 四川大学学报(工程科学版),2010,42(1):5-9.

［113］T. Lee, J. D. Salas. Copula-based stochastic simulation of hydrological data applied to Nile river flows. Hydrology Research,2011,42(4):318-330.

［114］Z. Hao, V. P. Singh. Entropy-copula method for single-site monthly streamflow simulation[J]. Water Resources Research,2012,48(6):1-8.

［115］陈璐,郭生练,周建中,等. 长江上游多站日流量随机模拟方法[J]. 水科学进展,2013,24(4):504-512.

［116］L. Chen, V. P. Singh, S. Guo, et al. Copula-based method for multisite monthly and daily streamflow simulation[J]. Journal of Hydrology,2015,528:369-384.

［117］L. Chen, H. Qiu, J. Zhang, et al. Copula-based method for stochastic daily streamflow simulation considering lag-2 autocorrelation[J]. Journal of Hydrology,2019,578:123938.

［118］V. C. Porto, F. Souza Filho, T. M. N. Carvalho, et al. A GLM copula approach for multisite annual streamflow generation[J]. Journal of Hydrology,2021,598:126226.

[119] 刘章君,郭生练,徐新发,等. Copula 函数在水义水资源中的研究进展与述评[J]. 水科学进展,2021,32(1):148-159.

[120] Y. Liu, L. Ye, H. Qin, et al. Middle and long-term runoff probabilistic forecasting based on gaussian mixture regression[J]. Water Resources Management,2019, 33(5):1785-1799.

[121] Y. Liu, L. Ye, H. Qin, et al. Monthly streamflow forecasting based on hidden Markov model and Gaussian mixture regression[J]. Journal of Hydrology, 2018, 561: 146-159.

[122] A. P. Dempster, N. M. Laird, D. B. Rubin. Maximum likelihood from incomplete data via the EM algorithm[J]. Journal of the Royal Statistical Society,1977,39(1):1-22.

[123] A. B. Celeste, M. Billib. Evaluation of stochastic reservoir operation optimization models[J]. Advances in Water Resources,2009,32(9):1429-1443.

[124] 王本德,周惠成,卢迪. 我国水库(群)调度理论方法研究应用现状与展望[J]. 水利学报,2016,47(3):337-345.

[125] X. Lei, Q. Tan, X. Wang, et al. Stochastic optimal operation of reservoirs based on copula functions[J]. Journal of Hydrology,2018,557:265-275.

[126] J. D. C. Little. The use of storage water in a hydroelectric system[J]. Journal of the Operations Research Society of America,1955,3(2):187-197.

[127] 张勇传,李福生,杜裕福,等. 水电站水库调度最优化[J]. 华中工学院学报,1981, 9(6):53-60.

[128] 张勇传,李福生,熊斯毅,等. 水电站水库群优化调度方法的研究[J]. 水力发电, 1981(11):50-54.

[129] 谭维炎,黄守信,刘健民,等. 应用随机动态规划进行水电站水库的最优调度[J]. 水利学报,1982(7):1-7.

[130] 王金文,袁晓辉,张勇传. 随机动态规划在三峡梯级长期发电优化调度中的应用[J]. 电力自动化设备,2002,22(8):54-56.

[131] 周惠成,王峰,唐国磊,等. 二滩水电站水库径流描述与优化调度模型研究[J]. 水力发电学报,2009,28(1):18-24.

[132] W. Huang, R. Harboe, J. J. Bogardi. Testing stochastic dynamic programming models conditioned on observed or forecasted inflows[J]. Journal of Water Resources Planning and Management,1991,117(1):28-36.

[133] H. Li, P. Liu, S. Guo, et al. Long-term complementary operation of a large-scale

hydro-photovoltaic hybrid power plant using explicit stochastic optimization[J]. Applied Energy,2019,238:863-875.

[134] 徐炜,彭勇,张弛,等.基于降雨预报信息的梯级水电站不确定优化调度研究Ⅰ:聚合分解降维[J].水利学报,2013,44(8):924-933.

[135] M. Karamouz,H. V. Vasiliadis. Bayesian stochastic optimization of reservoir operation using uncertain forecasts[J]. Water Resources Research,1992,28(5):1221-1232.

[136] Y. O. Kim,R. N. Palmer. Value of seasonal flow forecasts in bayesian stochastic programming[J]. Journal of Water Resources Planning and Management,1997,123(6): 327-335.

[137] P. P. Mujumdar,B. Nirmala. A Bayesian stochastic optimization model for a multi-reservoir hydropower system[J]. Water Resources Management,2007,21(9): 1465-1485.

[138] 徐炜,彭勇,张弛,等.基于降雨预报信息的梯级水电站不确定优化调度研究Ⅱ:耦合短、中期预报信息[J].水利学报,2013,44(10):1189-1196.

[139] W. Xu,C. Zhang,Y. Peng,et al. A two stage Bayesian stochastic optimization model for cascaded hydropower systems considering varying uncertainty of flow forecasts[J]. Water Resources Research,2014,50(12):9267-9286.

[140] X. Zhang,Y. Peng,W. Xu,et al. An optimal operation model for hydropower stations considering inflow forecasts with different lead-times[J]. Water Resources Management,2019,33(1):173-188.

[141] 王金文,王仁权,张勇传,等.逐次逼近随机动态规划及库群优化调度[J].人民长江,2002,33(11):45-48.

[142] M. Saad,A. Turgeon. Application of principal-component analysis to long-term reservoir management[J]. Water Resources Research,1988,24(7):537-542.

[143] 李爱玲.梯级水电站水库群兴利随机优化调度数学模型与方法研究[J].水利学报,1998(5):3-5.

[144] T. W. Archibald,K. I. M. Mckinnon,L. C. Thomas. Modeling the operation of multireservoir systems using decomposition and stochastic dynamic programming[J]. Naval Research Logistics,2006,53(3):217-225.

[145] K. Ponnambalam,B. J. Adams. Stochastic optimization of multireservoir systems using a heuristic algorithm:case study from India[J]. Water Resources Research,1996,32(3):733-741.

[146] X. Li,P. Liu,B. Ming,et al. Joint optimization of forward contract and operating rules for cascade hydropower reservoirs[J]. Journal of Water Resources Planning and Management,2022,148(2):1-12.

[147] 纪昌明,周婷,王丽萍,等. 水库水电站中长期隐随机优化调度综述[J]. 电力系统自动化,2013,37(16):129-135.

[148] G. K. Young. Finding reservoir operating rules[J]. Journal of Hydraulics Division,1967,93(6):297-321.

[149] 陈洋波. 水电站水库隐性随机优化调度研究[J]. 水利学报,1998(2):3-5.

[150] 陈洋波,陈惠源. 水电站库群隐随机优化调度函数初探[J]. 水电能源科学,1990,8(3):216-223.

[151] C. Revelle, E. Joeres, W. Kirby. The linear decision rule in reservoir management and design Ⅰ:development of the stochastic model[J]. Water Resources Research,1969,5(4):767-777.

[152] M. Karamouz, M. H. Houck. Annual and monthly reservoir operating rules generated by deterministic optimization[J]. Water Resources Research,1982,18(5):1337-1344.

[153] M. Feng, P. Liu, S. Guo,et al. Identifying changing patterns of reservoir operating rules under various inflow alteration scenarios[J]. Advances in Water Resources,2017,104:23-36.

[154] M. Feng,P. Liu,S. Guo,et al. Deriving adaptive operating rules of hydropower reservoirs using time-varying parameters generated by the EnKF[J]. Water Resources Research,2017,53(8):6885-6907.

[155] 张玮,王旭,雷晓辉,等. 一种基于DS理论的水库适应性调度规则[J]. 水科学进展,2018,229(5):685-695.

[156] J. Bernardes, M. Santos, T. Abreu,et al. Hydropower operation optimization using machine learning:a systematic review[J]. AI,2022,3(1):78-99.

[157] 胡铁松,万永华,冯尚友. 水库群优化调度函数的人工神经网络方法研究[J]. 水科学进展,1995,6(1):53-60.

[158] 缪益平,纪昌明. 运用改进神经网络算法建立水库调度函数[J]. 武汉大学学报(工学版),2003(1):42-44.

[159] 刘攀,郭生练,庞博,等. 三峡水库运行初期蓄水调度函数的神经网络模型研究及改进[J]. 水力发电学报,2006,25(2):83-89.

［160］C. Ji，T. Zhou，H. Huang. Operating rules derivation of Jinsha reservoirs system with parameter calibrated support vector regression［J］. Water Resources Management，2014，28(9)：2435-2451.

［161］W. Niu，Z. Feng，B. Feng，et al. Comparison of multiple linear regression，artificial neural network，extreme learning machine，and support vector machine in deriving operation rule of hydropower reservoir［J］. Water，2019，11(1)：88.

［162］Z. Feng，W. Niu，R. Zhang，et al. Operation rule derivation of hydropower reservoir by k-means clustering method and extreme learning machine based on particle swarm optimization［J］. Journal of Hydrology，2019，576：229-238.

［163］杨迎，丁理杰，陈仕军，等.基于RBF神经网络的梯级电站优化调度规则研究［J］.水电能源科学，2018，36(5)：50-53.

［164］骆光磊，周建中，赵云发，等.水库群运行的改进深度神经网络模拟方法［J］.水力发电学报，2020，39(9)：23-32.

［165］Y. Zhu，J. Zhou，H. Qiu，et al. Operation rule derivation of hydropower reservoirs by support vector machine based on grey relational analysis［J］. Water，2021，13(18)：2518.

［166］G. Guariso，M. Sangiorgio. Performance of implicit stochastic approaches to the synthesis of multireservoir operating rules［J］. Journal of Water Resources Planning and Management，2020，146(6)：04020034.

［167］方豪文.基于机器学习的梯级水电站中长期发电调度规则研究［D］.武汉：华中科技大学，2021.

［168］P. Liu，L. Li，G. Chen，et al. Parameter uncertainty analysis of reservoir operating rules based on implicit stochastic optimization［J］. Journal of Hydrology，2014，514：102-113.

［169］J. Zhang，P. Liu，H. Wang，et al. A Bayesian model averaging method for the derivation of reservoir operating rules［J］. Journal of Hydrology，2015，528：276-285.

［170］G. Fang，Y. Guo，X. Huang，et al. Combining grey relational analysis and a bayesian model averaging method to derive monthly optimal operating rules for a hydropower reservoir［J］. Water，2018，10(8)：1099.

［171］Y. Liu，H. Qin，Z. Zhang，et al. Deriving reservoir operation rule based on Bayesian deep learning method considering multiple uncertainties［J］. Journal of Hydrology，2019，579：124207.

[172] 何飞飞. 不确定性负荷、径流预测及其在水库优化调度中的应用[D]. 武汉：华中科技大学，2020.

[173] 刘永琦. 考虑径流不确定性的水库群多目标调度规则研究[D]. 武汉：华中科技大学，2021.

[174] X. Li, P. Liu, Y. Wang, et al. Derivation of operating rule curves for cascade hydropower reservoirs considering the spot market: a case study of the China's Qing River cascade-reservoir system[J]. Renewable Energy, 2022, 182: 1028-1038.

[175] X. Li, P. Liu, Z. Gui, et al. Reducing lake water-level decline by optimizing reservoir operating rule curves: a case study of the Three Gorges reservoir and the Dongting lake[J]. Journal of Cleaner Production, 2020, 264: 121676.

[176] D. Koutsoyiannis, A. Economou. Evaluation of the parameterization-simulation-optimization approach for the control of reservoir systems[J]. Water Resources Research, 2003, 39(6): 1-17.

[177] P. Liu, S. Guo, L. Xiong, et al. Deriving reservoir refill operating rules by using the proposed DPNS model[J]. Water Resources Management, 2006, 20(3): 337-357.

[178] 刘攀, 郭生练, 张文选, 等. 梯级水库群联合优化调度函数研究[J]. 水科学进展, 2007, 18(6): 816-822.

[179] W. Xu, Y. Peng, B. Wang. Evaluation of optimization operation models for cascaded hydropower reservoirs to utilize medium range forecasting inflow[J]. Science China Technological Sciences, 2013, 56(10): 2540-2552.

[180] L. Li, P. Liu, D. E. Rheinheimer, et al. Identifying explicit formulation of operating rules for multi-reservoir systems using genetic programming[J]. Water Resources Management, 2014, 28(6): 1545-1565.

[181] 纪昌明, 蒋志强, 孙平, 等. 李仙江流域梯级总出力调度图优化[J]. 水利学报, 2014, 45(2): 197-204.

[182] 王渤权. 改进遗传算法及水库群优化调度研究[D]. 北京：华北电力大学，2018.

[183] H. Li, P. Liu, S. Guo, et al. Deriving adaptive long-term complementary operating rules for a large-scale hydro-photovoltaic hybrid power plant using ensemble Kalman filter[J]. Applied Energy, 2021, 301: 117482.

[184] 杨光, 郭生练, 刘攀, 等. PA-DDS算法在水库多目标优化调度中的应用[J]. 水利学报, 2016, 47(6): 789-797.

[185] Y. Liu, H. Qin, L. Mo, et al. Hierarchical flood operation rules optimization

using multi-objective cultured evolutionary algorithm based on decomposition[J]. Water Resources Management,2019,33(1):337-354.

[186] J. Li,L. Zhu,H. Qin,et al. Operation rules optimization of cascade reservoirs based on multi-objective tangent algorithm[J]. IEEE Access,2019,7:161949-161962.

[187] T. F. Coleman,Y. Li. An interior trust region approach for nonlinear minimization subject to bounds[J]. SIAM Journal on Optimization,1993,6(2):418-445.

[188] B. C. Csáji. Approximation with artificial neural networks [D]. Budapest: Eötvös Loránd University,2001.

[189] J. Nocedal. Numerical Optimization[J]. New York:Springer,2006.

[190] D. Garijo. A Bernstein Broyden-Fletcher-Goldfarb-Shanno collocation method to solve non-linear beam models[J]. International Journal of Non-Linear Mechanics,2021,131:103672.

[191] C. G. Broyden. The convergence of a class of double-rank minimization algorithms[J]. IMA Journal of Applied Mathematics,1970,6(3):222-231.

[192] R. Fletcher. A new approach to variable metric algorithms [J]. Computer Journal,1970,13(3):317-322.

[193] D. Goldfarb. A family of variable-metric methods derived by variational means[J]. Mathematics of Computation,1970,24:23-26.

[194] D. F. Shanno. Conditioning of Quasi-Newton methods for function minimization[J]. Mathematics of Computation,1970,24:647-656.

[195] V. N. Vapnik. The nature of statistical learning[J]. Berlin:Springer,1995.

[196] 李航. 统计学习方法:第二版[M]. 北京:清华大学出版社,2019.

[197] Z. Feng,W. jing Niu,Z. Tang,et al. Monthly runoff time series prediction by variational mode decomposition and support vector machine based on quantum-behaved particle swarm optimization[J]. Journal of Hydrology,2020,583:124627.

[198] X. Luo,X. Yuan,S. Zhu,et al. A hybrid support vector regression framework for streamflow forecast[J]. Journal of Hydrology,2019,568:184-193.

[199] 马川惠. 基于径流随机模拟的龙滩水库优化调度研究[D]. 西安:西安理工大学,2019.

[200] C. M. Bishop. Pattern recognition and machine learning [J]. New York:Springer,2006.

[201] K. Huang,L. Chen,J. Zhou,et al. Flood hydrograph coincidence analysis for

mainstream and its tributaries[J]. Journal of Hydrology,2018,565:341-353.

[202] J. Friedman. Greedy function approximation:a gradient boosting machine[J]. Annals of Statistics,2001,29(5):1189-1232.

[203] L. Breiman, J. Friedman, R. A. Olshen, et al. Classification and regression trees[J]. Wadsworth,1984,40(3):258.

[204] 熊怡,周建中,贾本军,等. 基于随机森林遥相关因子选择的月径流预报[J]. 水力发电学报,2022,41(3):32-45.

[205] 孙娜. 机器学习理论在径流智能预报中的应用研究[D]. 武汉:华中科技大学,2019.

[206] 杨牧,杨江骅,王辉敏,等. 梯级蓄能调度图绘制及其调度线出力系数优化研究[J]. 中国农村水利水电,2020(11):166-173.